高等院校土建类专业“互联网+”创新规划教材

工程造价管理（第2版）

主　编　张静晓　江小燕
副主编　秦　爽　樊松丽

内容简介

本书根据最新建设工程工程量清单计价规范和相关定额编写，主要内容包括工程造价管理概论、工程建设定额原理、工程造价构成、建设项目决策阶段造价管理、建设项目设计阶段造价管理、建设项目招标与投标报价、建设项目施工阶段造价管理、建设项目竣工与交付阶段造价管理等。为方便教学，本书在章前设有教学提示和教学要求，正文有大量例题讲解，章末设置了类型丰富的习题。

本书可作为工程管理、工程造价、土木工程等全日制本（专）科专业的教材，还可供建筑工程技术人员及从事经济管理的工作人员学习参考。

图书在版编目(CIP)数据

工程造价管理 / 张静晓， 江小燕主编 . —2 版 . —北京： 北京大学出版社， 2021. 3
高等院校土建类专业 “互联网+ ” 创新规划教材
ISBN 978 - 7 - 301 - 31857 - 7

Ⅰ. ①工… Ⅱ. ①张… ②江… Ⅲ. ①建筑造价管理—高等学校—教材
Ⅳ. ①TU723. 31

中国版本图书馆 CIP 数据核字(2020)第 230400 号

书　　名　工程造价管理 （第 2 版）
　　　　　GONGCHENG ZAOJIA GUANLI （DI - ER BAN）
著作责任者　张静晓　江小燕　主编
策划编辑　吴　迪　卢　东
责任编辑　吴　迪
数字编辑　蒙俞材
标准书号　ISBN 978 - 7 - 301 - 31857 - 7
出版发行　北京大学出版社
地　　址　北京市海淀区成府路 205 号　100871
网　　址　http://www.pup.cn　新浪微博：@ 北京大学出版社
电子邮箱　编辑部 pup6@ pup.cn　总编室 zpup@ pup.cn
电　　话　邮购部 010 - 62752015　发行部 010 - 62750672　编辑部 010 - 62750667
印 刷 者　北京溢漾印刷有限公司
经 销 者　新华书店
　　　　　787 毫米 × 1092 毫米　16 开本　15. 5 印张　372 千字
　　　　　2006 年 1 月第 1 版
　　　　　2021 年 3 月第 2 版　2024 年 1 月第 2 次印刷 (总第 13 次印刷)
定　　价　45. 00 元

第2版

“工程造价管理”是工程管理、工程造价、土木工程等专业的核心课程之一，也是工程类从业人员参加预算员、造价工程师、建造师等执业资格考试必须要掌握的基础知识。随着我国“十四五”规划的推进，新型城镇化、“一带一路”建设为固定资产投资、建筑业发展释放新的动力，激发新的活力，工程造价管理行业新的创新点、增长极、增长带正在不断形成；相关业务结构向中高端管理业务迈进，对专业人才综合素质要求越来越高。

为满足复合型工程造价管理人才的培养，及满足高校对工程管理、工程造价、土木工程等专业的教材或教学参考书的需求，我们根据高校土建类专业的人才培养目标、教学计划、工程造价管理课程的教学特点和要求，结合《财政部、税务总局关于建筑服务等营改增试点政策的通知》（财税〔2017〕58号）、《建设工程造价鉴定规范》（GB/T 51262—2017）等最新国家标准，修订本教材，更新了相关内容。

在修订过程中，本教材的编写突出以下特点。

1. 立足于工程造价管理理论体系与当前工程建设项目特点，结合国家、行业最新颁布的各项文件、规定，针对当前建筑领域工程造价管理的实际需求编写。

2. 着重基本理论的阐述，注重实际能力的培养，体现了“案例教学法”的指导思想，具有“实用性、系统性、先进性”等特色。

3. 突出“工学结合”特点，按照建筑工程造价管理岗位实际工作内容，以工程实用理论知识、造价全过程动态管理为载体进行内容编排，重点培养该专业学生掌握理论知识，对工程全生命周期的造价进行确定及控制的能力；满足学生毕业后的岗位需求，实用

【资源索引】

性操作性强。

全书共分8章，由长安大学张静晓和合肥工业大学江小燕担任主编，并由张静晓统稿。具体编写分工如下：长安大学张静晓编写第1和2章，兰州理工大学秦爽编写第3和4章，河南职业技术学院樊松丽编写第5章，合肥工业大学江小燕编写第6～8章。

本书受到2019年度陕西省高等教育教学改革研究重点项目（No. 19BZ016）和2020年国家级新工科研究与实践项目（No. E-GKRWJC20202914）资助。本书在编写过程中参考了大量的规范、标准、标准图集等相关专业资料和文献，对这些资料、文献的作者及提供者表示深深的谢意，并对为本书的出版付出辛勤劳动的编辑同志表示衷心的感谢。

限于编者水平有限，书中难免有不当之处，敬请读者批评指正。

编　者

2020年10月

目 录

第1章 工程造价管理概论 …… 1

1.1 工程造价管理的基本概念 …… 1

1.1.1 工程造价与工程造价管理 …… 1

1.1.2 工程造价管理理论的发展 …… 4

1.2 工程计价与造价控制概述 …… 5

1.2.1 工程计价特点与方法 …… 5

1.2.2 工程造价控制方法与内容 …… 7

本章小结 …… 7

习题 …… 8

第2章 工程建设定额原理 …… 10

2.1 定额的概念 …… 10

2.2 工程建设定额的分类 …… 11

2.2.1 按生产要素分类 …… 11

2.2.2 按编制程序和用途分类 …… 12

2.2.3 按编制单位和执行范围分类 …… 13

2.2.4 按专业性质分类 …… 14

2.2.5 工程建设定额的特点 …… 15

2.3 定额消耗量的确定方法 …… 16

2.3.1 工时消耗的确定 …… 16

2.3.2 人工定额消耗量的确定方法 …… 21

2.3.3 机械台班定额消耗量的确定方法 …… 23

2.3.4 材料定额消耗量的确定方法 …… 25

2.4 施工定额与预算定额 …… 26

2.4.1 施工定额 …… 26

2.4.2 预算定额 …… 31

2.5 概算定额、概算指标、投资估算指标 …… 36

2.5.1 概算定额 …… 36

2.5.2 概算指标 …… 38

2.5.3 投资估算指标 …… 39

本章小结 …… 42

习题 …… 42

第3章 工程造价构成 …… 44

3.1 概述 …… 44

3.1.1 国外建设项目造价构成 …… 44

3.1.2 我国建设项目总投资构成 …… 46

3.2 建筑安装工程费 …… 47

3.2.1 建筑安装工程费项目组成和计算 …… 47

3.2.2 建筑安装工程计价程序 …… 57

3.2.3 增值税 …… 59

3.3 设备及工器具购置费 …… 61

3.3.1 设备购置费的组成和计算 …… 61

3.3.2 工器具及生产家具购置费的组成和计算 …… 67

3.4 工程建设其他费用的构成和计算 …… 67

3.4.1 建设单位管理费 …… 67

3.4.2 用地与工程准备费 …… 67

3.4.3 市政公用配套设施费 …… 69

3.4.4 技术服务费 …… 69

3.4.5 建设期计列的生产经营费 …… 71
3.4.6 工程保险费 …… 72
3.4.7 税费 …… 72
3.5 预备费和建设期利息 …… 72
3.5.1 预备费 …… 72
3.5.2 建设期利息 …… 74
3.6 流动资金 …… 74
3.7 建设项目工程总承包费用项目组成及计算 …… 77
3.7.1 建设项目工程总承包费用项目组成 …… 77
3.7.2 建设项目工程总承包费用计算 …… 79
本章小结 …… 80
习题 …… 80
第4章 建设项目决策阶段造价管理 …… 83
4.1 概述 …… 83
4.1.1 建设项目决策对工程造价管理的影响 …… 83
4.1.2 建设项目决策阶段造价管理的主要内容 …… 84
4.1.3 建设项目决策方案选择方法 …… 87
4.2 建设项目投资估算的编制 …… 90
4.2.1 投资估算的内容及编制依据 …… 90
4.2.2 投资估算的编制 …… 91
本章小结 …… 98
习题 …… 98
第5章 建设项目设计阶段造价管理 …… 101
5.1 设计阶段影响造价的因素 …… 101
5.1.1 工业建筑设计影响造价的因素 …… 102
5.1.2 民用建筑设计影响造价的因素 …… 106
5.1.3 设计阶段造价控制的重要意义 …… 109
5.2 提高设计方案经济合理性的途径 …… 110
5.3 BIM技术在设计阶段的造价控制 …… 125
5.3.1 BIM技术概述 …… 125
5.3.2 BIM技术对造价的影响 …… 125
5.4 设计阶段概预算的编制与审查 …… 126
5.4.1 设计概算的编制与审查 …… 126
5.4.2 施工图预算的编制与审查 …… 132
本章小结 …… 136
习题 …… 136
第6章 建设项目招标与投标报价 …… 138
6.1 建设项目招投标程序及其文件组成 …… 138
6.1.1 工程招投标程序 …… 138
6.1.2 招投标文件组成 …… 152
6.2 建设工程施工招标与标底的编制 …… 154
6.2.1 标底编制的原则和依据 …… 154
6.2.2 标底的编制方法 …… 155
6.3 建设工程施工投标与报价 …… 158
6.3.1 我国投标报价模式 …… 158
6.3.2 工程投标报价的影响因素 …… 159
6.3.3 投标报价策略与决策 …… 160
6.4 设备、材料招标与投标报价 …… 164
6.4.1 设备、材料采购方式 …… 164
6.4.2 设备、材料采购的评标原则及主要方法 …… 165
6.4.3 设备、材料采购合同价的确定 …… 167
6.5 建设工程电子招标与投标 …… 168

6.5.1 电子招标与投标的概念及意义 ………………… 168
6.5.2 建立完善的电子招投标管理平台 ………………… 168
6.5.3 电子招投标系统在建设工程招投标中存在的问题 …… 169
本章小结 ……………………………………… 170
习题 ………………………………………… 170

第7章 建设项目施工阶段造价管理 … 172

7.1 工程变更控制与合同价款调整 ……………………………… 172
7.1.1 工程变更的概念及产生的原因 ………………………… 172
7.1.2 工程变更的处理程序 …… 173
7.1.3 工程变更价款的计算 …… 175
7.1.4 FIDIC合同条件下的工程变更 ………………… 176
7.2 工程索赔管理与索赔费用的确定 … 178
7.2.1 工程索赔的概念及产生的原因 ……………… 178
7.2.2 工程索赔处理程序 ……… 181
7.2.3 工程索赔管理 …………… 183
7.3 建设工程价款的调整与结算 …… 189
7.3.1 工程价款的结算 ………… 189
7.3.2 FIDIC合同条件下工程价款的结算方法 …… 195
7.3.3 工程价款价差调整的方法 ……………………… 196
7.3.4 设备、工器具和材料价款的结算方法 ………………… 199
7.4 投资偏差分析与投资控制 ……… 203
7.4.1 资金使用计划的编制 …… 205
7.4.2 投资偏差分析 …………… 209
7.4.3 投资偏差的控制与纠正 …………………… 213
本章小结 ……………………………………… 217
习题 ………………………………………… 217

第8章 建设项目竣工与交付阶段造价管理 ……………………………… 220

8.1 建设项目竣工决算 ……………… 220
8.1.1 建设项目竣工决算的概念与作用 …………………… 220
8.1.2 竣工决算的内容 ………… 221
8.1.3 竣工决算的编制 ………… 229
8.2 保修费用的处理 ………………… 234
8.2.1 保修的范围及期限 ……… 234
8.2.2 保修费用的处理办法 …… 235
本章小结 ……………………………………… 236
习题 ………………………………………… 237

参考文献 …………………………………… 239

第1章 工程造价管理概论

教学提示

工程造价可以从业主及承发包商的角度分别定义，因而工程造价管理也有不同的内涵。工程造价管理的过程实质上就是工程计价与控制的过程。本章主要介绍了目前我国工程计价的主要方法——工料单价法和综合单价法，建设项目不同阶段工程造价控制的方法与内容。

教学要求

通过本章的学习，学生能对工程造价管理这门课程有初步的了解，能以比较清晰的思路学习这门课程。

1.1 工程造价管理的基本概念

1.1.1 工程造价与工程造价管理

1. 工程造价的含义

顾名思义，工程造价就是工程的建造价格，是指为完成一个工程的建设，预期或实际所需的全部费用总和。中国建设工程造价管理协会（简称“中价协”）学术委员会在界定“工程造价”一词的含义时，分别从业主和承发包商的角度给工程造价赋予了不同的定义。

① 从业主（投资者）的角度来定义，工程造价就是建设一项工程的总投资，即通过建设活动形成相应的固定资产、无形资产所需一次性费用的总和。因此，从这个意义上讲，工程造价就是建设项目固定资产投资。

② 从承发包商的角度来定义，工程造价是为建设一项工程，在土地市场、设备市场、技术劳务市场以及工程承包发包市场等交易活动中所形成的建筑安装工程价格或建设工程总价格，是由需求主体（投资者）和供给主体（建筑商）共同认可的价格。

工程造价的两种含义是从不同角度来把握同一事物的本质。对于投资者而言，工程造价是在市场经济条件下，“购买”项目要付出的“货款”，因此工程造价就是建设项目投资。对于设计咨询机构、供应商、承包商而言，工程造价是他们出售劳务和商品的价值总和。工程造价就是工程的承包价格。

工程造价的两种含义既有联系也有区别。两者的区别在于，其一，两者对合理性的要求不同。工程投资的合理性主要取决于决策的正确与否，建设标准是否适用以及设计方案是否优化，而不取决于投资额的高低；工程价格的合理性在于价格是否反映价值，是否符合价格形成机制的要求，是否具有合理的利税率。其二，两者形成的机制不同。工程投资形成的基础是项目决策、工程设计、设备材料的选购以及工程的施工及设备的安装，最后形成工程投资；而工程价格形成的基础是价值，同时受价值规律、供求规律的支配和影响。其三，存在的问题不同。工程投资存在的问题主要是决策失误、重复建设、建设标准脱离实情等；而工程价格存在的问题主要是价格偏离价值。

2. 工程造价管理

(1) 工程造价管理的含义

工程造价有两种含义，相应地，工程造价管理也有两种含义：一是建设工程投资管理；二是工程价格管理。

这两种含义是不同的利益主体从不同的利益角度管理同一事物，但由于利益主体不同，建设工程投资管理与工程价格管理有着显著的区别。其一，两者的管理范畴不同。建设工程投资管理属于投资管理范畴，而工程价格管理属于价格管理范畴。其二，两者的管理目的不同。建设工程投资管理的目的在于提高投资效益，在决策正确、保证质量与工期的前提下，通过一系列的工程管理手段和方法使其不超过预期的投资额甚至是降低投资额；而工程价格管理的目的在于使工程价格能够反映价值与供求规律，以保证合同双方合理合法的经济利益。其三，两者的管理范围不同。建设工程投资管理贯穿于从项目决策、工程设计、项目招投标、施工过程到竣工验收的全过程，由于投资主体不同，资金的来源不同，涉及的单位也不同；对于承包商而言，由于承发包的标的不同，工程价格管理可能是从决策到竣工验收的全过程管理，也可能是其中某个阶段的管理。在工程价格管理中，不论投资主体是谁，资金来源如何，主要涉及工程承发包双方之间的关系。

(2) 工程造价管理的内容

工程造价管理的基本内容就是准确地计价和有效地控制造价。在项目建设的各阶段中，准确地计价就是客观真实地反映工程项目的价值量，而有效地控制造价则是围绕预定的造价目标，对造价形成过程的一切费用进行计算、监控，出现偏差时，要分析偏差的原因，并采取相应的措施进行纠正，保证工程造价控制目标的实现。

① 工程造价的准确计价。所谓工程造价的价，就是在项目建设程序的各个阶段，能够比较准确地计算出相应的造价文件，具体如下。

在项目建议书阶段，在通过投资机会分析将投资构想以书面形式表达的过程中，计算出拟建项目的预期投资额（政府投资项目需经过有关部门的审批)，作为投资的建议呈报给决策人。

在可行性研究报告阶段，随着工作的深入，编制出精确度不同的投资估算，作为该项目投资与否以及立项后设计阶段工程造价的控制依据。

在初步设计阶段，按照有关规定编制的初步设计概算，是施工图设计阶段的工程造价控制目标。政府投资项目需经过有关部门的严格审批后，作为拟建项目工程造价的最高限额。在这一阶段进行招投标的项目，设计概算也是编制标底的依据。

在施工图设计阶段，按照有关规定编制的施工图预算是编制施工招标标底和评标的依据之一。

在工程的实施阶段，以招投标等方式合理确定的合同价就是这一阶段工程造价控制的目标。在工程的实施过程中，根据不同的合同条件，可以对工程结算价做出合理的调整。

在竣工验收阶段，全面汇集在工程建设过程中实际所花费的全部费用，编制竣工决算，并与设计概算相比较，分析项目的投资效果。

② 工程造价的有效控制。所谓工程造价的有效控制，是在决策正确的前提下，通过对建设方案、设计方案、施工方案的优化，并采用相应的管理手段、方法和措施，把建设程序中各个阶段的工程造价控制在合理的范围和造价限额以内，以保证建设项目造价管理目标的实现。

工程建设的不同主体对工程造价进行控制所采取的方法、手段以及要达到的目标都是不同的。建设单位作为项目的投资者，对工程项目从筹建直到竣工验收所花费的全部费用进行控制。设计单位对工程造价的控制是要在满足建设单位提出要求的基础上，将工程造价限制在批准的投资限额之内。施工单位对工程造价的控制是在特定的技术、质量、进度前提下使生产的实际成本小于预期成本。工程造价管理部门主要是通过制定相关法律法规和各种规章制度，规范工程参与各方的行为。

(3) 工程造价管理的原则

有效的工程造价管理应体现以下 3 项原则。

① 以设计阶段为重点的全过程控制原则。工程建设分为多个阶段，工程造价控制也应该涵盖从项目建议书阶段开始，到竣工验收为止的整个建设期间的全过程。具体地说，要用投资估算价控制设计方案的选择和初步设计概算造价，用概算造价控制技术设计和修正概算造价，用概算造价或修正概算造价控制施工图设计和预算造价。投资决策一经做出，设计阶段就成为工程造价控制的最重要阶段。设计阶段对工程造价高低具有能动的、决定性的影响作用。设计方案确定后，工程造价的高低也就确定了，也就是说全过程控制的重点在前期，因此，以设计阶段为重点的造价控制才能积极、主动、有效地控制整个建设项目的投资。

② 动态控制原则。工程造价本身具有动态性。任何一个工程从决策到竣工交付使用，都有一个较长的建设周期，在这期间内，影响工程造价的许多因素都会发生变化，这使工程造价在整个建设期内是动态的，因此，要不断地调整工程造价的控制目标及工程结算款，才能有效地控制工程造价。

③ 技术与经济相结合的原则。有效地控制工程造价，可以采用组织、技术、经济、合同等多种措施。其中技术与经济相结合是有效控制工程造价的最有效手段。以往，在我国的工程建设领域，存在技术与经济相分离的现象。技术人员和财务管理人员往往只注重各自职责范围内的工作，其结果是技术人员只关心技术问题，不考虑如何降低工程造价，而财务管理人员只单纯地从财务制度角度审核费用开支，而不了解项目建设中各种技术指

标与造价的关系，使技术、经济这两个原本密切相关的方面对立起来。因此，要提高工程造价控制水平，就要在工程建设过程中把技术与经济有机结合起来，通过技术比较、经济分析和效果评价，正确处理技术先进性与经济合理性两者之间的关系，力求在技术先进适用的前提下使项目的造价合理，在经济合理的条件下保证项目的技术先进适用。

1.1.2 工程造价管理理论的发展

1. 工程造价管理的主导模式

工程造价管理理论与方法是随着社会生产力的发展以及现代管理科学的发展而产生并发展起来的。在原有的基础上，经过不断地发展与创新，已形成了一些新的理论和方法，这些新的理论和方法最显著的地方是：更加注重决策、设计阶段工程造价管理对工程造价的能动影响作用；更重视项目整个寿命期内价值最大化，而不仅仅是项目建设期的价值最大化。其中具有代表性的造价管理模式为：20 世纪 70 年代末期由英国建设项目工程造价管理界为主提出的“全生命周期造价管理”的理论和方法；20 世纪 80 年代中期以中国建设项目工程造价管理界为主推出的“全过程造价管理”的理论和方法；20 世纪 90 年代前期以美国建设项目工程造价管理界为主推出的“全面造价管理”的理论和方法。

2. 工程造价管理几种方法比较

(1) 全生命周期造价管理方法

全生命周期造价管理理论与方法要求人们在建设项目投资决策分析以及在项目备选方案评价与选择中要充分考虑项目建造成本和运营成本。该方法是建筑设计中的一种指导思想，用于计算建设项目在整个生命周期（包括建设项目前期、建设期、运营期和拆除期）的全部成本，其宗旨是追求建设项目全生命周期造价最小化和价值最大化的一种技术方法。这种方法主要适合在工程项目设计和决策阶段使用，尤其适合在各种基础设施和非营利性项目的设计中使用。但由于运营期的技术进步很难预测，所以对运营成本的估算就欠准确性，因此在运用这种方法进行工程造价管理时还存在一定的局限性。

(2) 全过程造价管理方法

全过程造价管理是一种基于活动和过程的建设项目造价管理模式，是一种用来科学确定和控制建设项目全过程造价的方法。它先将建设项目分解成一系列的项目工作包和项目活动，然后测量和确定出项目及其每项活动的工程造价，通过消除和降低项目的无效与低效活动以及改进项目活动方法去控制项目造价。

全过程造价管理模式更多地适合用于一个建设项目造价的估算、预算、结算和价值分析以及花费控制。但是它没有充分考虑建设项目的建造与运营费用的集成管理问题，所以它的适用性和有效性也存在一定的局限性。

(3) 全面造价管理方法

全面造价管理模式的最根本的特征是“全面”，它不但包括了项目全生命周期和全过程造价管理的思想和方法，同时还包括了项目全要素、全团队和全风险造价管理等全新的建设项目造价管理的思想和方法。然而这一模式现在基本上还是一种工程造价管理的理念和思想，它在方法论和技术方法方面还有待完善，这使其适用性同样具有较大的局限性。

1.2 工程计价与造价控制概述

1.2.1 工程计价特点与方法

1. 工程计价的特点

工程建设活动是一项多环节、受多个因素影响、涉及面广的复杂活动。它的特点是由基本建设产品本身固有的技术经济特点及其生产过程的技术经济特点所决定的。

(1) 单件性计价

每一项建设工程都有其专门用途，为了适应不同用途的要求，每个项目的结构、造型、装饰，建筑面积或建筑体积，工艺设备和建筑材料就有差异。即使用途相同的建设项目，也会因其具体建设地点的水文地质及气候条件的不同，而导致造价的不同。为衡量其投资效果，就需要对每项工程产品进行单独定价。

(2) 多次性计价

工程项目一般都具有体积庞大、结构复杂、个体性强的特点，因此，其生产过程是一个周期长、环节多、耗资大的过程。而在不同的建设阶段，由于条件不同，对工程估价的要求也不相同。工程估价一般要经过多次性计价，这是一个由粗到细，由浅入深，最终确定工程实际造价的过程。其过程如图 1-1 所示：

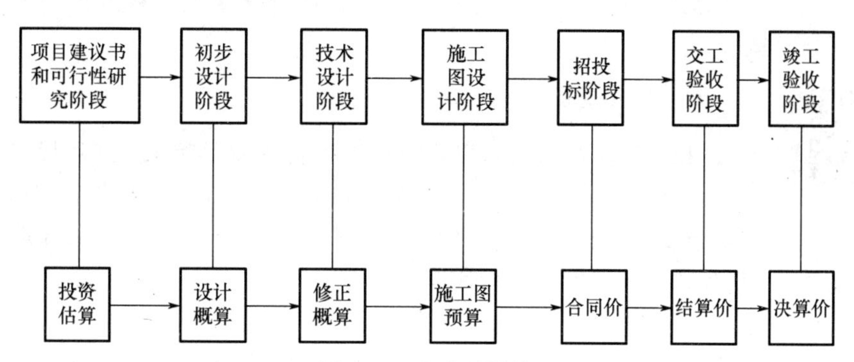

图 1-1 多次性计价

(3) 组合性计价

为了较为准确地对建筑产品合理计价，往往按照工程的分部组合进行计价。为了对基本建设项目实行统一管理和分级管理，国家统计部门统一规定将建设项目的组成划分如下。

① 建设项目。

建设项目是指按照一个总体设计进行建造，经济上实行独立核算、行政上具有独立的组织形式的建设工程。从行政角度而言，它是编制和执行基本建设计划的单位，所以建设项目也称建设单位。例如：一座工厂、一所学校或一所医院即为一个建设项目。一个建设项目由若干个单项工程组成。

② 单项工程。

单项工程是指在一个建设项目中，具有独立的设计文件，建成后能独立发挥生产能力或效益的工程。如学校建设项目中的教学楼、办公楼、图书馆、学生宿舍、职工住宅工程等。

③ 单位工程。

单位工程是单项工程的组成部分，是指具有独立组织施工条件及单独作为计算成本对象，但建成后不能独立进行生产或发挥效益的工程。例如，工厂一个车间建设中的土建工程、设备安装工程、电器安装、给排水、采暖、通风等各为一个单位工程。

④ 分部工程。

分部工程是单位工程的组成部分。一般是按单位工程的结构部位、使用的材料、工种或设备种类和型号的不同而划分的工程。例如，一般土建工程可以划分为土石方工程、打桩工程、砖石工程、混凝土及钢筋混凝土工程、木结构工程、楼地面工程、屋面工程、装饰工程等分部工程。

⑤ 分项工程。

分项工程是分部工程的组成部分。一般是按照不同的施工方法，不同的材料及构件规格，将分部工程分解为一些简单的施工过程，是建设工程中最基本的工程单位，即通常所指的各种实物工程量。如土方分部工程，可以分为人工平整场地、人工挖土方、人工挖地槽等分项工程。

在工程计价时，建设项目的这种组合性特征决定了工程造价的计价过程是一个逐步组合的过程。这一特征在计算概算造价和预算造价时尤为明显，所以也反映到合同价和结算价计算过程中。其计算过程和顺序是：分部分项工程造价→单位工程造价→单项工程造价→建设项目总造价。

【《建设工程工程量清单计价规范》】

2. 工程造价计价方法

根据我国现行的《建筑安装工程费用项目组成》（建标〔2013〕44号）、建设部第107号令《建筑工程施工发包与承包计价管理办法》以及《建设工程工程量清单计价规范》（GB 50500—2013），**工程造价计价方法分为工料单价法和综合单价法。**

(1) 工料单价法

工料单价法是以分部分项工程量乘以现行预算单价后合计为直接工程费，再按规定的标准计算措施费，直接工程费与措施费汇总后生成直接费，在此基础上计算间接费、利润、税金（间接费、利润的计算基础可以是直接费，也可以是人工费和机械费，还可以是人工费，详见3.3节），将直接费、间接费、利润、税金汇总即可得出单位工程造价。

(2) 综合单价法

综合单价法是分部分项工程单价为全费用单价，全费用单价经综合计算后生成，其内容包括：直接工程费、间接费、利润和税金（措施费也可按此方法生成全费用价格）。由于各分部分项工程中的人工、材料、机械含量的比例不同，间接费和利润的计算基础，需根据各分项工程中的材料费占人工费、材料费、机械费合计的不同比例，分别选择直接费或人工费和机械费或人工费（详见3.3节）为计算基础。

各分项工程量乘以综合单价的合价汇总后，生成单位工程造价。

1.2.2 工程造价控制方法与内容

在工程项目建设的全过程中，工程造价控制贯穿于各个阶段，每个阶段工程造价控制的方法与手段都不同。

1. 项目前期工程造价控制方法与内容

（1）工程项目决策阶段工程造价控制方法与内容

在工程项目决策阶段，工程造价控制的关键是做出正确的决策。真实、科学、客观的可行性研究报告是正确决策的依据和基础。可行性研究通过对一个项目的经济效益、社会效益评价，抗风险能力分析，为投资决策提供依据。在决策阶段，要重点控制对工程造价影响较大的因素，即项目的规模、建设标准、工程技术方案以及建设地区和地点。对这些指标的确定，既要有一定的前瞻性，也要考虑我国的具体国情，真正做到经济合理。

（2）工程项目设计阶段工程造价控制方法与内容

在工程项目设计阶段，工程造价控制的关键是设计方案的选择与优化。主要方法是价值工程与限额设计。将这两种方法结合起来运用可以更好地处理技术与经济的对立统一关系，增强造价控制的主动性。在选择与优化设计方案时，不仅要考虑建设成本，还要考虑运营成本，使工程项目能以最低的生命期成本可靠地实现使用者所需的功能，即项目全生命期内价值最大。在这一阶段工程造价控制的主要内容是：占地面积、功能分区、运输方式、技术水平、建筑物的平面形状、层高、层数、柱网布置等对造价影响较大的因素。

（3）工程项目招投标阶段工程造价控制方法与内容

在工程项目招投标阶段，工程造价控制的关键是承发包合同价的确定。通过招投标方式确定承包商及工程的合同价格。在这一阶段工程造价控制的主要内容是：招标方式的选择、合同条件的选择、合同价格的选择以及承包商的选择。

2. 项目实施阶段工程造价控制方法与内容

在工程项目实施阶段，工程造价控制的关键是工程量的测量、变更与索赔管理。主要方法是通过科学有效的合同管理，实现项目控制的目标。在这一阶段工程造价控制的主要内容是：工程量、变更与索赔。对单价合同而言，要准确计量已完工程的工程量，因为工程量直接影响工程造价；对于所有合同条件来说，变更管理要注意的原则是：尽量不发生或少发生变更，如果必须变更，就尽早变更，使其对工程造价的影响减小到最低程度；索赔的管理原则是：尽量控制索赔事件不发生，对已发生的索赔事件，首先要分清承发包双方的责任，其次要准确合理地计算索赔费用。

本章小结

本章介绍了工程造价的含义，进而介绍了工程造价管理的含义、原则和方法；本章重点介绍了工程计价的几个特点，分析了工料单价法和综合单价法的含义，同时对工程造价控制方法进行了讨论。

习　题

一、单项选择题

1. 从投资者角度讲，工程造价是指（　　）。

A. 交易活动中所形成的工程价格

B. 建设成本加利润所形成的价格

C. 建设一项工程预期开支或实际开支的全部固定资产投资费用

D. 经过招标由双方共同认可的价格

2. 工程造价的第一种含义是：建设一项工程预期开支或实际开支的（　　）费用。

A. 全部投资　　B. 部分投资

C. 固定资产和流动资产　　D. 全部固定资产投资

3. 在项目建设的全过程各个阶段中，即决策、初步设计、技术设计、施工图设计、招投标、合同实施及施工验收等阶段，都进行相应的计价，分别对应形成投资估算、设计概算、修正概算、施工图预算、合同价、结算价以及决算价等，这体现了工程造价的（　　）计价特征。

A. 复杂性　　B. 多次性

C. 组合性　　D. 方法的多样性

4. 工程造价管理体制改革的最终目标是以（　　）为主的价格机制。

A. 市场形成价格　　B. 政府颁布指令价格

C. 政府颁布指导价格　　D. 政府与企业协商价格

5. 概算造价是指在初步设计阶段，根据设计意图，通过编制工程概预算文件预先测算和确定的工程造价，主要受到（　）的控制。

A. 投资估算　　B. 合同价

C. 修正概算造价　　D. 实际造价

二、多项选择题

1. 工程造价具有（　　）计价特征。

A. 单件性　　B. 大额性

C. 组合性　　D. 兼容性

E. 多次性

2. 工程造价是指建成一项工程预计或实际在土地市场、设备和技术劳务市场、承包市场等交易活动中形成的（　　）。

A. 综合价格　　B. 商品和劳务价格

C. 建筑安装工程价格　　D. 流通领域商品价格

E. 建设工程总价格

3. 工程造价具有多次性计价特征，其中各阶段与造价对应关系正确的是（　）。

A. 招投标阶段——合同价　　B. 施工阶段——合同价

C. 竣工验收阶段——实际造价　　D. 竣工验收阶段——结算价

E. 可行性研究阶段——概算造价

4. 工程造价具有以下特点（ ）。

A. 个别性、差异性　　B. 动态性

C. 概括性　　D. 准确性

E. 层次性

5. 在下列各项费用中，不属于静态投资，但属于动态投资的费用有（ ）。

A. 建筑安装工程费　　B. 设备和工器具购置费

C. 涨价预备金（费）　　D. 基本预备费用

E. 建设期贷款利息

三、简答题

1. 工程造价及工程造价管理的含义是什么？

2. 工程造价管理的原则是什么？

3. 试述全生命周期造价管理方法、全过程工程造价管理方法、全面造价管理方法的本质区别。

4. 试述工料单价法和综合单价法这两种工程造价计价方法的区别。

【在线答题】

第2章 工程建设定额原理

教学提示

定额是一切企业实行科学管理的必要条件，工程建设定额是诸多定额中的一种，它研究的是工程建设产品生产过程中的资源消耗标准，它能为工程造价提供可靠的基本管理数据，同时它也是工程造价管理的基础和必备条件；在工程造价管理的研究工作和实际工作中都必须重视定额的确定。本章介绍工程建设定额的类别及确定方法。

教学要求

通过本章的学习，学生应了解工程建设定额的概念和分类，重点掌握施工定额消耗量的确定方法；掌握施工定额、预算定额、概算定额与概算指标、投资估算指标的概念及它们之间的联系和区别。

2.1 定额的概念

“定额”，从字义上说，就是规定的限额。**“工程建设定额”是指为了完成某工程项目，必须消耗的人力、物力和财力资源的数量，是在正常施工条件下，合理地劳动组织、合理地使用材料和机械的情况下，完成单位合格工程新产品所消耗的资源数量的标准。**一方面，定额随着社会生产力水平的变化而变化，是一定时期社会生产力的反映；另一方面，这些资源的消耗是随着工程施工对象、施工方式和施工条件的变化而变化的，不同的工程有不同的质量要求，不能把定额看成是单纯的数量关系，而应看成是质量和安全的统一体。只有考察总体建设过程中的各生产因素，制定出社会平均必需的数量标准，才能形成工程建设定额。例如，砌 $10m^3$ 砖基础消耗：人工 11.790 工日；标准砖 5.236 千块；M10 水泥砂浆 $2.360m^3$；水 $2.5m^3$；200L 灰浆搅拌机 0.393 台班。

19 世纪末，随着现代资本主义社会化大生产的出现，生产规模日益扩大，生产技术迅速发展，劳动分工和协作越来越细，对生产消费进行科学管理的要求也更加迫切。企业为了加强竞争地位，获取最大限度的利润，千方百计地降低单位产品上的活劳动和物化劳动的消耗，以便使自己企业生产的产品所需劳动消耗低于社会必要劳动时间，产品中的个别成本低于社会平均水平。定额作为一门对生产消费进行研究和科学管理的重要学科应运而生，并随着时代的变迁而更新，对于工程建设定额的制定也随之在深入研究和发展之中。

我国工程建设定额管理工作经历了一个漫长、曲折的发展过程，现已逐渐建立和日趋完善，在经济建设中，发挥着越来越重要的作用。据史书记载，我国自唐朝起，就有国家制定的有关营造业的规范。公元1103年，北宋颁布了将工料限量与设计、施工、材料结合在一起的《营造法式》，可谓由国家制定的一部建筑工程定额。清朝，经营建筑的国家机关分设了"样房"和"算房"。"样房"负责图样设计，"算房"则专门负责施工预算。中华人民共和国成立后，我们吸取了苏联定额工作的经验，20世纪70年代后期又参考了欧、美、日等国家有关定额方面的管理科学内容，结合我国在各个时期工程建设施工的实际情况，编制了适合我国工程建设的切实可行的定额。为了将定额工作纳入标准化管理的轨道，国家编制了一系列定额。1995年12月15日，中华人民共和国建设部发布《全国统一建筑工程基础定额》（土建工程）（GJD－101－95）和《全国统一建筑工程预算工程量计算规则》（GJDG2－101－95）；2006年5月22日，中华人民共和国建设部发布《全国统一安装工程基础定额》（GJD 201—2006～GJD 209—2006）。2012年12月25日，住房和城乡建设部发布《建设工程工程量清单计价规范》（GB 50500—2013）和《通用安装工程工程量计算规范》（GB 50856—2013）；2013年3月21日，住房和城乡建设部、财政部发布新修订的《建筑安装工程费用项目组成》（建标〔2013〕44号）。

【《通用安装工程工程量计算规范》】

2.2 工程建设定额的分类

工程建设定额是工程建设中各类定额的总称，是根据国家一定时期的管理体制和管理制度，根据不同定额的用途和适用范围，由指定机构按照一定的程序制定，并按照规定的程序审批和颁发执行。由于工程建设和管理的具体目的、要求、内容等的不同，工程建设定额的种类也不相同。工程造价管理中包括许多种类的定额，它们是一个互相联系的、有机的整体，在实际工作中需要配合起来使用。按其内容、形式和用途等的不同，可以按照不同的原则和方法对它进行不同的分类。

2.2.1 按生产要素分类

工程建设定额按生产要素可分为劳动消耗定额、材料消耗定额和机械台班消耗定额。它直接反映出生产某种单位合格产品所必须具备的因素。实际上，日常生产工作中使用的任何一种概预算定额都包括这三种定额的表现形式，也就是说，这三种定额是编制各种使用定额的基础，因此称为基本定额。

1. 劳动消耗定额

劳动消耗定额简称劳动定额，亦称工时定额或人工定额，是完成一定单位合格产品（工程实体或劳务）所规定的活劳动消耗的数量标准。如铺贴地面0.1工日/m^2。它反映了建筑工人在正常施工条件下的劳动生产率水平，表明每个工人为生产一定单位合格产品所必须消耗的劳动时间，或者在一定的劳动时间内所生产的合格产品数量。

2. 材料消耗定额

材料消耗定额简称材料定额，指在有效地组织施工、合理地使用材料的情况下，生产一定单位合格产品（工程实体或劳务）所必须消耗的某一定规格的建筑材料、成品、半成品、构配件、燃料以及水、电等资源的数量标准。材料作为劳动对象构成工程实体，需用数量大，种类繁多，在建筑工程中，材料消耗量的多少，消耗是否合理，不仅关系到资源的有效利用，而且直接影响市场供求状况和材料价格，对建设工程的项目投资和成本控制都起着决定性影响。

3. 机械台班消耗定额

机械台班消耗定额又称机械台班定额或机械台班使用定额，指在正常施工条件下，为完成一定单位合格产品（工程实体或劳务）所规定的某种施工机械设备所需要消耗的机械“台班”“台时”的数量标准。其表示形式可分为机械时间定额和机械产量定额两种。它是编制机械需要计划、考核机械效率和签发施工任务书、评定奖励等方面的依据。

2.2.2 按编制程序和用途分类

工程建设定额按编制程序和用途，可分为施工定额、预算定额、概算定额、概算指标和投资估算指标等，它们的作用和用途各不相同。

1. 施工定额

施工定额是在正常的施工技术和组织条件下，按平均先进水平制定的为完成一定单位合格产品所需消耗的人工、材料、机械台班的数量标准。施工定额是工程建设定额中分项最细、定额子目最多的一种定额，也是工程建设定额中的基础性定额。

2. 预算定额

预算定额是在合理的施工组织设计和正常施工条件下，完成一定单位合格产品所需的人工、材料和机械台班的社会平均消耗量标准。从编制程序看，预算定额是以施工定额为基础综合和扩大编制而成的，在工程建设定额中占有很重要的地位。它的内容包括劳动消耗定额、材料消耗定额及机械台班消耗定额三个基本部分，并列有工程费用。例如，每浇灌 1m^3混凝土需要的人工、材料、机械台班数量及费用等。

3. 概算定额

概算定额是以扩大的分项工程或扩大的结构构件为对象编制的，完成一定扩大计量单位合格产品所需的人工、材料和机械台班的社会平均消耗量标准。从编制程序看，概算定额以预算定额为编制基础，是预算定额的综合和扩大，即是在预算定额的基础上综合而成的，每一分项概算定额都包括了数项预算定额。

4. 概算指标

概算指标比概算定额更加扩大、综合，它以单位工程或单项工程为对象，以更为扩大的计量单位来计算和确定工程的初步设计概算造价，计算人工、材料、机械台班需要量。这种定额的设定和初步设计的深度相适应，一般是在概算定额的基础上编制。如每 100m² 建筑物、每 1000m 道路、每座小型独立构筑物所需要的人工、材料和机械台班的数量等。

5. 投资估算指标

投资估算指标是在项目建议书和可行性研究阶段编制投资估算、计算投资需要量时使用的一种定额。它是以独立的单项工程或建设项目为对象编制的，是确定和控制建设项目全过程各项投资支出的技术经济指标，一般以建设项目的生产能力或使用功能的单位投资表示，如“元/吨”“元/千瓦”等。各种定额的比较见表 2-1。

表 2-1 各种定额的比较

定额分类	施工定额	预算定额	概算定额	概算指标	投资估算指标
对象	工序	分部分项工程	扩大的分项工程或扩大的结构构件	单位工程或单项工程	单项工程或建设项目
用途	编制施工预算	编制施工图预算	编制设计概算	编制初步设计概算	编制投资估算
项目划分	最细	细	较粗	粗	很粗
定额水平	平均先进	平均	平均	平均	平均
定额性质	生产性定额	计价性定额	计价性定额	计价性定额	计价性定额

2.2.3 按编制单位和执行范围分类

目前，我国现行的工程建设定额按编制单位和执行范围可分为全国统一定额、行业统一定额、地区统一定额、企业定额和补充定额等五种。

1. 全国统一定额

全国统一定额由国家建设行政主管部门综合全国工程建设中技术和施工组织管理的情况统一组织编制，并在全国范围内颁发和执行。如《全国统一建筑工程基础定额》《全国统一安装工程预算定额》等。

2. 行业统一定额

行业统一定额由中央各部门，根据各行业部门专业工程技术特点，以及施工组织管理水平情况统一组织编制和颁发，一般只在本行业和相同专业性质的范围内使用，如水运工程定额、矿井工程定额、铁路工程定额、公路工程定额等。

3. 地区统一定额

地区统一定额是根据“统一领导，分级管理”的原则，由全国各省、自治区、直辖市或计划单列市建设主管部门根据本地区的物资供应、资源条件、交通、气候及施工技术和管理水平等条件编制，由省、市地方政府批准颁发，仅在所属地区范围内适用并执行。地区统一定额主要是考虑地区性特点、地方条件的差异或为全国统一定额中所缺项而补充编制的。

4. 企业定额

企业定额是指由建筑施工企业考虑本企业具体情况，参照国家、行业或地区定额的水平自行编制，用于企业内部的施工生产与管理以及对外的经营管理活动。当施工企业执行全国统一定额和地区统一定额时，由于定额缺项或某些项目的定额水平不能满足本企业施工生产的需要，建筑施工企业或总承包单位就会在基于相关水平的前提下，参照国家和地方颁发的价格标准、材料消耗等资料，编制企业定额。

企业定额只在企业内部使用，主要应根据企业自身的情况、特点和素质进行编制，是企业在完成合格产品过程中必须消耗的人工、材料和机械台班的数量标准，反映企业的技术水平、管理水平和综合实力。企业定额水平一般应高于国家现行定额，才能满足生产技术发展、企业管理和市场竞争的需要。

5. 补充定额

补充定额亦称临时定额，它是指随着设计、施工技术的发展，现行定额不能满足需要的情况下，为了补充缺项而编制的定额。补充定额只能在指定的范围内使用，可以作为以后修订定额的基础。

2.2.4 按专业性质分类

由于工程建设涉及众多的专业，不同的专业所含的内容也不同，就确定人工、材料和机械台班消耗数量标准的工程定额来说，也需要按不同的专业分别进行编制和执行。这些特殊专业的专用定额，只能在指定范围内使用。按专业性质划分，常见的有以下几种专业定额。

1. 建筑工程定额

① 土建工程定额（亦称土建定额）。
② 装饰工程定额（亦称装饰定额）。
③ 房屋修缮工程定额（亦称房修定额）。

2. 安装工程定额

① 机械设备安装工程定额。
② 电气设备安装工程定额。
③ 送电线路工程定额。
④ 通信设备安装工程定额。
⑤ 通信线路工程定额。
⑥ 工艺管道工程定额。
⑦ 长距离输送管道工程定额。
⑧ 给排水、采暖、煤气工程定额。

⑨ 通风、空调工程定额。
⑩ 自动化控制装置及仪表工程定额。
⑪ 工艺金属结构工程定额。
⑫ 炉窑砌筑工程定额。
⑬ 刷油、绝热、防腐蚀工程定额。
⑭ 热力设备安装工程定额。
⑮ 化学工业设备安装工程定额。
⑯ 非标准设备制作工程定额。

3. 沿海港口建设工程定额

① 沿海港口水工建筑工程定额。
② 沿海港口装卸机械设备安装定额。

4. 其他特殊专业建设工程定额

① 市政工程定额。
② 水利工程定额。
③ 铁路工程定额。
④ 公路工程定额。
⑤ 园林、绿化工程定额。
⑥ 公用管线工程定额。
⑦ 矿山工程专业定额。
⑧ 人防工程定额。
⑨ 水运工程定额等。

2.2.5 工程建设定额的特点

1. 科学性

定额的科学性，一是指工程建设定额和生产力发展水平相适应，反映出工程建设中生产消费的客观规律；二是指工程建设定额管理在理论方法和手段上适应现代科学技术和信息社会发展的需要。

2. 系统性

工程建设定额是由相对独立的多种定额有机结合而成的整体，每一种定额本身结构严谨、内容全面、作用明确，体现了定额的系统性。

3. 统一性

按照工程建设定额的制定、颁布和贯彻使用看，工程建设定额有统一的程序、统一的原则、统一的要求和统一的用途。

4. 指导性

随着我国建设市场的不断成熟和规范，定额原具备的法令性逐渐弱化，对建设产品交易不再具有强制性，只具有指导作用。国家颁布后，企业可以参照执行，也可以根据市场情况和自身条件进行合理的调整和修改。

5. 稳定性与时效性

定额是一定时期技术发展和管理水平的反映，在一段时间内表现出稳定的状态。但定额的稳定性是相对的，当生产力发展时，需要重新编制或修订。

2.3 定额消耗量的确定方法

2.3.1 工时消耗的确定

1. 工时的概念

所谓工时，即工作时间，就是工作班的延续时间。工作时间是按现行制度规定的，如我国现行法定工作制的工作时间是每周五天、每天八小时，**午休时间不包括在内。**

研究工作时间，是将劳动者在整个生产过程中所消耗的工作时间，根据性质、范围和具体情况，予以科学的划分、归纳，明确哪些属于消耗时间，哪些属于非消耗时间，找出造成非消耗时间的原因，以便采取技术和组织措施，消除产生非消耗时间的因素，以充分利用工作时间，提高劳动效率。

研究工作时间消耗量及其性质，是确定定额消耗量的基本步骤和内容之一，也是编制劳动定额的基础工作。

2. 工作时间分析

工作时间分析，可进一步细分为工人工作时间分析和机械工作时间分析。

(1) 工人工作时间分析

工人在工作班内消耗的工作时间，按其消耗的性质，可以分为必须消耗的时间和损失时间两大类。工人工作时间分析如图 2-1 所示。

① **必需消耗的时间，也称定额时间。**必需消耗的时间指在正常施工条件下，工人为完成单位合格产品所必须消耗的工作时间，它包括有效工作时间、休息时间、不可避免的中断时间。

A. 有效工作时间。有效工作时间是指与完成产品有直接关系的工作时间消耗，其中包括准备与结束时间、基本工作时间、辅助工作时间。

准备与结束时间一般分为班内的准备与结束时间和任务内的准备与结束时间两种。班内的准备与结束工作具有经常性的每天工作时间消耗的特性，如领取料具、工作地点布置、检查安全技术措施、调整和保养机械设备、清理工地、交接班等。任务内的准备与结束工作，由工人接受任务的内容决定，如接受任务书、技术交底、熟悉施工图纸等。

基本工作时间是指直接与施工过程的技术作业发生关系的时间消耗。例如砌砖工作中，从选砖开始直至将砖铺放到砌体上的全部时间消耗。通过基本工作，使劳动对象直接发生变化，如改变材料外形、改变材料的结构和性质、改变产品的位置、改变产品的外部及表面性质等。基本工作时间的消耗与生产工艺、操作方法、工人的技术熟练程度有关，

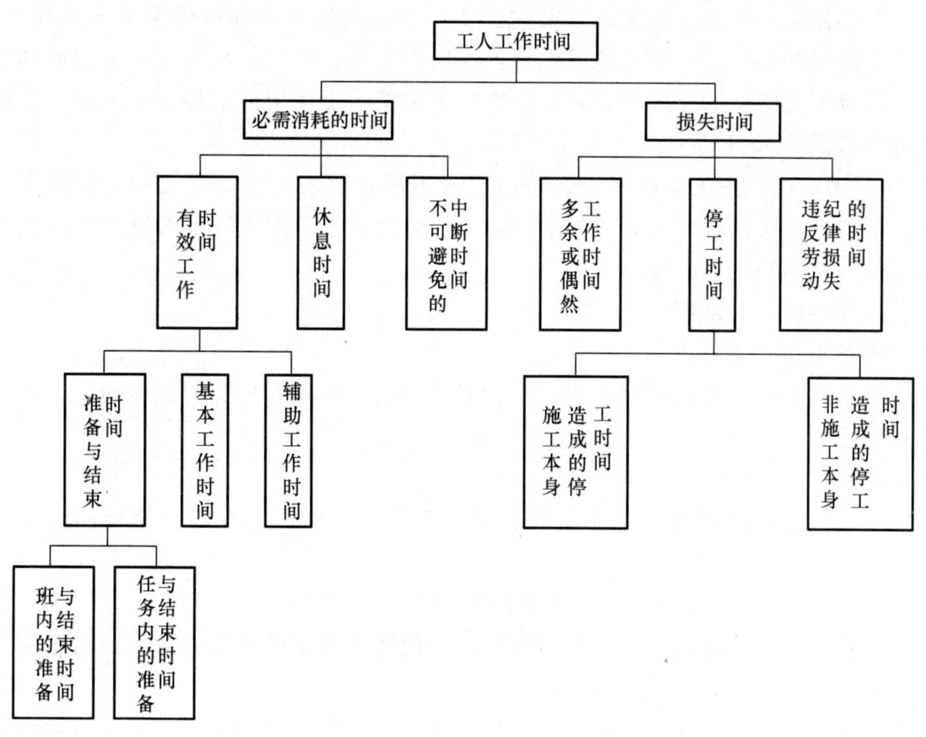

图 2－1　工人工作时间分析

并与任务的大小成正比。

辅助工作时间是指与施工过程的技术作业没有直接关系的工序，为了保证基本工作的顺利进行而做的辅助性工作所需要消耗的时间。辅助性工作不直接导致产品的形态、性质、结构位置发生变化。如工具磨快、校正、小修、机械上油、移动人字梯、转移工地、搭设临时跳板等均属辅助性工作。

B. 休息时间。工人休息时间是指工人必需的休息时间，是工人在工作中，为了恢复体力所必需的短时间休息，以及工人由于生理上的要求所必须消耗的时间（如喝水、上厕所等）。休息时间的长短与劳动强度、工作条件、工作性质等有关，例如在高温、高空、重体力、有毒性等条件下工作时，休息时间应多一些。

C. 不可避免的中断时间。不可避免的中断时间是指由于施工工艺特点引起的工作中断所需要的时间，如汽车司机在等待装卸货物和等交通信号时所消耗的时间，因为这类时间消耗与施工工艺特点有关，因此，应包括在定额时间内。

② **损失时间，也称为非定额消耗时间**。损失时间是指和产品生产无关，但与施工组织和技术上的缺点有关，与工人在施工过程中的个人过失或某些偶然因素有关的时间消耗。包括多余或偶然工作的时间、停工时间、违反劳动纪律的时间。

A. 多余或偶然工作时间。这是指在正常施工条件下不应发生的时间消耗，或由于意外情况所引起的工作所消耗的时间。如质量不符合要求，返工造成的多余时间消耗，不应计入定额时间中。

B. 停工时间。停工时间包括施工本身造成的和非施工本身造成的停工时间。施工本身造成的停工，是由于施工组织和劳动组织不善，材料供应不及时，施工准备工作做得不好等而引起的停工，不应计入定额。非施工本身造成的停工，如设计图纸不能及时到达，水电供应临时中断，以及由于气象条件（如大雨、风暴、严寒、酷热等）所造成的停工损失时间，这都是由于外部原因的影响，而非施工单位的责任引起的停工，因此，在拟定定额时应适当考虑其影响。

C. 违反劳动纪律损失的时间。这是指工人不遵守劳动纪律而造成的时间损失，如上班迟到、早退，擅自离开岗位，工作时间聊天，以及由于个别人违反劳动纪律而使别的工人无法工作等时间损失。

损失时间不应计入定额。

(2) 机械工作时间分析

对机械工作时间分析的研究，可以分为必需消耗的时间和损失时间的研究。机械工作时间分析如图 2-2 所示。

① 必需消耗的时间。

必须消耗的时间包括有效工作时间、不可避免的中断时间和不可避免的无负荷工作时间。

A. 有效工作时间，包括正常负荷下和合理降低负荷下的工作时间。

正常负荷下的工作时间，是指机械在与机械说明书规定的负荷相等的正常负荷下进行工作的时间。

合理降低负荷下的工作时间，是在个别情况下由于技术上的原因，机械可能在低于规定负荷下工作，如汽车载运重量轻而体积大的货物时，不可能充分利用汽车的载重吨位，因而不得不降低负荷工作。

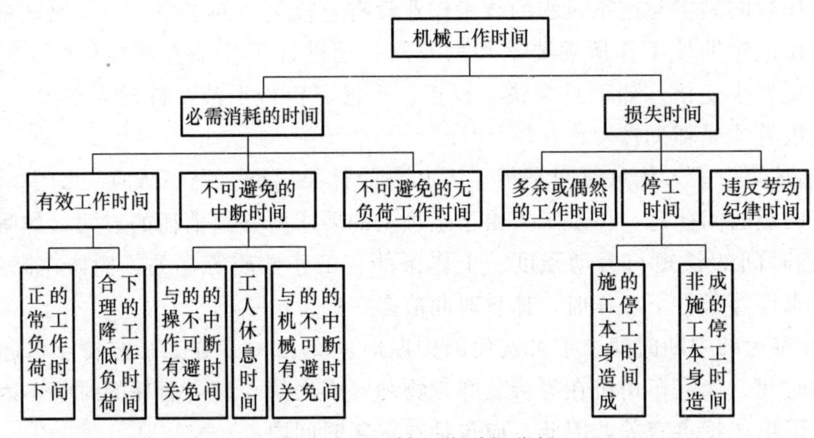

图 2-2　机械工作时间分析

B. 不可避免的中断时间，是指由于施工过程的技术和组织的特性所造成的机械工作中断时间，包括与操作有关的和与机械有关的两种中断时间消耗。

与操作有关的不可避免的中断时间，通常有循环的和定时的两种。循环的时间是指在机械工作的每一个循环中重复一次，如汽车装载、卸货的停歇时间。定时的时间是指经过一定时间重复一次。如喷浆器喷白，从一个工作地点转移到另一个工作地点时，喷浆器工作的中断时间。

与机械有关的不可避免的中断时间，是指用机械进行工作的人在准备与结束工作时使机械暂停的中断时间，或者在维护保养机械时必须使其停转所发生的中断时间。

工人休息时间在前面已经做了说明。这里要注意的是，应尽量利用与工程过程有关的和与机械有关的不可避免的中断时间进行休息，以充分利用工作时间。

C. 不可避免的无负荷工作时间，是由施工过程的特点和机械结构的特点造成的机械无负荷工作时间。例如，筑路机在工作区末端掉头，就属于此项工作时间。

② 损失时间，包括多余或偶然的工作时间、停工时间和违反劳动纪律时间。

A. 多余或偶然的工作时间。多余或偶然的工作有两种情况：一是可避免的机械无负荷工作，即工人没有及时供给机械用料引起的空转；二是机械在负荷下所做的多余工作，如混凝土搅拌机搅拌混凝土时超过规定搅拌时间，即属于多余工作时间。

B. 停工时间。按其性质又分为以下两种。

施工本身造成的停工时间，指由于施工组织不善引起的机械停工时间，如临时没有工作面，未能及时供给机械用水、燃料和润滑油，以及机械损坏等所引起的机械停工时间。

非施工本身造成的停工时间，指由于外部的影响引起的机械停工时间，如水源、电源中断（不是由于施工原因），以及气候条件（暴雨、冰冻等）的影响而引起的机械停工时间；在岗工人突然生病或机器突然发生故障而造成的临时停工所消耗的时间。

C. 违反劳动纪律时间，是指由于工人违反劳动纪律而引起的机械停工时间。如工人迟到、早退或擅离岗位等原因引起的机械停工时间。

损失时间不应计入定额消耗时间。

3. 工时消耗量的确定方法

工时消耗量的确定一般采用计时观察法。计时观察法，也称技术测定法，是确定工作时间消耗的一种技术测定方法。它以研究工时消耗为对象，以观察测时为手段，通过密集抽样和粗放抽样等技术进行直接的工时研究，在机械化水平不太高的建筑施工中应用较为广泛。施工中运用计时观察法可以查明工作时间消耗的性质和数量，查明和确定各种因素对工作时间消耗数量的影响，找出工时损失的原因和研究缩短工时、减少损失的可能性。

对施工过程进行观察、测时，计算实物和劳务产量，记录施工过程所处的施工条件和确定影响工时消耗的因素，是计时观察法的主要工作内容和要求。计时观察法种类很多，常用的有测时法、写实记录法、工作日写实法和工作抽查法等四种（如图 2－3 所示）。

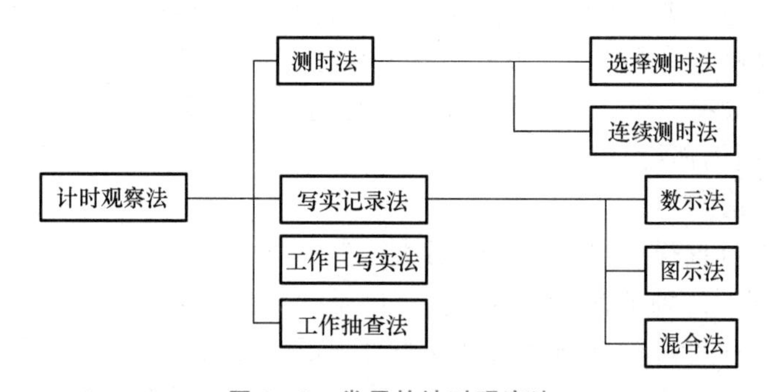

图 2－3　常用的计时观察法

（1）测时法

测时法是一种精度比较高的测定方法，主要用于研究以循环形式不断重复进行的作业。测时法有选择测时法和连续测时法。

选择测时法是将工序分开一一测定。当被观察的某一工序开始，观察者立即开动秒表；当该工序终止，则立即停止秒表。然后把秒表上指示的延续时间记录到选择测时法记录表上，并把秒表拨回到零点，下一动作开始，再开动秒表，依次类推。如某次测得挖土机提升斗臂 15s，回转斗臂 22s，斗臂重新回转落下 13s。

连续测时法是对一个施工过程中的各个工序所消耗的工时进行不间断连续测定的方法。其特点是在工作进行中和非循环动作出现之前一直不停止秒表，连续记录每一动作的起止时间，并计算出本动作的延续时间。如塔式起重机吊装楼边从挂钩、起吊、转臂、就位、脱钩到空回，秒表不间断从 10s 到 6min＋20s，总延续时间 6min。连续测时法比选择测时法准确完善，但技术要求较高。

（2）写实记录法

写实记录法是一种研究非循环施工过程中全部工作时间消耗的方法。采用这种方法，可以获得一段时间内观察对象的各种活动及时间消耗的全部资料，以及完成的产品数量。按照记录时间的方法不同分为数示法、图示法和混合法。

① 数示法写实记录。它的特征是用数字记录工时消耗，可以同时对整个工作班或半个工作班进行长时间观察，因此能反映工人或机械工作日的全部情况，适用于组成动作较少而且比较稳定的施工过程，如观察到 200min 砌了 $2m^3$ 的一砖清水外墙。

② 图示法写实记录，是在规定格式的图表上用时间进度线条表示工时消耗量的一种记录方式，可同时对 3 个以内的工人进行观察。这种方法的主要优点是记录简单，时间一目了然，原始记录整理方便。

③ 混合法写实记录。混合法吸取前两种方法的优点，以图示法中的时间进度线条表示工序的延续时间，在进度线的上部加写数字表示各时间区段的工人数。混合法适用于 3 个以上工人工作时间的集体写实记录。

（3）工作日写实法

工作日写实法是对工人在整个工作日中的工时利用情况，按照时间消耗的顺序进行实地观察、记录和分析研究。它侧重于研究工作日的工时利用情况，总结推广先进的工时利用经验，为制定劳动定额提供必需的准备和结束时间、休息时间和不可避免的中断时间的资料。采用工作日写实法，可以在详细调查工时利用情况的基础上，分析哪些时间消耗对生产是有效的，哪些时间消耗是无效的，找出工时损失的原因，拟定改进的技术和组织措施，提高劳动生产效率。如 4 个工人一个工作班内安装混凝土模板 $68m^2$，定额时间消耗 1157min，非定额时间消耗 285min。

（4）工作抽查法

工作抽查法亦称抽样调查法，是应用统计学中抽样方法的原理来研究人或机械的活动情况和消耗时间。这种被抽查的活动，可以是一个操作工人（或一个操作班组、或一台机械）在生产某一产品的全部活动过程中每一活动的消耗时间，也可以是其中一项活动的消耗时间。抽样可以由调查目的和要求来确定。它的优点一是抽查工作单一，观察人员思想集中，有利于提高调查的原始数据的质量；二是所需的总时间较短，费用可以降低。工作抽查法的基本原理是概率论。即在相同条件下，一系列的试验或观察，而每次的试验和观察的可能结果不止一个，并在试验或观察之前无法预知它的确切结果，但在大量重复试验或观察下，它的结果却呈现出某种规律性。工作抽查法就是利用这个客观的规律。在相同的条件下，重复工作的活动，对它进行若干次瞬时观察，从这些观察的结果便可认定该项活动是否正常；而累计更多次的瞬时观察结果，便可代表其全部情况。

2.3.2 人工定额消耗量的确定方法

1. 分析、整理基础资料

(1) 计时观察资料的整理、分析

对每次计时观察的资料要认真地分类和整理，对整个施工过程的观察资料进行系统的分析研究。

施工过程对工时消耗数值的影响有系统性因素和偶然性因素，整理观察资料时大多采用平均修正法，即在对测时数列进行修正的基础上，求出平均值。修正测时数列，剔除或修正那些偏高、偏低的可疑数值，保证不受偶然性因素的影响。当测时数列不受或很少受产品数量影响时，可采用算术平均值；如果测时数列受到产品数量的影响，则应采用加权平均值。

(2) 日常积累资料的整理、分析

日常积累的资料主要有：现行定额的执行情况及存在问题；企业和现场补充定额资料，如现行定额漏项而编制的补充定额资料，因采用新技术、新结构、新材料和新机械而产生的定额缺项所编制的补充定额资料；已采用的新工艺和新的操作方法的资料；现行的施工技术规范、操作规程、安全规程和质量标准等。

对于日常积累的各类资料要进一步补充完备，并系统地整理和分析，为制定定额编制方案提供依据。

(3) 制定定额的编制方案

在系统收集施工过程的人工消耗量，分析、整理基础资料的基础上，制定定额的编制方案。编制方案的内容包括：提出定额水平总设想；编制定额分章、分节、分项的目录；选择产品和人工、材料、机械的计量单位；设计定额表格的形式和内容。

2. 确定正常的施工条件

正常的施工条件应包括以下3方面。

(1) 工作地点的组织

工作地点是工人施工活动场所。工作地点的组织，要特别注意使工人在操作时不受妨碍，所使用的工具和材料应按使用顺序放置于工人最便于取用的地方，以减少疲劳和提高工作效率，工作地点应保持清洁和秩序井然。

(2) 安排工作组成

安排工作组成就是将工作过程按照劳动分工的可能划分为若干工序，以合理使用技术工人。一般采用两种基本方法：一种是把工作过程中单个简单的工序，划分给技术熟练程度较低的工人去完成；一种是分出若干个技术程度较低的工人，去帮助技术程度较高的工人工作。采用后一种方法就把个人完成的工作过程变成小组完成的工作过程。

(3) 施工人员的编制

施工人员的编制即确定小组人数、技术工人的配备，以及劳动的分工和协作。编制原则是使每个工人都能充分发挥作用，均衡地担负工作。

3. 人工定额的表现形式

人工定额按其表现形式和用途不同，可分为时间定额和产量定额。

(1) 时间定额。时间定额是指某种专业、某种技术等级的工人，在合理的劳动组织、合理的使用材料和施工机械条件下，完成某种单位合格产品所必需的工作时间。一般以完成单位合格产品所消耗的工日表示，如内墙面抹灰 0.1 工日/m^2。

(2) 产量定额。产量定额是指在合理的劳动组织、合理使用材料和施工机械条件下，某一工种，某一等级的工人在单位时间（工日）内完成合格产品的数量，如内墙面抹灰 10m^2/工日。

时间定额和产量定额互为倒数。

4. 确定人工定额消耗时间

(1) 基本工作时间

基本工作时间在必需消耗的工作时间中占的比重最大。在确定基本工作时间时，必须细致、精确。基本工作时间消耗一般应根据计时观察资料来确定，其做法是：首先确定工作过程每一组成部分的工时消耗，然后再综合出工作过程的工时消耗。如果组成部分的产品计量单位和工作过程的产品计量单位不符，就需先求出不同计量单位的换算系数，进行产品计量单位的换算，然后再相加，求得工作过程的工时消耗。

(2) 辅助工作时间和准备与结束时间

辅助工作时间和准备与结束时间的确定方法与基本工作时间相同。但是，如果这两项工作时间在整个工作班工作时间消耗中所占比重不超过 5%～6%，则可归纳为一项，以工作过程的计量单位表示，确定出工作过程的工时消耗。如果在计时观察时不能取得足够的资料，也可采用工时规范或经验数据来确定。如果有现行的工时规范，可以直接利用工时规范中规定的辅助和准备与结束工作时间的百分比来计算。

(3) 不可避免中断时间

在确定不可避免中断时间的定额时，必须注意由工艺特点所引起的不可避免中断才可列入工作过程的时间定额。

不可避免中断时间也需要根据测时资料通过整理分析获得，也可以根据经验数据或工时规范，以占工作日的百分比表示此项工时消耗的时间定额。

(4) 休息时间

休息时间应根据工作班作息制度、经验资料、计时观察资料，以及对工作的疲劳程度作全面分析来确定。同时，应考虑尽可能利用不可避免中断时间作为休息时间。

从事不同工种、不同工作的工人，疲劳程度有很大差别。为了合理确定休息时间，往往要对从事各种工作的工人进行观察、测定，以及进行生理和心理方面的调试，以便确定其疲劳程度。国内外往往按工作轻重和工作条件好坏，将各种工作划分为不同的级别。如某地区工时规范将体力劳动分为最沉重、沉重、较重、中等、较轻、轻便 6 类。划分出疲劳程度的等级，就可以合理规定休息需要的时间。

确定的基本工作时间、辅助工作时间、准备与结束工作时间、不可避免中断时间和休息时间之和，就是劳动定额的时间定额。

时间定额＝基本工作时间＋辅助工作时间＋准备与结束工作时间
＋不可避免中断时间＋休息时间 (2－1)

【例2－1】 通过计时观察资料得知，人工挖二类土 $1m^3$ 的基本工作时间为6h，辅助工作时间占工序作业时间的2%，准备与结束工作时间、不可避免中断时间、休息时间分别占工序作业时间的3%、2%、18%。求该人工挖二类土的时间定额是多少？

【解】 基本工作时间＝6/8＝0.75(工日/m^3)

工序作业时间＝基本工作时间＋辅助工作时间＝0.75/(1－2%)＝0.765（工日/m^3）

时间定额＝工序作业时间＋规范时间＝基本工作时间＋辅助工作时间
＋准备与结束工作时间＋不可避免中断时间＋休息时间
＝0.765/（1－3%－2%－18%）＝0.994（工日/m^3）

2.3.3 机械台班定额消耗量的确定方法

1. 确定正常的施工条件

确定机械工作正常的施工条件，即确定工作地点的合理组织和合理的工人编制。

工作地点的合理组织，是对施工地点机械和材料的放置位置、工人从事操作的场所，作出科学合理的平面布置和空间安排。它要求施工机械和操纵机械的工人在最小范围内移动，但又不阻碍机械运转和工人操作，应使机械的开关和操纵装置尽可能集中地装置在操作工人的近旁，以节省工作时间和减轻劳动强度，最大限度发挥机械的效能，减少工人的手工操作。

确定合理的工人编制，是根据施工机械的性能和设计能力、工人的专业分工和劳动工效，合理确定操纵机械的工人和直接参加机械化施工过程的工人编制。确定合理的工人编制，应要求保持机械的正常生产效率和工人正常的劳动工效。

2. 确定机械纯工作1小时的正常生产率

确定机械正常生产率时，必须先确定机械纯工作1小时的正常生产效率。

机械纯工作时间，就是指机械必需消耗的净工作时间。机械纯工作1小时正常生产率，就是在正常施工组织条件下，具有必需的知识和技能的技术工人操纵机械1小时的生产率。

根据机械工作特点的不同，机械纯工作1小时正常生产率的确定方法也有所不同。

对于循环动作机械，确定机械纯工作1小时正常生产率的计算公式为

$$机械一次循环的正常延续时间 = \sum 循环各组成部分正常延续时间 - 交叠时间 \qquad (2-2)$$

机械纯工作1小时循环次数＝60×60（s）÷一次循环的正常延续时间 (2－3)

机械纯工作1小时正常生产率＝机械纯工作1小时循环次数×一次循环生产的产品数量 (2－4)

对于连续动作机械，确定机械纯工作1小时正常生产率要根据机械的类型和结构特

征，以及工作过程的特点来进行。计算公式为

$$机械纯工作1小时正常生产率=\frac{工作时间内生产的产品数量}{工作时间（h）} \quad (2-5)$$

工作时间内的产品数量和工作时间的消耗，要通过多次现场观察，进行多次工作日写实并考虑机械说明书等相关资料，认真分析后取定。

同一机械对不同对象的作业属于不同的工作过程，如挖掘机所挖土壤的类别不同，碎石机所破碎的石块硬度和粒径不同，均需分别确定其纯工作1小时的正常生产率。

3. 确定机械正常利用系数

确定机械正常利用系数，是指机械在工作班内对工作时间的利用率。机械正常利用系数和机械在工作班内的工作状况有着密切的关系。要确定机械正常利用系数，首先要确定机械工作班的正常工作状况，保证合理利用工时。

确定机械正常利用系数，要计算工作班正常状况下准备与结束工作，机械启动、机械维护等工作所必需消耗的时间，以及机械有效工作的开始与结束时间。从而进一步计算出机械在工作班内的纯工作时间和机械正常利用系数。

4. 计算机械台班定额

计算机械定额是编制机械定额工作的最后一步。在确定了机械工作正常条件、机械纯工作1小时正常生产率和机械正常利用系数之后，可采用下列公式计算机械台班定额

机械台班产量定额＝机械纯工作1小时正常生产率×工作班纯工作时间 (2-6)

或

机械台班产量定额＝机械纯工作1小时正常生产率
×工作班延续时间×机械正常利用系数 (2-7)

机械时间定额＝1÷机械台班产量定额 (2-8)

【例2-2】 已知用塔式起重机吊运混凝土。测定塔节需时50s，运行需时60s，卸料需时40s，返回需时30s，中断20s；每次装混凝土0.5m^3，机械正常利用系数0.85。求单位产品需机械时间定额。

【解】 一次循环时间：50＋60＋40＋30＋20＝200（s）

每小时循环次数：60×60/200＝18（次/h）

机械产量定额：18×0.5×8×0.85＝61.20（m^3/台班）

机械时间定额：1/61.20＝0.02（台班/m^3）

【例2-3】 砂浆用400L搅拌机现场搅拌，其资料如下：人工运料200s，装料40s，搅拌80s，卸料30s，正常中断10s，机械正常利用系数0.8。求单位产品需机械时间定额。

【解】 此题包括了两项平行工作，一是与搅拌机工作无关的运料时间，二是与搅拌机工作相关的装料、搅拌、卸料和正常中断。此时应选择平行工作中最长的时间作为计算机械台班定额的基础。故

机械运行一次所需时间：200s

机械的产量定额：(8×60×60÷200)×0.4×0.8＝46.08（m^3/台班）

机械时间定额：1/46.08＝0.022（台班/m^3）

2.3.4 材料定额消耗量的确定方法

1. 材料消耗的性质

工程施工中所消耗的材料，按其消耗的方式可以分成两种，**一种是在施工中一次性消耗的、构成工程实体的材料**，如：砌筑砖墙用的标准砖、浇筑混凝土构件用的混凝土等，一般把这种材料称为直接性材料；**另一种是为直接性材料消耗工艺服务且在施工中周转使用的材料，其价值是分批分次地转移到工程实体中去的，这种材料一般不构成工程实体，而是在工程实体形成过程中发挥辅助作用**，是措施项目清单中发生消耗的材料，如：砌筑砖墙用的脚手架、浇筑混凝土构件用的模板等，一般把这种材料称为周转性材料。

施工中材料的消耗，可分为必需的材料消耗和损失的材料两类性质。

(1) 必需的材料消耗

必需的材料消耗是指在合理用料的条件下，生产合格产品所需消耗的材料。它包括直接用于建筑和安装工程的材料、不可避免的施工废料、不可避免的材料损耗。必需消耗的材料属于施工正常消耗，是确定材料消耗定额的基本数据。其中，直接用于建筑和安装工程的材料，应编制材料净用量定额；不可避免的施工废料和材料损耗，应编制材料损耗定额。

合理确定材料消耗定额，必须研究和区分材料在施工过程中消耗的性质。

(2) 损失的材料

损失的材料是指在施工中不合理的消耗，在确定材料消耗定额时一般不予考虑。

2. 确定材料消耗量的基本方法

确定材料净用量定额和材料损耗定额的计算数据，是通过现场技术测定、实验室试验、现场统计和理论计算等方法获得的。

(1) 现场技术测定法

现场技术测定法通过施工现场对材料使用的观察、测定，取得产品产量和材料消耗的基础数据，为编制材料定额提供技术根据。

(2) 实验室试验法

实验室试验法通过试验，对材料的结构、化学成分和物理性能以及按强度等级控制的混凝土、砂浆配比作出科学结论，为编制材料消耗定额提供出有技术根据的、比较精确的计算数据。

(3) 现场统计法

现场统计法通过对现场进料、用料的大量统计资料进行分析计算，获得材料消耗的数据。这种方法由于不能分清材料消耗的性质，因而不能作为确定材料净用量定额和材料损耗定额的依据。

上述 3 种方法的选择必须符合国家有关标准规范，即材料的产品标准，计量要使用标准容器和称量设备，质量符合施工验收规范要求，以保证获得可靠的定额编制依据。

(4) 理论计算法

理论计算法是运用一定的数学公式计算材料消耗定额的方法。

【例 2-4】 用标准砖砌筑一砖半的墙体，求每 m^3 砖砌体所用砖和砂浆的总耗量。已知砖的损耗率为 1%，砂浆的损耗率为 1%，灰缝宽 0.01m。

【解】 砖净用量$=\dfrac{2\times1.5}{0.365\times(0.24+0.01)(0.053+0.01)}=521.85$（块）

砖的总用量$=521.85\times(1+0.01)\approx527$（块）

每m^3砖砌体砂浆的净用量$=1-522\times0.24\times0.115\times0.053=0.236$（$m^3$）

每m^3砖砌体砂浆的总用量$=0.236\times(1+0.01)=0.238$（$m^3$）

2.4 施工定额与预算定额

2.4.1 施工定额

施工定额，是完成一定计量单位产品所必需的人工、材料和机械台班消耗量的标准，由劳动定额、材料消耗定额和机械台班消耗定额构成。

1. 施工定额的性质

施工定额既是施工企业进行施工成本管理、经济核算和投标报价的基础，也是编制施工组织设计和施工作业计划的依据。它是建筑安装企业内部管理的定额，属于企业定额的性质。施工定额和生产结合最紧密，施工定额的定额水平反映出企业施工生产的技术水平和管理水平，是企业加强管理、降低劳动消耗、控制成本开支、提高劳动生产率和企业经济效益的有效手段，根据施工定额计算得到的计划成本是企业确定投标报价的根基。

施工定额是施工企业管理工作的基础，也是工程定额体系中的基础性定额。尤其是在《建设工程工程量清单计价规范》颁布执行后，它在施工企业的生产管理和内部经济核算工作中发挥着越来越重要的作用。正确认识施工定额的企业定额性质，把施工定额同其他定额从性质上区别开来是很有必要的。

2. 施工定额的作用

施工定额在企业管理工作中的基础作用主要表现在以下几个方面。

(1) 企业计划管理的依据

施工组织设计和施工作业计划是企业计划管理中不可缺少的环节，经济合理的施工方案的编制必须依据施工定额。

(2) 组织和指挥施工生产的有效工具

企业通过下达施工任务书和限额领料单来实现组织管理和指挥施工生产。施工任务单是下达给班组的工程任务，包括工程名称、工作内容、质量要求、开工和竣工日期、计划用工量、实物工程量、定额指标、计件单价和平均技术等级等内容。施工任务单上的工程计量单位、产量定额和计件单位，均需取自施工的劳动定额。

限额领料单是根据施工任务和施工的材料定额填写，是施工队随任务单同时签发的领取材料的凭证。其中领料的数量，是班组为完成规定的工程任务消耗材料的最高限额。这一限额也是评价班组完成任务情况的一项重要指标。

(3) 计算工人劳动报酬的依据和企业激励工人的条件

工人的劳动报酬是根据工人劳动的数量和质量来计量的，施工定额为此提供了一个衡量标准，它是计算工人计件工资的基础，也是计算奖励工资的基础。

（4）施工定额有利于推广先进技术

施工定额水平中包含着某些已成熟的先进的施工技术和经验，工人要达到和超过定额，就必须掌握和运用这些先进技术，如果工人要想大幅度超过定额，他就必须创造性地劳动，在工作中注意改进工具和改进技术操作方法，注意节约，避免原材料和能源的浪费。

3. 施工定额的编制原则

（1）平均先进水平原则

所谓平均先进水平，是指在正常条件下，多数施工班组或生产者经过努力可以达到，少数班组或生产者可以接近，个别班组或生产者可以超过的水平。通常，它低于先进水平，略高于平均水平。这种水平使先进的班组和工人感到有一定压力，大多数处于中间水平的班组或工人感到定额水平可望也可及。平均先进水平不迁就少数落后者，而是使他们产生努力工作的责任感，尽快达到定额水平。平均先进水平是一种“鼓励先进、勉励中间、鞭策后进”的定额水平。贯彻“平均先进水平”原则，能促进企业科学管理和不断提高劳动生产率，达到提高企业经济效益的目的。

（2）简明适用性原则

所谓简明适用是指定额结构合理，定额步距大小适当，文字通俗易懂，计算方法简便，易为群众掌握运用，便于基层使用；具有多方面的适应性，能在较大范围内满足不同情况、不同用途的需要。

（3）以专家为主编制定额的原则

制定施工定额是一项政策性很强的技术经济工作。它要求参加定额制定工作的人员具有丰富的技术知识和管理工作经验，有专门的机构来进行大量的组织工作和协调指挥。广大工人群众是生产实践活动的主体，他们对劳动消耗情况最为了解，对定额的执行情况和问题也最清楚，制定定额应广泛征求工人群众的意见。

（4）独立自主的原则

施工企业有编制和颁发企业施工定额的管理权限。企业应该根据自身的具体条件，参照国家有关规范、制度，自己编制定额，自行决定定额的水平。

（5）时效性原则

施工定额有很强的时效性，必须根据企业的经济技术条件、市场的需求和竞争环境，不断修改、更新施工定额。

（6）保密原则

施工定额属企业定额的性质，在市场经济条件下，企业定额是企业的商业秘密，对外进行保密，才能在市场上具有竞争能力。

4. 施工定额的编制

编制施工定额最关键的工作是确定人工、材料和机械台班的消耗量，计算分项工程单价或综合单价。这是一项非常复杂的工作，事先必须做好充分准备和全面规划。编制前的准备工作一般包括：明确编制任务和指导思想；系统整理和研究日常积累的定额基本资料；拟订定额编制方案，确定定额水平、定额步距、表达方式等；确定定额测定计划。

(1) 劳动定额的编制

① 劳动定额的表现形式。劳动定额可用时间定额和产量定额两种形式表示。

A. 时间定额，是指在一定的生产技术和生产组织条件下，某工种和某种技术等级的工人小组或个人，完成单位合格产品所必须消耗的工作时间，是在基本工作时间、辅助工作时间、必要的休息时间、生理需要时间、不可避免的工作中断时间、工作的准备和结束时间的基础上制定的。

时间定额的计量单位，通常以消耗的工日来表示，每个工日工作时间按现行制度，一般规定为8个小时。

$$\text{单位产品的时间定额（工日）} = 1 \div \text{每工日产量} \tag{2-9}$$

B. 产量定额，是指在一定的生产技术和生产组织条件下，某工种和某种技术等级的工人小组或个人，在单位时间（工日）内，完成合格产品的数量。产量定额的计算方法，规定如下

$$\text{每工日产量} = 1 \div \text{单位产品的时间定额（工日）} \tag{2-10}$$

从上面两个定额的计算公式中，可以看出，时间定额与产量定额是互为倒数的关系，即

$$\text{时间定额} = 1 \div \text{产量定额} \tag{2-11}$$

② 按定额的标定对象不同，劳动定额又分单项（工序）定额和综合定额两种。

A. 单项（工序）定额，是指完成单位产品消耗于某一工种（或工序）的工作时间或在单位时间内完成某一工种（或工序）产品的数量。

B. 综合定额，就是完成同一产品的各单项（工序或工种）定额的综合。其计算方法如下

$$\text{综合时间定额} = \sum \text{各单项(工序或工种)时间定额} \tag{2-12}$$

③ 劳动定额的编制内容，包括确定施工的正常条件和确定定额时间两部分。

A. 确定正常的施工作业条件，是要规定执行定额时应该具备的条件，正常条件若不能满足，则就可能达不到定额中的劳动消耗量标准，因此，正确确定施工的正常条件有利于定额的实施。确定施工的正常条件包括：确定施工作业的内容；确定施工作业的方法；确定施工作业地点的组织；确定施工作业人员的组织等。

B. 确定施工作业的定额时间。施工作业的定额时间，是在基本工作时间、辅助工作时间、准备与结束时间、不可避免的中断时间以及休息时间的基础上编制的。

上述各项时间是以时间研究为基础，通过时间测定方法，得出相应的观测数据，经加工整理计算后得到的。计时测定的方法如前述有许多种，如测时法、写时记录法、工作日写实法等。

④ 制定劳动定额的方法。制定劳动定额的方法主要有经验估工法、统计分析法、比较类推法、技术测定法等几种。

A. 经验估工法。经验估工法是由定额人员、工序技术人员和工人三方相结合，根据个人或集体的实践经验，经过图纸分析和现场观察，了解施工工艺，分析施工（生产）的生产技术组织条件和操作方法的繁简难易情况，进行座谈讨论，从而制定定额的方法。

运用经验估工法制定定额，应以工序（或单项产品）为对象，将工序分为操作（或动

作），分别计算出操作（或动作）的基本工作时间，然后考虑辅助工作时间、准备时间、结束时间和休息时间，经过综合整理，并对整理结果予以优化处理，即得出该项工序（或产品）的时间定额或产量定额。

这种方法的优点是方法简单，速度快。其缺点是容易受到参加制定人员的主观因素和局限性的影响，使制定的定额出现偏高或偏低的现象。因此，经验估工法只适用于企业内部，作为某些局部项目的补充定额。

B. 统计分析法。统计分析法是把过去施工中同类工程和同类产品的工时消耗的统计资料，与当前生产技术组织条件的变化因素结合起来进行分析研究以制定定额的方法。由于统计分析资料反映的是工人过去已经达到的水平，在统计时没有也不可能剔除施工（生产）中不合理的因素，因而这个水平一般偏于保守，为了克服统计分析资料的这个缺陷，使制定出来的定额水平保持平均先进水平的性质，可采用“二次平均法”计算平均先进值作为确定定额水平的依据。

用统计分析法得出的结果，一般偏向于先进，可能大多数工人达不到，不能较好地体现平均先进的原则。近年来推行一种概率测算法，这种方法是以有多少百分比的工人可达到或超过定额作为确定定额水平的依据。

C. 比较类推法。比较类推法又称作典型定额法，它是以同类型或相似类型的产品（或工序）的典型定额项目的定额水平为标准，经过分析比较，类推出同一组定额各相邻项目的定额水平的方法。

这种方法的特点是计算简便，工作量小，只要典型定额选择恰当，切合实际，又具有代表性，则类推出的定额一般都比较合理。这种方法适用于同类型规格多、量小的施工（生产）过程。随着施工机械化、标准化、装配化程度的不断提高，方法的适用范围还会逐步扩大。为了提高定额水平的精确度，通常采用主要项目作为典型定额来类推。采用这种方法时，要特别注意掌握工序、产品的施工工艺和劳动组织类似或近似的特征，细致地分析施工过程的各种影响因素，防止将因素变化很大的项目作为典型定额比较类推。

D. 技术测定法。技术测定法是根据先进合理的生产（施工）技术、操作方法、合理的劳动组织和正常的生产（施工）条件对施工过程中的具体活动进行实地观察，详细地记录施工中工人和机械的工作时间消耗、完成单位产品的数量及有关影响因素，将记录的结果加以整理，客观地分析各种因素对产品的工作时间消耗的影响，据此进行取舍，以获得各个项目的时间消耗资料，从而制定出劳动定额的方法。

这种方法具有较高的准确性和科学性，是制定新定额和典型定额的主要方法。技术测定法通常采用的方法有测时法、写实记录法、工作抽查法等几种。

(2) 材料消耗定额的编制

材料消耗定额是指在合理和节约使用材料的条件下，生产单位合格产品所必须消耗的一定品种、规格的原材料、燃料、半成品、配件和水、电、动力等资源（统称为材料）的数量标准。

施工中有构成工程实体的各种直接性材料消耗和施工措施项目中为直接性材料消耗工艺服务的一些工具性的周转材料消耗，应根据要求分别编制材料消耗量定额。

① 直接性材料消耗的确定。它包括产品净消耗量与损耗量两部分，单位合格产品中某种材料的消耗数量等于该材料的净耗量和损耗量之和。材料损耗量与材料消耗量之比，称为材料损耗率。其相互关系为

$$材料消耗量=净耗量+损耗量 \tag{2-13}$$

制定直接性材料消耗定额最基本的方法有前述的现场技术测定法、实验室试验法、现场统计法和理论计算法。

② 周转性材料消耗的确定。周转性材料的定额消耗量是指每使用一次应分摊到施工企业成本核算或预算中摊销的数量，按周转性材料在其使用过程中发生消耗的规律，其摊销量的计算公式如下

$$摊销量=周转使用量-回收量\times回收折价率 \tag{2-14}$$

$$周转使用量=[一次使用量+一次使用量\times(周转次数-1)\times补损率]\div周转次数 \tag{2-15}$$

$$回收量=(一次使用量-一次使用量\times补损率)\div周转次数 \tag{2-16}$$

其中，一次使用量是指周转性材料一次使用的基本量，即一次投入量。周转性材料的一次使用量根据施工图计算，其用量与各分部分项工程部位、施工工艺和施工方法有关。

$$一次使用量=施工图纸用量\times(1+损耗率) \tag{2-17}$$

损耗率是指周转性材料每使用一次后的损失率。为了下一次的正常使用，必须用相同数量的周转性材料对上次的损失进行补充，用来补充损失的周转性材料的数量称为周转性材料的“补损量”。按一次使用量的百分数计算，该百分数即为损耗率。周转性材料的损耗率应根据材料的不同材质、不同的施工方法及不同的现场管理水平通过统计工作来确定。周转次数是指周转性材料从第一次使用起可重复使用的次数。它与不同的周转性材料、使用的工程部位、施工方法及操作技术有关。周转次数的确定要经现场调查、观测及统计分析，取平均合理的水平。正确规定周转次数，对准确计算用料，加强周转性材料管理和经济核算起重要作用。一般金属模板的周转次数均在100次以上，而木模板的周转次数都在6次或6次以下。

【例2-5】 由选定的现浇钢筋混凝土矩形梁施工图计算出每$10m^3$矩形梁模板接触面积为$68.7m^2$，经计算每$10m^2$模板接触面积需板材$1.64m^3$，制作损耗率为5%，周转次数为5次，补损率为15%，模板折旧率50%。试计算每$10m^3$现浇钢筋混凝土矩形梁模板的摊销量。

【解】 每$10m^3$现浇钢筋混凝土矩形梁模板一次使用量$=68.7\times(1.64\div10)\times(1+5\%)=11.83\ (m^3)$

模板周转使用量$=[11.83+11.83\times(5-1)\times15\%]\div5=3.786\ (m^3)$

模板回收量$=(11.83-11.83\times15\%)\div5=2.011\ (m^3)$

模板摊销量$=3.876-2.011\times50\%=2.871\ (m^3)$

(3) 机械台班使用定额的编制

在建筑施工过程中，有些项目是由人工完成的，有些项目是由机械完成的，有些项目是由人工和机械共同完成的。在由机械完成或由人工和机械同时完成产品时，就有一个完成单位合格产品机械所消耗的工作时间，即机械台班使用定额，也称为机械台班消耗定额。

① 机械台班使用定额的表达形式。机械台班使用定额有两种表示方法：一种可用时间定额表示，此时的计量单位为台班；另一种可用产量定额表示，此时的计量单位为产品物理量。机械的时间定额和产量定额互为倒数关系。

A. 机械时间定额，是指在正常的施工条件和劳动组织条件下，使用某种规定的机械，

完成单位合格产品所必须消耗的台班数量。其完成单位合格产品所必需的工作时间，包括有效工作时间、不可避免的中断时间、不可避免的无负荷工作时间。

$$机械时间定额=1\div机械台班产量定额 \tag{2-18}$$

B. 机械台班产量定额，是指在正常的施工条件和劳动组织条件下，某种机械在一个台班时间内必须完成的单位合格产品的数量。

$$机械台班产量定额=1\div机械时间定额 \tag{2-19}$$

台班车次是完成定额台班产量每台班内每车必须往返的次数。可按下式计算

$$定额台班产量=台班车次\times额定装载量\times装载系数 \tag{2-20}$$

② 编制机械台班使用定额主要包括以下内容。

A. 确定机械工作的正常施工条件，包括工作地点的合理组织，机械作业方法的制定，确定配合机械作业的施工小组的组织，以及机械工作班制度等。

B. 确定机械净工作生产率，即确定机械净工作1小时的正常劳动生产率。

C. 确定机械的正常利用系数。机械的正常利用系数是指机械在施工作业班内对作业时间的利用率。

D. 计算机械台班定额。

$$机械台班产量定额=机械净工作生产率\times工作班延续时间\times机械正常利用系数 \tag{2-21}$$

E. 确定工人小组的定额时间。工人小组的定额时间是指配合机械作业的工人小组的工作时间总和。

$$工人小组定额时间=机械时间定额\times工人小组的人数 \tag{2-22}$$

2.4.2 预算定额

预算定额是确定一定计量单位分项工程或结构构件的人工、材料、机械台班消耗的数量标准，是编制施工图预算的主要依据，也是确定工程造价、控制工程造价的基础，是决定建设单位的工程费用支出和决定施工单位企业收入的重要因素。

预算定额是由国家主管机关或被授权单位组织编制并颁发执行的，是工程建设预算制度中的一项重要的技术经济法规，它的法令性保证了在定额适用范围内，建筑工程有了统一的造价与核算尺度。

1. 预算定额编制的基本要求

① 确定预算定额的计量单位

预算定额的计量单位关系到预算工作的繁简和准确性。因此，要根据分部分项工程的形体和结构构件特征及其变化，正确地确定各分部分项工程的计量单位。一般依据以下建筑结构构件形体的特点确定。

A. 凡建筑结构构件的断面有一定形状和大小，但是长度不定时，可按长度以延长米为计量单位。如踢脚线、楼梯栏杆、木装饰条、管道线路安装等。

B. 凡建筑结构构件的厚度有一定规格，但是长度和宽度不定时，可按面积以平方米为计量单位。如地面、楼面、墙面和天棚面抹灰等。

C. 凡建筑结构构件的长度、厚（高）度和宽度都变化时，可按体积以立方米为计量单位。如土方、钢筋混凝土构件等。

D. 钢结构由于重量与价格差异很大，形状又不固定，采用重量以吨为计量单位。

E. 凡建筑结构没有一定规格，而其构造又较复杂时，可按个、台、座、组为计量单位。如洁具安装、铸铁水斗等。

② 按典型设计图纸和资料计算工程数量。

③ 确定预算定额各项目人工、材料和机械台班消耗指标。

④ 编制定额表及拟定有关说明。

2. 预算定额与施工定额的联系与区别

预算定额代表的是社会平均水平，即在现实的平均生产条件、平均劳动熟练程度、平均劳动强度下，多数企业能够达到或超过的水平。而施工定额代表的是施工企业的平均先进水平，**两者相比，预算定额水平要相对低一些**。预算定额实际考虑的因素要比施工定额多，两者水平之间的差异用幅度差来表示，需要保留一个合理的幅度差，幅度差是预算定额与施工定额的重要区别。

所谓幅度差，是指在正常施工条件下，定额中未包括，而在施工过程中又可能发生而增加的附加额。幅度差常常包括以下几方面的影响因素。

（1）确定劳动消耗指标时考虑的因素

① 工序搭接时间。

② 机械的临时维护、小修、移动发生的不可避免的停工损失。

③ 工程检查所需的时间。

④ 细小的难以测定的不可避免的工序和零星用工所需的时间等。

（2）确定材料消耗指标时考虑的因素

如果材料质量不符合标准或材料数量不足造成对材料用量和加工费用的影响，则这些不是由于施工企业的原因造成的。

（3）确定机械台班消耗指标时需要考虑的因素

① 机械在与少量手工操作的工作配合中不可避免的停歇时间。

② 在工作班内机械变换位置所引起的停歇时间和配套机械相互影响的损失时间。

③ 机械临时性维修和小修引起的停歇时间。

④ 机械的偶然临时停水、停电所引起的工作间歇。

⑤ 施工开始和结束时由于施工条件和工作不饱和所损失的时间。

⑥ 工程质量检查影响机械工作损失的时间。

为考虑这些因素，要求在施工定额的基础上，根据有关因素影响程度的大小，规定出一个附加额，如人工幅度差、机械幅度差，这种附加额用相对数来表示，称为幅度差系数。

3. 预算定额的编制原则、步骤

（1）预算定额的编制原则

① **按社会平均水平确定预算定额水平**。即按照“在现有的社会正常生产条件下，在社会平均的劳动熟练程度和劳动强度下制造某种使用价值所需要的劳动时间”来确定定额水平。预算定额的平均水平，是在正常的施工条件，合理的施工组织和工艺条件、平均劳

动熟练程度和劳动强度下，完成单位分项工程基本构造要素所需的劳动时间。

② **简明适用，严谨准确。**预算定额的内容和形式，既要满足各方面使用的需要，具有多方面的适应性；同时又要简明扼要、层次清楚、结构严谨，以免在执行中因模棱两可而产生争议。

③ **坚持统一性和差别性相结合。**所谓统一性，是从培育全国统一市场规范计价行为出发，由国家建设行政主管部门（如住房和城乡建设部）归口管理，依照国家的方针政策和经济发展的要求，统一制定编制定额的方案、原则和办法，颁发相关条例和规章制度。这样，建筑产品才有统一的计价依据，对不同地区设计和施工的结果进行有效的考核和监督，避免地区或部门之间缺乏可比性。所谓差别性，是在统一性基础上，各部门和省、自治区、直辖市主管部门可以在自己的管辖范围内，根据本部门和地区的具体情况，编制本地区、本部门的预算定额，颁发补充性的条例规定，以及对预算定额实行经常性的管理。

（2）预算定额的编制步骤

预算定额的编制工作不但工作量大，而且政策性强，组织工作复杂。编制预算定额一般分为三个阶段。

① 准备阶段。准备阶段的任务是成立编制机构、拟订编制方案、明确定额项目、提出对预算定额编制的要求、收集各种定额相关资料，包括收集现行规定、规范和政策法规资料，定额管理部门积累的资料，专项查定及实验资料，专题座谈会记录等。

② 编制预算定额初稿，测试定额水平阶段。在这个阶段，根据确定的定额项目和基础资料，进行反复分析，制定工程量计算规则，计算定额人工、材料、机械台班消耗量，编制劳动力计算表、材料及机械台班计算表，并附说明；然后汇总编制预算定额项目表，编制预算定额初稿。

编出预算定额初稿后，要进行定额复核，要将新编定额与现行定额进行测算，并分析比现行定额提高或降低的原因，写出定额水平测算工作报告。

③ 审查定稿、报批阶段。在这个阶段，将新编定额初稿及有关编制说明和定额水平测算情况等资料，印发各有关部门审核，或组织有关基本建设单位和施工企业座谈讨论，广泛征求意见并修改、定稿后，送上级主管部门批准、颁发执行。

4. 预算定额中消耗量指标的确定

（1）人工消耗量指标的确定

① 人工工日消耗量指标的确定。人工的工日数可以有两种确定方法：一种是以劳动定额为基础确定；一种是以现场观测资料为基础确定。预算定额中人工消耗量指标应包括为完成该分项工程定额单位所必需的用工数量，即应包括基本用工和其他用工两部分。人工消耗量指标可以以现行的《全国建筑安装工程统一劳动定额》为基础进行计算。

A. 基本用工。基本用工指完成单位合格产品所必需消耗的技术工种用工。例如：为完成墙体砌筑工程中的砌砖、调运砂浆、铺砂浆、运砖等所需要的工日数量。基本用工以技术工种相应劳动定额的工时定额计算，以不同工种列出定额工日。其计算公式为

$$\text{相应工序基本用工数量} = \sum(\text{某工序工程量} \times \text{相应工序的劳动定额}) \quad (2-23)$$

B. 其他用工。其他用工是指辅助基本用工完成生产任务所耗用的人工。按其工作内容的不同可分以下三类。

a. 超运距用工，指预算定额中规定的材料、半成品的平均水平运距超过劳动定额规定运输距离的用工。

$$超运距用工=\sum(超运距运输材料数量\times相应超运距劳动定额) \quad (2-24)$$

$$超运距=预算定额取定运距-劳动定额已包括的运距 \quad (2-25)$$

b. 辅助用工，指技术工种劳动定额内不包括而在预算定额内又必须考虑的用工。例如：筛砂、淋灰用工，机械土方配合用工等。

$$辅助用工=\sum(某工序工程数量\times相应劳动定额) \quad (2-26)$$

c. 人工幅度差，它主要是指预算定额与劳动定额由于定额水平不同而引起的水平差，另外还包括定额中未包括，但在一般施工作业中又不可避免的而且无法计量的用工，例如：各工种间工序搭接、交叉作业时不可避免的停歇工时消耗，施工机械转移、水电线路移动以及班组操作地点转移造成的间歇工时消耗，质量检查影响操作消耗的工时，以及施工作业中不可避免的其他零星用工等。其计算公式为

$$人工幅度差=(基本用工+辅助用工+超运距用工)\times人工幅度差系数 \quad (2-27)$$

由上述得知，建筑工程预算定额各分项工程的人工消耗量指标就等于该分项工程的基本用工数量与其他用工数量之和。即

$$某分项工程人工消耗量指标=相应分项工程基本用工数量+相应分项工程其他用工数量 \quad (2-28)$$

$$其他用工数量=辅助用工数量+超运距用工数量+人工幅度差用工数量 \quad (2-29)$$

② 人工消耗指标的计算依据。预算定额是一项综合性定额，它是按组成分项工程内容的各工序综合而成的。编制分项定额时，要按工序划分的要求测算、综合取定工程量，即按照一个地区历年实际设计房屋的情况，选用多份设计图纸，进行测算取定数量。

③ 计算预算定额用工的平均工资等级。在确定预算定额项目的平均工资等级时，应首先计算出各种用工的工资等级系数和工资等级总系数，然后计算出定额项目各种用工的平均工资等级系数，再查对“工资等级系数表”，最后求出预算定额用工的平均工资等级。其计算式如下

$$劳动小组成员平均工资等级系数=\sum(某一等级的工人数量\times相应等级工资系数)\div小组工人总数 \quad (2-30)$$

$$某种用工的工资等级总系数=某种用工的总工日\times相应小组成员平均工资等级系数 \quad (2-31)$$

$$幅度差平均工资等级系数=幅度差所含各种用工工资等级总系数之和\div幅度差总工日 \quad (2-32)$$

幅度差工资等级总系数可根据某种用工的工资等级总系数计算式计算。

$$定额项目用工的平均工资等级系数=(基本用工工资等级总系数+其他用工工资等级总系数)\div(基本用工总工日数+其他用工总工日数) \quad (2-33)$$

(2) 材料消耗量指标的确定

① 材料消耗量计算方法。

A. 凡有标准规格的材料，按规范要求计算定额计量单位消耗量。

B. 凡设计图纸标注尺寸及下料要求的，按设计图纸尺寸计算材料净用量。

C. 换算法。

D. 测定法，包括实验室试验法和现场技术测定法等。

② 材料消耗量的确定。材料消耗定额中有直接性材料、周转性材料和其他材料，计算方法和表现形式也有所不同。

A. 直接性材料消耗量指标的确定。直接性材料消耗量指标包括主要材料净用量和材料损耗量，其计算公式为

$$材料损耗率=损耗量÷净耗量×100\% \tag{2-34}$$

$$材料消耗量=材料净用量×(1+损耗率) \tag{2-35}$$

在确定预算定额中材料消耗量时，还必须充分考虑分项工程或结构构件所包括的工程内容、分项工程或结构构件的工程量计算规则等因素对材料消耗量的影响。另外，预算定额中材料的损耗率与施工定额中材料的损耗率不同，预算定额中材料损耗率的损耗范围比施工定额中材料损耗率的损耗范围更广，它必须考虑整个施工现场范围内材料堆放、运输、制备、制作及施工操作过程中的损耗。

B. 其他材料消耗量的确定。对于用量很少、价值又不大的次要材料，估算其用量后，合并成“其他材料费”，以“元”为单位列入预算定额表中。

C. 周转性材料摊销的确定。施工措施项目中为直接性材料消耗工艺服务的一些工具性的周转材料应按多次使用、分次摊销的方式计入预算定额。

(3) 机械消耗量指标的确定

预算定额中的建筑施工机械消耗量指标，是以台班为单位进行计算，每一台班为8小时工作制。预算定额的机械化水平，应以多数施工企业采用的和已推广的先进施工方法为标准。预算定额中的机械台班消耗量按合理的施工方法取定并考虑增加了机械幅度差。

机械幅度差是指在施工定额（机械台班量）中未曾包括的，而机械在合理的施工组织条件下所必需的停歇时间，在编制预算定额时，应予以考虑。其内容包括以下几个方面。

① 施工机械转移工作面及配套机械互相影响损失的时间。

② 在正常的施工情况下，机械施工中不可避免的工序间歇。

③ 检查工程质量影响机械操作的时间。

④ 临时水、电线路在施工中移动位置所发生的机械停歇时间。

⑤ 工程结尾时，工作量不饱满所损失的时间。

机械幅度差系数一般根据测定和统计资料取定。大型机械的幅度差系数规定为：土石方机械25%；吊装机械30%；打桩机械33%；其他专用机械如打夯、钢筋加工、木工、水磨石等，幅度差系数为10%；其他均按统一规定的系数计算。

由于垂直运输用的塔式起重机、卷扬机及砂浆、混凝土搅拌机是按小组配合，应以小组产量计算机械台班产量，不另增加机械幅度差。

(4) 机械台班消耗量指标的计算

① 小组产量计算法：按小组日产量大小来计算耗用机械台班多少。

② 台班产量计算法：按台班产量大小来计算定额内机械消耗量大小。

根据施工定额或以现场测定资料为基础确定机械台班消耗量计算公式如下

$$\begin{aligned}预算定额机械耗用台班=&施工定额机械耗用台班\\&×(1+机械幅度差系数)\end{aligned} \tag{2-36}$$

【例 2-6】 用水磨石机械施工配备 2 位工人，查劳动定额可知产量定额为 4.76m^2/工日，考虑机械幅度差系数为 10%，计算每 100m^2 水磨石机械台班用量。

【解】 台班产量定额：2×4.76=9.52（m^2/工日）

台班用量：$\frac{100}{9.52}\times(1+10\%)=11.55$（台班/100$m^2$）

【例 2-7】 已计算出 M2.5 混合砂浆（细砂）砖墙的工程量为 100m^3，求该工程量的预算价格。

预算定额中无 M2.5 混合砂浆（细砂）砖墙子项，但有 M5 混合砂浆（细砂）砖墙，单价为 2063.66 元/10m^3。在相应的“材料”栏中，M5 混合砂浆（细砂）砖墙的砂浆用量为 2.24m^3，砂浆单价为 142 元/m^3。在定额附录中查得：M2.5 混合砂浆（细砂）的单价为 128.7 元/m^3。

【解】 此例为设计要求与定额条件在砂浆强度等级上不相符。根据换价不换量的原则，可以通过下述公式进行换算：

新基价=原基价−换出部分价值+换入部分价值

=2063.66−2.24×142+2.24×128.7

=2033.87（元/10m^3）

预算价格=2033.87×10=20338.7（元）

2.5 概算定额、概算指标、投资估算指标

2.5.1 概算定额

概算定额是指在正常的生产建设条件下，为完成一定计量单位的扩大分项工程或扩大结构构件的生产任务所需人工、材料和机械台班的消耗数量标准。概算定额是在综合施工定额或预算定额的基础上，根据有代表性的工程通用图纸和标准图集等资料，进行综合、扩大而成。

概算定额是一种计价性定额，其主要作用是作为编制设计概算的依据，也是我国目前控制工程建设投资的主要依据。概算定额与预算定额应保持一致水平，即在正常条件下，反映大多数企业的设计、生产及施工管理水平，其定额水平一般取社会平均水平。

概算定额是初步设计阶段编制建设项目概算的依据，也是设计方案比较、编制概算指标的依据，同时也可对实行工程总承包时作为已完工程价款结算的依据。

1. 概算定额与预算定额的联系与区别

概算定额与预算定额的相同之处在于，它们都是以建（构）筑物各个结构部分和分部分项工程为单位表示的，内容也包括人工、材料和机械台班使用定额三个基本部分，并列有基准价。概算定额表达的主要内容、主要方式及基本使用方法都与预算定额相近。

定额基准价= 定额单位人工费 + 定额单位材料费 + 定额单位机械费

$$= \sum(\text{人工概算定额消耗量} \times \text{人工工资单价})$$
$$+ \sum(\text{材料概算定额消耗量} \times \text{材料预算价格})$$
$$+ \sum(\text{施工机械概算定额消耗量} \times \text{机械台班费用单价}) \quad (2-37)$$

概算定额是在预算定额的基础上，经适当地综合和扩大后编制的，二者的区别如下。

① 预算定额反映的基本上是社会平均水平。概算定额在综合过程中，与预算定额的水平基本一致，但应使概算定额与预算定额之间留有余地，即在两者之间应保留一个必要、合理的幅度差，其应控制在5%以内，一般控制在3%左右，这样才能使设计概算起到控制施工图预算的作用。

② 预算定额是按分项工程或结构构件划分和编号的，而概算定额是按工程形象部位的不同，以主体结构分部为主，将预算定额中一些施工顺序相衔接、相关性较大的分项工程合并成一个扩大分项工程项目。即在预算定额中要分别编制各个分项工程定额，而在概算定额中，只需将其合并成定额项目表中的一个项目即可。由此可见，概算定额不论在工程量计算方面，还是在编制概算书等方面，都比编制施工图预算简化，当然精确性方面就相对降低。

2. 概算定额的编制原则

概算定额，是编制初步设计概算和技术设计修正概算的依据，初步设计概算或技术设计修正概算经批准后是控制建设项目投资的依据。因此，概算定额应遵循下列原则编制。

(1) 与设计、计划相适应的原则

概算定额应尽可能地适应设计、计划、统计和拨款的要求，方便建筑工程的管理工作。

(2) 满足概算能控制工程造价的原则

概算定额要细算粗编。“细算”是指含量的取定上，一定要正确地选择有代表性且质量高的图纸和可靠的资料，精心计算，全面分析。“粗编”是指综合内容时，贯彻以主代次的指导思想，以影响水平较大的项目为主，并将影响水平较小的项目综合进去。概算定额应尽量不留活口或少留活口，对混凝土强度等级、砂浆强度等级、混凝土工程的钢筋用量和铁件用量，可通过测算综合取定数值；对于设计和施工变化多，工程量差、价差大的，应根据相关资料测算，综合取定常用数值，对其中还包含不了的数值，可适当留活口。

(3) 简明适用的原则

“简明”就是在章节的划分、项目的编排、说明、附注、定额内容和表明形式等方面清晰醒目，一目了然。“适用”就是面对本地区，综合考虑各种情况都能应用。

(4) 贯彻国家政策、法规的原则

概算定额的编制，除应严格贯彻国家有关政策、法规外，还应将国家对于工程造价控制方面的有关指导精神如“打足投资，不留缺口”“改进概算管理办法，解决超概算问题”“工程造价实行动态管理”等贯彻到概算定额编制中去。

(5) 贯彻社会平均水平的原则

概算定额是工程计价的依据，所以应符合价值规律和现阶段大多数企业的设计、施工管理水平。

3. 概算定额的主要编制依据

由于概算定额的适用范围不同，其编制依据也略有区别。编制依据一般有以下几种。

① 国家有关方针、政策及规定等。

② 现行建筑和安装工程预算定额。

③ 现行的设计标准规范。

④ 现行标准设计图纸或有代表性的设计图纸和其他设计资料。

⑤ 编制期人工工资标准、材料预算价格、机械台班费用及其他的价格资料。

4. 概算定额的编制步骤

概算定额的编制一般分为三个阶段：准备阶段、编制阶段、审查报批阶段。

(1) 准备阶段

准备阶段主要是确定编制机构和人员组成，进行调查研究，了解现行概算定额执行情况与存在问题，明确编制目的、编制范围，在此基础上制定概算定额的编制方案、细则和概算定额项目划分。

(2) 编制阶段

编制阶段主要是收集和整理各种编制依据，对各种资料进行深入细致的测算和分析，确定人工、材料和机械台班的消耗量指标，测算、调整新编制概算定额与原概算定额及现行预算定额之间的水平，最后编制概算定额初稿。

(3) 审查报批阶段

审查报批阶段主要是在征求意见修改之后形成报批稿，经批准之后交付印刷。

2.5.2 概算指标

概算指标是指以统计指标的形式反映工程建设过程中生产单位合格工程建设产品所需资源消耗量的水平。它比概算定额更为综合和概括，通常是以整个建筑物或构筑物为对象，以建筑面积、体积或成套设备装置的台或组为计量单位，包括人工、材料和机械台班的消耗量标准和造价指标。

1. 概算指标的作用

概算指标和概算定额、预算定额一样，都是与各个设计阶段相适应的多次性计价的产物，它主要用于投资估价、初步设计阶段，特别是当工程设计形象尚不具体时或计算分部分项工程量有困难时，无法查用概算定额，同时又必须提供建筑工程概算的情况下，利用概算指标。概算指标的主要作用如下。

① 可以作为编制投资估算的参考。

② 概算指标中的主要材料指标可以作为匡算主要材料用量的依据。

③ 是设计单位进行设计方案比较和投资经济效果分析、建设单位选址的依据。

④ 是编制固定资产投资计划、确定投资额和主要材料计划的主要依据。

2. 概算指标与概算定额的主要区别

(1) 确定各种消耗量指标的对象不同

概算定额是以单位扩大分项工程或单位扩大结构构件为对象，而概算指标则是以整个建筑物（如100m^{2}或1000m^{3}建筑物）或构筑物为对象。因此概算指标比概算定额更加综合与扩大。用概算指标来编制概算更为简便，但是，它的精确性也就更差了。

（2）确定各种消耗量指标的依据不同

概算定额以现行预算定额为基础，通过计算之后才综合确定出各种消耗量指标，而概算指标中各种消耗量指标的确定，则主要来自各种实际工程的预算或结算资料。

3. 概算指标的编制

（1）概算指标的编制依据

① 准设计图纸和各类工程具有代表性的典型设计图纸。

② 国家颁发的建筑标准、设计规范、施工规范等。

③ 各类工程造价资料。

④ 现行的概算定额和预算定额及补充定额。

⑤ 人工工资标准、材料预算价格、机械台班预算价格及其他价格资料。

（2）概算指标的编制原则

① 按平均水平确定概算指标。在市场经济条件下，概算指标作为确定工程造价的依据，应遵照价值规律的客观要求，在其编制时必须按社会必要劳动时间，贯彻平均水平的编制原则；只有这样才能使概算指标合理确定和控制工程造价的作用得到充分发挥。

② 概算指标的内容和表现形式要简明适用。为适应市场经济的客观要求，概算指标的项目划分应根据用途的不同，确定其项目的综合范围，遵循粗而不漏、适用面广的原则，体现综合扩大的性质。概算指标从形式到内容应简明易懂，要便于在采用时根据拟建工程的具体情况进行必要的调整换算，能在较大范围内满足不同用途的需要。

③ 概算指标的编制依据必须具有代表性。编制概算指标所依据的工程设计资料，应是有代表性的，技术上先进、经济上合理。

（3）概算指标的编制步骤

① 成立编制小组，拟定工作方案，明确编制原则和方法，确定指标的内容及表现形式，确定基价所依据的人工工资单价、材料预算价格、机械台班单价。

② 收集资料。收集整理编制指标所必需的标准设计、典型设计以及有代表性的工程设计图纸、预算资料，充分利用有使用价值的已经积累的工程造价资料。

③ 编制阶段。选定图纸，根据图纸资料计算工程量和编制单位工程预算书，以及按编制方案确定的人工、主要材料、单位建筑面积造价指标，填写概算指标的表格。

④ 经过审核、平衡分析、比较、调整以及试算修订后才能报批。

2.5.3 投资估算指标

投资估算是指在建设项目的投资决策阶段，确定拟建项目所需投资数量的费用计算文件，编制投资估算的主要目的：一是作为拟建项目投资决策的依据，二是作为拟建项目实施阶段投资控制的目标值。

【上杭森林公园投资估算与效益分析】

工程建设投资估算指标是编制建设项目建议书、可行性研究报告等前期工作阶段投资估算的依据，也可以作为编制固定资产长远规划投资额的参考。投资估算指标为完成项目建设的投资估算提供依据和手段，它在固定资产的形成过程中起着投资预测、投资控制、投资效益分析的作用，是合理确定项目投资的基础。

估算指标中的主要材料消耗量也是一种扩大材料消耗量指标，可以作为计算建设项目主要材料消耗量的基础，估算指标的正确制订对于提高投资估算的准确度、对建设项目的合理评估、正确决策具有重要的意义。

1. 投资估算指标的编制原则

投资估算指标属于项目建设前期进行估算投资的技术经济指标，它不但要反映实施阶段的静态投资，还必须反映项目建设前期和交付使用期内发生的动态投资，以投资估算指标为依据编制的投资估算，包含项目建设的全部投资额。投资估算指标比其他各种计价定额具有更大的综合性和概括性。因此，投资估算指标的编制工作，除了应遵循一般定额的编制原则外，还必须坚持以下原则。

① 投资估算指标项目的确定，应考虑以后几年编制建设项目建议书和可行性研究报告投资估算的需要。

② 投资估算指标的分类、项目划分、项目内容、表现形式等要结合各专业的特点，并且要与项目建议书、可行性研究报告的编制深度相适应。

③ 投资估算指标的编制内容，典型工程的选择，必须遵循国家的有关建设方针政策，符合国家技术发展方向，贯彻国家高科技政策和发展方向原则，使指标的编制既能反映现实的科技成果、正常建设条件下的造价水平，也要尽量使其能适应今后若干年的科技发展水平。

④ 投资估算指标的编制要反映不同行业、不同项目和不同工程的特点，投资估算指标要适应项目前期工作深度的需要，具有更大的综合性。投资估算指标的编制必须密切结合行业特点、项目建设的特定条件，在内容上既要贯彻指导性、准确性和可调性的原则，又要具有一定的深度和广度。

⑤ 投资估算指标的编制要体现国家对固定资产投资实施间接调控作用的特点。要贯彻能分能合、有粗有细、细算粗编的原则，使投资估算指标能满足项目建议书和可行性研究各阶段的要求，既有能反映一个建设项目的全部投资及其构成的指标，又有组成建设项目投资的各个单项工程投资指标；做到既能综合使用，又能个别分解使用，使投资估算能够根据建设项目的具体情况合理准确地编制。

⑥ 投资估算指标的编制要贯彻静态和动态相结合的原则，要考虑建设期的价格、建设期利息、固定资产投资方向调节税及涉外工程的汇率等动态因素对投资估算的影响，尽可能减少这些动态因素对投资估算准确性的影响，使指标具有较强的实用性和可操作性。

2. 投资估算指标的编制内容

投资估算指标是确定和控制建设项目全过程各项投资支出的技术经济指标，其范围涉及建设前期、建设实施期和竣工验收交付使用期等各个阶段的费用支出，内容因行业不同而各异，一般可分为建设项目综合指标、单项工程指标和单位工程指标三个层次。

(1) 建设项目综合指标

建设项目综合指标指按规定应列入建设项目总投资的从立项筹建开始至竣工验收交付使用的全部投资额，包括单项工程投资、工程建设其他费用和预备费等。建设项目综合指标一般以项目的综合生产能力单位投资表示，如“元/t”“元/kW”，或以使用功能表示，如医院床位“元/床”。

(2) 单项工程指标

单项工程指标指按规定应列入能独立发挥生产能力或使用效益的单项工程内的全部投资额，包括建筑工程费、安装工程费、设备、工器具及生产家具购置费和其他费用。单项工程一般按主要生产设施、辅助生产设施、公用工程、环境保护工程、总图运输工程、厂区服务设施、生活福利设施、厂外工程等进行划分。单项工程指标一般以单项工程生产能力单位投资额表示，如“元/t”“元/m^3”“元/m^2”等。

(3) 单位工程指标

单位工程指标指按规定应列入能独立设计、施工的工程项目的费用，即建筑安装工程费。单位工程指标一般以如下方式表示：房屋区别不同结构形式以“元/m^2”表示；管道区别不同材质、管径以“元/m^3”表示等。

3. 投资估算指标的编制方法

投资估算指标的编制工作，涉及建设项目的产品规模、产品方案、工艺流程、设备选型、工程设计和技术经济等各个方面，既要考虑现阶段技术状况，又要展望近期技术发展趋势和设计动向，从而可以指导以后建设项目的实践。投资估算指标的编制应当成立专业齐全的编制小组，编制人员应具备较高的专业素质，并应制定一个包括编制原则、编制内容、指标的层次相互衔接，含有项目划分、表现形式、计量单位、计算、复核、审查程序等内容的编制方案或编制细则，以便编制工作有章可循。投资估算指标的编制一般分为三个阶段进行。

(1) 收集整理资料阶段

收集整理已建成或正在建设的，符合现行技术政策和技术发展方向、有可能重复采用的、有代表性的工程设计施工图、标准设计以及相应的竣工决算或施工图预算资料等，这些资料是编制工作的基础，资料收集得越广泛，反映出的问题越多，编制工作考虑得越全面，就越有利于提高投资估算指标的实用性和覆盖面。同时，对调查收集的资料要选择占投资比重大、相互关联多的项目进行认真的分析整理，由于已建成或正在建设的工程的设计意图、建设时间和地点、资料的基础等不同，相互之间的差异很大，需要去粗取精、去伪存真地加以整理，才能重复利用。整理后的数据资料按项目划分栏目加以归类，按照编制年度的现行定额、费用标准和价格，调整成编制年度的造价水平。

(2) 平衡调整阶段

由于调查收集的资料来源不同，虽然经过一定的分析整理，但难免会由于设计方案、建设条件和建设时间上的差异带来某些影响，使数据失准或漏项等，必须对相关资料进行综合平衡调整。

(3) 测算审查阶段

测算是将新编的指标和选定工程的概预算，在同一价格条件下进行比较，检验其“量差”的偏离程度是否在允许偏差的范围之内，如偏差过大，则要查找原因，进行修正，以保证指标的确切、实用。测算同时也是对指标编制质量进行一次系统检查，应由专人进行，以保持测算口径的统一，在此基础上组织有关专业人员予以全面审查定稿。

本章小结

本章介绍了定额的概念和分类；从人工和机械工作时间分析图来介绍相应定额消耗量的确定方法；对施工定额、预算定额、概算定额、概算指标和投资估算指标进行了详细的讲解和分析。

习　题

一、单项选择题

1. 下列各类定额中属于施工企业为组织生产和加强管理在企业内部使用的定额是（　　）。

A. 预算定额　　B. 概算定额　　C. 施工定额　　D. 直接费定额

2. 概算定额是编制（　　）时，计算和确定概算造价，计算劳动、机械台班、材料需要量所使用的定额。

A. 初步设计概算　　B. 扩大初步设计概算

C. 投资估算　　D. 施工图预算

3. 工程建设定额不具有（　　）。

A. 科学性　　B. 统一性　　C. 权威性　　D. 法令性

4. 预算定额是按照（　　）编制的。

A. 社会平均先进水平　　B. 社会平均水平

C. 行业平均先进水平　　D. 行业平均水平

5. 在用计时观察法编制施工定额时，（　　）是主要的研究对象。

A. 操作　　B. 工序　　C. 工作过程　　D. 综合工作过程

6. 定额中规定的定额时间不包括（　　）。

A. 休息时间　　B. 施工本身造成的停工时间

C. 辅助工作时间　　D. 不可避免的中断时间

7. 预算定额中人工工日消耗量应包括（　　）。

A. 基本工和人工幅度差　　B. 辅助工和基本工

C. 基本工和其他工　　D. 基本工、其他工和人工幅度差

8. 若完成某分项工程需要某种材料的净用量为 0.95 吨，损耗率 5%，那么，材料总消耗量为（　　）。

A. 1.0 吨　　B. 0.95 吨　　C. 1.05 吨　　D. 0.9975 吨

9. 劳动定额内不包括而预算定额内不得不考虑的工时，如机械土方工程的配合用工，属于（　　）。

A. 基本用工　　B. 辅助用工　　C. 超运距用工　　D. 人工幅度差

10. 编制设计概算必须在（　　）阶段完成。

A. 总体设计　　B. 初步设计
C. 扩大初步设计　　D. 施工图设计

二、多项选择题

1. 按照专业性质分类，工程建设定额可分为（　　）。
A. 通用定额　　B. 全国统一定额
C. 行业通用定额　　D. 行业统一定额
E. 专业专用定额

2. 工作时间消耗的计时观察法主要包括（　　）。
A. 测时法　　B. 图示记录法
C. 写实记录法　　D. 工作日写实法
E. 工时消耗抽测法

3. 施工定额是由（　　）组成的。
A. 劳动定额　　B. 机械定额　　C. 材料定额
D. 直接费定额　　E. 企业定额

4. 编制预算定额的原则是（　　）。
A. 平均性原则　　B. 平均先进性原则
C. 简明实用原则　　D. 统一性与差别性相结合
E. 独立自主原则

三、简答题

1. 根据定额的用途和适用范围可以把工程建设定额划分为哪几种不同的类型？
2. 人工、材料、机械台班的定额消耗量指标是如何确定的？
3. 简述施工定额的性质及编制原则。
4. 什么是幅度差？简述幅度差的产生及影响因素。
5. 如何理解定额水平的高低？
6. 简述概算定额、预算定额、施工定额的定额水平及确定方法的差别。
7. 简述概算指标、投资估算指标的概念及作用。

四、计算题

1. 用1∶3水泥砂浆贴300mm×300mm×20mm的大理石块料面层，结合层厚度为30mm，试计算$100m^2$地面大理石块料、灰缝和结合层砂浆的总用量（设灰缝宽3mm，大理石块料的损耗率为0.2%，砂浆的损耗率为1%）。

2. 已知某现浇混凝土工程，共浇筑混凝土$2.5m^3$，其基本工作时间为300min，准备与结束时间17.5min，休息时间11.2min，不可避免的中断时间8.8min，损失时间85min。求浇筑混凝土的时间定额和产量定额。

3. 某施工现场采用出料容量为1000L的混凝土搅拌机，每次循环中，装料、搅拌、卸料、中断需要的时间分别为2min、5min、2min、1min，机械正常利用系数为0.9，则该机械的台班产量是每台班多少m^3？

【在线答题】

第3章 工程造价构成

教学提示

建设项目所需的投资内容在各国都类似，但每个国家和地区对其费用的划分则不尽相同，掌握我国建设工程造价构成及计算方法是学习工程造价管理的基础，本章作为全书的基础知识部分，主要介绍了我国建设项目投资的组成及工程造价构成与计算方法。

教学要求

通过本章的学习，学生应了解国外建设项目造价构成；掌握我国建设工程造价的构成与计算方法，设备及工器具购置费的构成与计算，建筑工程费、安装工程费的构成与计算，工程建设其他费用构成内容及有关规定，预备费、建设期利息的计算。

3.1 概　　述

3.1.1 国外建设项目造价构成

1978年，世界银行、国际咨询工程师联合会对项目的总建设成本（相当于我国的工程造价）做了统一规定，**工程项目总建设成本包括项目直接建设成本、项目间接建设成本、应急费用和建设成本上升费用。**

1. 项目直接建设成本

① 土地征购费。

② 场外设施费用，如道路、码头、桥梁、机场、输电线路等设施费用，还应包含场外供水、通信、通气设施费用。

③ 场地费用，指用于场地准备、厂区道路、铁路、围栏、场内设施等的建设费用。

④ 工艺设备费，指主要设备、辅助设备及零配件的购置费用，包括海运包装费、交

货港离岸价，但不包括税金。

⑤ 设备安装费，指设备供应商的监理费用，本国劳务及工资费用，辅助材料、施工设备，消耗品和工具等费用，以及安装承包商的管理费和利润等。

⑥ 管道系统费用，指与系统的材料及劳务相关的全部费用。

⑦ 电气设备费，指主要设备、辅助设备及零配件的购置费用，包括海运包装费、交货港离岸价，但不包括税金。

⑧ 电气安装费，指设备供应商的监理费用，本国劳务及工资费用，辅助材料、电缆管道和工具等费用，以及营造承包商的管理费和利润等。

⑨ 仪器仪表费，指所有自动仪表、控制板、配线和辅助材料的费用以及供应商的监理费、外国或本国劳务及工资费用、承包商的管理费及利润。

⑩ 机械的绝缘和油漆费，指与机械及管道的绝缘和油漆相关的全部费用。

⑪ 工艺建筑费，指原材料、劳务费以及与基础、建筑结构、屋顶、内外装修、公共设施有关的全部费用。

⑫ 服务性建筑费用，与“工艺建筑费”同。

⑬ 工厂普通公共设施费，包括材料和劳务费以及与供水、燃料供应、通风、蒸汽发生及分配、下水道、污物处理等公共设施有关的费用。

⑭ 车辆费，指工艺操作必需的机动设备及零件费用，包括海运包装费用以及交货港的离岸价，但不包含税金。

⑮ 其他当地费用，指那些不能归类于以上任何一个项目，不能计入项目间接成本，但在建设期间又必不可少的当地费用。如临时设备、临时公共设施以及场地的维持费，营地设施及管理，建筑保险和债券，杂项开支等费用。

2. 项目间接建设成本

① 项目管理费。

A. 总部人员的薪金和福利费，以及用于初步和详细工程设计、采购、时间和成本控制、行政和其他一般管理的费用。

B. 施工管理现场人员的薪金、福利费，以及用于施工现场监督、质量保证、现场采购、时间及成本控制、行政及其他施工管理机构的费用。

C. 零星杂项费用，如返工、旅行、生活津贴、业务支出。

D. 各项酬金。

② 开工试车费，指工厂投料试车必需的劳务和材料费用。

③ 业主的行政性费用，指业主的项目管理人员费用及支出。

④ 生产前费用，指前期研究、勘测、建矿、采矿等费用。

⑤ 运费及保险费，指海运、国内运输、许可证及佣金、海洋保险、综合保险等用。

⑥ 地方税，指地方关税、地方税及对特殊项目征收的税金。

3. 应急费用

① 未明确项目的准备金。

此项准备金由于在估算中是不可能明确的潜在项目，包括那些在做成本估算时因为缺乏完整、准确和详细的资料而不能完全预见和不能注明的项目，并且这些项目是必须完成的，或者它们的费用是必定要发生的。

在每一个组成部分中均单独以一定的百分比确定，并作为估算的一个项目单独列出。

此项准备金不是为了支付工程范围以外可能增加的项目，不是用以应付天灾、非正常经济情况及罢工等情况，也不是用来补偿估算的任何误差，而是用来支付那些几乎可以肯定要发生的费用。因此，它是估算不可缺少的一个组成部分。

② 不可预见准备金。

此项准备金（在未明确项目的准备金之外）用于在估算达到一定的完整性并符合技术标准的基础上，由于物质、社会和经济的变化，导致估算增加的情况。此种情况可能发生，也可能不发生。因此，不可预见准备金只是一种储备，可能不动用。

4. 建设成本上升费用

通常，估算中使用的工资率、材料和设备价格基础的截止日期就是“估算日期”必须对该日期的已知成本基础进行调整，以补偿直至工程结束时的未知价格增长。

工程的各个主要组成部分（国内劳务和相关成本、本国材料、本国设备、外国设备、项目管理机构）的细目划分决定以后，便可以确定每一个主要组成部分的增长率。这个增长率是一项判断因素，它以已发表的国内和国际成本指数、公司记录等为依据，并与实际供应商进行核对，然后根据确定的增长率和从工程进度表中获得的每项活动的中点值，计算出每项主要组成部分的成本上升值。

3.1.2 我国建设项目总投资构成

建设项目总投资是为完成工程项目建设并达到使用要求或生产条件，在建设期内预计或实际投入的全部费用总和。其中建设投资与建设期利息之和对应于固定资产投资，固定资产投资与工程造价在量上相等。工程造价是指在建设期内预计或实际支出的建设费用。

工程造价中的主要构成部分是建设投资，建设投资是为完成工程项目建设，在建设期内投入且形成现金流出的全部费用。根据国家发展和改革委员会和国家建设部发布的《建设项目经济评价方法与参数（第三版）》（发改投资〔2006〕1325 号）的规定，建设投资包括工程费用、工程建设其他费用和预备费三部分。工程费用可以分为建筑安装工程费和设备及工器具购置费。工程建设其他费用是指建设期内发生为项目建设或运营必须发生的但不包括在工程费用中的费用。预备费是在建设期内因各种不可预见因素的变化而预留的费用，包括基本预备费和价差预备费。我国现行建设项目总投资构成如图 3－1 所示。

流动资金是指为进行正常生产运营，用于购买原材料、燃料、支付工资及其他运营费用等所需的周转资金。在可行性研究阶段用于财务分析时计为全部流动资金，在初步设计及以后阶段用于计算“项目报批总投资”或“项目概算总投资”时计为铺底流动资金。铺底流动资金是指生产经营性建设项目为保证投产后正常的生产运营所需，并在项目资本金中筹措的自有流动资金，其金额一般为流动资金总额的 30％。

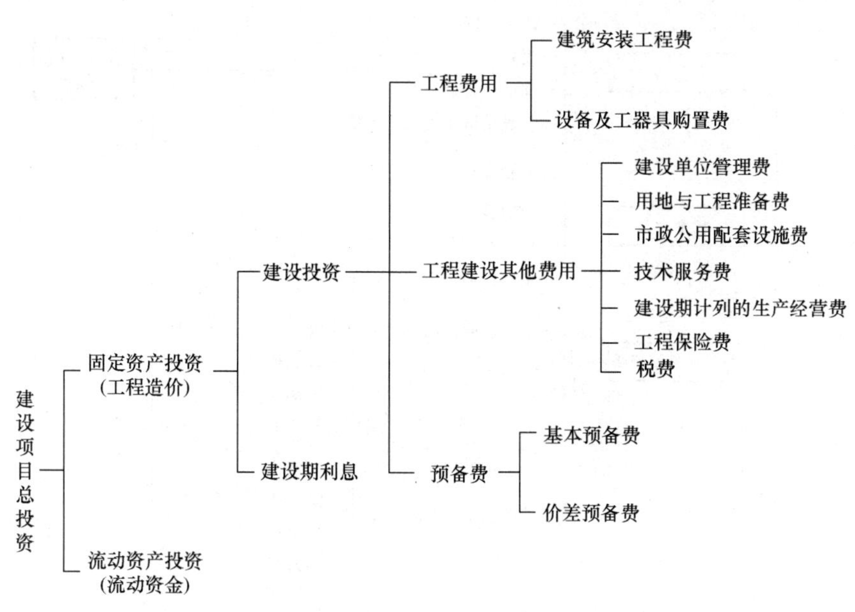

图3-1 我国现行建设项目总投资构成

3.2 建筑安装工程费

建筑安装工程费是指建设单位支付给从事建筑安装工程施工单位的完成工程项目建造、生产性设备及配套工程安装所需的全部生产费用，也称建筑安装工程造价。它由建筑工程费用和安装工程费用两部分组成。

3.2.1 建筑安装工程费项目组成和计算

根据《建筑安装工程费用项目组成》(建标〔2013〕44号) 规定，建筑安装工程费的组成可按费用构成要素与造价形成划分为两大类。二者所含的内容相同，前者便于企业进行成本控制，后者能够满足建筑安装工程在工程交易和工程实施阶段工程造价的组价要求。

1. 按费用构成要素划分

建筑安装工程费按照费用构成要素划分，由人工费、材料（含工程设备）费、施工机具使用费、企业管理费、利润、规费和增值税组成。

其中，人工费、材料费、施工机具使用费、企业管理费和利润包含在分部分项工程费、措施项目费、其他项目费中，如图3-2所示。

(1) 人工费

人工费是指按工资总额构成规定，支付给从事建筑安装工程施工的生产工人和附属生产单位工人的各项费用。人工费包括如下内容。

① 计时工资或计件工资（G1)。它是指按计时工资标准和工作时间或对已做工作按计件单价支付给个人的劳动报酬。

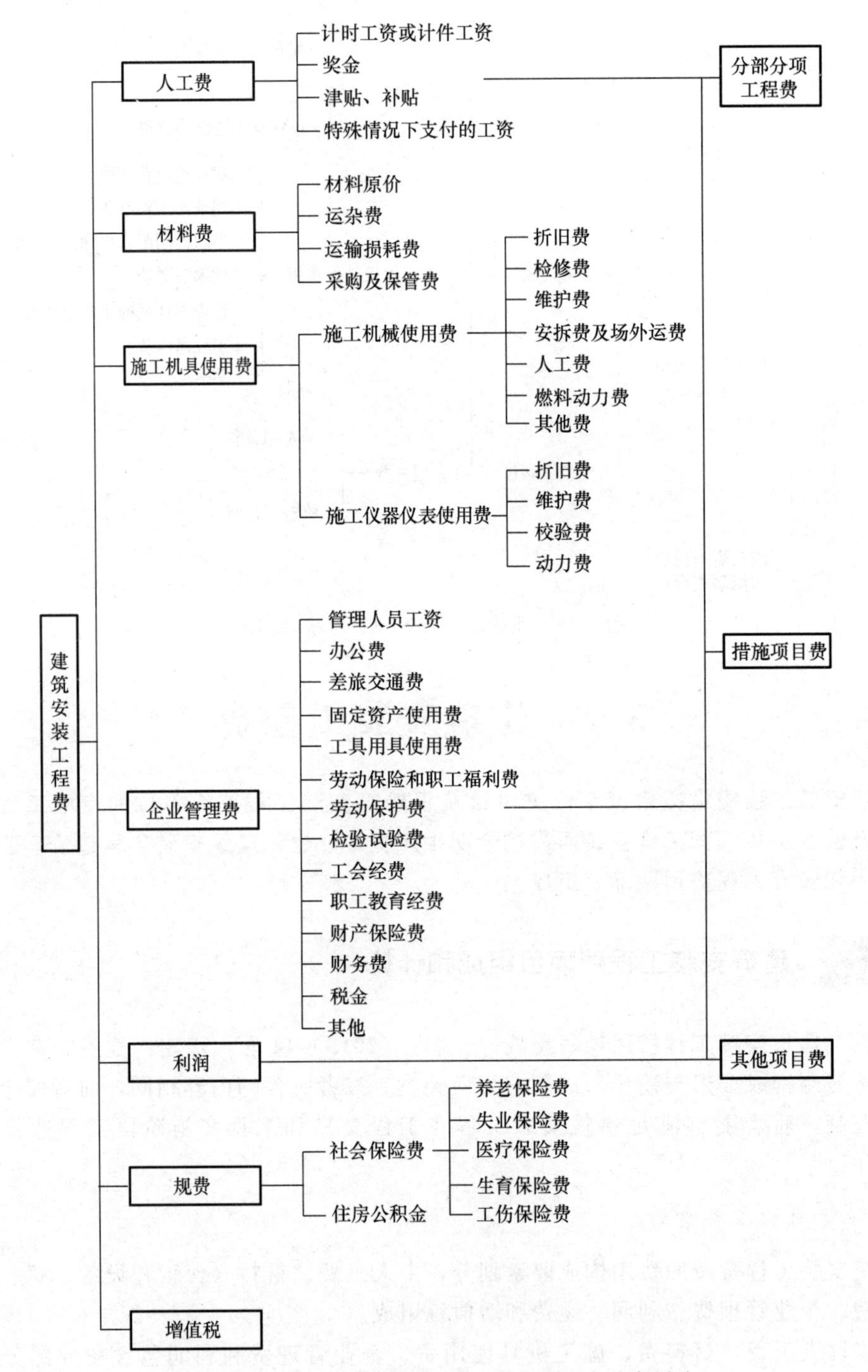

图 3-2　建筑安装工程费组成（按费用构成要素划分）

② 奖金（G2）。它是指对超额劳动和增收节支支付给个人的劳动报酬。如节约奖、劳动竞赛奖等。

③ 津贴、补贴（G3）。它是指为了补偿职工特殊或额外的劳动消耗和因其他特殊原因支付给个人的津贴，以及为了保证职工工资水平不受物价影响支付给个人的物价补贴。如流动施工津贴、特殊地区施工津贴、高温（寒）作业临时津贴、高空津贴等。

④ 特殊情况下支付的工资（G4）。它是指根据国家法律、法规和政策规定，因病、工伤、产假、计划生育假、婚丧假、事假、探亲假、定期休假、停工学习、执行国家或社会义务等原因按计时工资标准或计时工资标准的一定比例支付的工资。

人工费一般可按下式计算

$$人工费=\sum(工日消耗量\times 日工资单价) \quad (3-1)$$

其中：

$$日工资单价(G)=\sum_1^4 G \quad (3-2)$$

$$日工资单价(G)=\frac{生产工人平均月工资（计时或计件工资）+平均月（奖金、津贴、补贴、特殊情况下支付的工资）}{年平均每月法定工作日}$$

式(3－1) 主要适用于施工企业投标报价时自主确定人工费，也是工程造价管理机构编制计价定额确定定额人工单价或发布人工成本信息的参考依据。

或

$$人工费=\sum(工程工日消耗量\times 日工资单价) \quad (3-3)$$

上式中，日工资单价是指施工企业平均技术熟练程度的生产工人在每工作日（国家法定工作时间内）按规定从事施工作业应得的日工资总额。

工程造价管理机构确定日工资单价应通过市场调查，根据工程项目的技术要求，参考实物工程量人工单价综合分析确定，最低日工资单价不得低于工程所在地人力资源和社会保障部门所发布的最低工资标准：普工 1.3 倍、一般技工 2 倍、高级技工 3 倍。

工程计价定额不可只列一个综合工日单价，应根据工程项目技术要求和工种差别适当划分多种日人工单价，确保各分部工程人工费的合理构成。

式(3－3) 适用于工程造价管理机构编制计价定额时确定定额人工费，是施工企业投标报价的参考依据。

（2）材料费

材料费是指施工过程中耗费的原材料、辅助材料、构配件、零件、半成品或成品、工程设备的费用。材料费包括如下内容。

① 材料原价。它是指材料、工程设备的出厂价格或商家供应价格。

② 运杂费。它是指材料、工程设备自来源地运至工地仓库或指定堆放地点所发生的全部费用。

③ 运输损耗费。它是指材料在运输装卸过程中不可避免的损耗。

④ 采购及保管费。它是指为组织采购、供应和保管材料、工程设备的过程中所需要的各项费用，包括采购费、仓储费、工地保管费、仓储损耗。

材料费一般可按下式计算

$$材料费=\sum(材料消耗量\times 材料单价) \quad (3-4)$$

$$材料单价=(材料原价+运杂费)\times[1+运输损耗率(\%)]\times[1+采购保管费率(\%)] \quad (3-5)$$

工程设备是指构成或计划构成永久工程一部分的机电设备、金属结构设备、仪器装置及其他类似的设备和装置。

工程设备费可按下式计算

$$工程设备费=\sum(工程设备量\times工程设备单价) \quad (3-6)$$

$$工程设备单价=(设备原价+运杂费)\times[1+采购保管费率(\%)] \quad (3-7)$$

(3) 施工机具使用费

施工机具使用费是指施工作业所发生的施工机械、仪器仪表使用费或其租赁费，包括施工机械使用费和施工仪器仪表使用费。

① 施工机械使用费。施工机械使用费是指建筑安装工程项目施工中使用施工机械作业所发生的机械使用费以及机械安拆费和场外运费等。它以施工机械台班消耗量乘以施工机械台班单价表示，施工机械台班单价由以下 7 项费用组成。

A. 折旧费。折旧费是指施工机械在规定的使用年限内，陆续收回其原值的费用。

B. 检修费。检修费是指施工机械在规定的耐用总台班内，按规定的检修间隔进行必要的检修，以恢复其正常功能所需的费用。检修费是机械使用期间内全部检修费之和在台班费用中的分摊额，取决于一次检修费、检修次数和耐用总台班的数量。

C. 维护费。维护费是指施工机械在规定的耐用总台班内，按规定的维护间隔进行各级维护和临时故障排除所需的费用。保障机械正常运转所需替换和随机配备工具附具的摊销和维护费用、机械运转及日常保养维护所需润滑和擦拭的材料费用及机械停滞期间的维护费用等。

D. 安拆费及场外运费。安拆费是指施工机械（大型机械除外）在现场进行安装与拆卸所需的人工、材料、机械和试运转费用以及机械辅助设施的折旧、搭设、拆除等费用；场外运费是指施工机械整体或分体自停放地点运至施工现场或由一施工地点运至另一施工地点的运输、装卸、辅助材料及架线等费用。

E. 人工费。人工费是指机上司机（司炉）和其他操作人员的人工费。

F. 燃料动力费。燃料动力费是指施工机械在运转作业中所消耗的各种燃料及水、电等费用。

G. 其他费。其他费是指施工机械按照国家规定应缴纳的车船使用税、保险费及检测费等费用。

② 施工仪器仪表使用费。施工仪器仪表使用费是指工程施工所发生的仪器仪表使用费或租赁费。它以施工仪器仪表台班消耗量乘以施工仪器仪表台班单价表示，施工仪器仪表台班单价由折旧费、维护费、检验费和动力费组成。

施工机械使用费可按下式计算

$$施工机械使用费=\sum(施工机械台班消耗量\times施工机械台班单价) \quad (3-8)$$

$$\begin{aligned}施工机械台班单价=&台班折旧费+台班检修费+台班维护费+台班安拆费及场外运费\\&+台班人工费+台班燃料动力费+台班其他费\end{aligned} \quad (3-9)$$

需要注意的是，工程造价管理机构在确定计价定额中的施工机械使用费时，应根据《建设工程施工机械台班费用编制规则》（建标〔2015〕34 号）结合市场调查编制施工机械台班单价。施工企业可以参考工程造价管理机构发布的台班单价，自主确定施工机械使用费的报价。

如果是租赁的施工机械，则施工机械使用费按下式计算

$$施工机械使用费=\sum(施工机械台班消耗量\times施工机械台班租赁单价) \quad (3-10)$$

施工仪器仪表使用费可按下式计算

$$施工仪器仪表使用费=\sum(施工仪器仪表台班消耗量\times施工仪器仪表台班单价) \quad (3-11)$$

(4) 企业管理费

企业管理费是指建筑安装企业组织施工生产和经营管理所需的费用。企业管理费包括如下内容。

① 管理人员工资。管理人员工资是指按规定支付给管理人员的计时工资、奖金、津贴补贴、加班加点工资及特殊情况下支付的工资等。

② 办公费。办公费是指企业管理办公用的文具、纸张、账表、印刷、邮电、书报、办公软件、现场监控、会议、水电、烧水和集体取暖降温（包括现场临时宿舍取暖降温）等费用。

③ 差旅交通费。差旅交通费是指职工因公出差、调动工作的差旅费、住勤补助费，市内交通费和误餐补助费，职工探亲路费，劳动力招募费，职工退休、退职一次性路费，工伤人员就医路费，工地转移费以及管理部门使用的交通工具的油料、燃料等费用。

④ 固定资产使用费。固定资产使用费是指管理和试验部门及附属生产单位使用的属于固定资产的房屋、设备、仪器等的折旧、大修、维修或租赁费。

⑤ 工具用具使用费。工具用具使用费是指企业施工生产和管理使用的不属于固定资产的工具、器具、家具、交通工具和检验、试验、测绘、消防用具等的购置、维修和摊销费。

⑥ 劳动保险和职工福利费。劳动保险和职工福利费是指由企业支付的职工退职金、按规定支付给离休干部的经费，集体福利费、夏季防暑降温、冬季取暖补贴、上下班交通补贴等。

⑦ 劳动保护费。劳动保护费是企业按规定发放的劳动保护用品的支出。如工作服、手套、防暑降温饮料以及在有碍身体健康的环境中施工的保健费用等。

⑧ 检验试验费。检验试验费是指施工企业按照有关标准规定，对建筑以及材料、构件和建筑安装物进行一般鉴定、检查所发生的费用，包括自设实验室进行试验所耗用的材料等费用。不包括新结构、新材料的试验费，对构件做破坏性试验及其他特殊要求检验试验的费用和建设单位委托检测机构进行检测的费用，对此类检测发生的费用，由建设单位在工程建设其他费用中列支。但对施工企业提供的具有合格证明的材料进行检测不合格的，该检测费用由施工企业支付。

⑨ 工会经费。工会经费是指企业按《中华人民共和国工会法》规定的全部职工工资总额比例计提的工会经费。

⑩ 职工教育经费。职工教育经费是指按职工工资总额的规定比例计提，企业为职工进行专业技术和职业技能培训，专业技术人员继续教育、职工职业技能鉴定、职业资格认定以及根据需要对职工进行各类文化教育所发生的费用。

⑪ 财产保险费。财产保险费是指施工管理用财产、车辆等的保险费用。

⑫ 财务费。财务费是指企业为施工生产筹集资金或提供预付款担保、履约担保、职工工资支付担保等所发生的各种费用。

⑬ 税金。税金是指企业按规定缴纳的房产税、车船使用税、土地使用税、印花税等。

特别提示：

营改增方案实施后，城市维护建设税、教育费附加、地方教育附加的计算基础均为应纳增值税额，但由于在工程造价的前期预测时，无法明确可抵扣的进项税额的具体数值，造成此三项附加税无法计算。因此，根据财政部关于印发《增值税会计处理规定》的通知

(财会〔2016〕22号),城市维护建设税、教育费附加、地方教育附加等均作为“税金及附加”,在管理费中核算。

⑭ 其他。包括技术转让费、技术开发费、投标费、业务招待费、绿化费、广告费、公证费、法律顾问费、审计费、咨询费、保险费等。

企业管理费的计算方法,按取费基数的不同分为以下三种。

① 以分部分项工程费作为计算基础。它是将企业管理费按其占分部分项工程费的百分比计算。通常可按下式计算

$$企业管理费=分部分项工程费合计\times企业管理费费率(\%) \tag{3-12}$$

② 以人工费和机械费合计作为计算基础。它是将企业管理费按其人工费和机械费合计的百分比计算。通常可按下式计算

$$企业管理费=(人工费+机械费)\times企业管理费费率(\%) \tag{3-13}$$

③ 以人工费作为计算基础。它是将企业管理费按其人工费的百分比计算。通常可按下式计算

$$企业管理费=人工费合计\times企业管理费费率(\%) \tag{3-14}$$

企业管理费费率的确定分为以下三种情况。

① 以分部分项工程费作为计算基础。通常可按下式计算

$$企业管理费费率(\%)=\frac{生产工人年平均管理费}{年有效施工天数\times人工单价}\times人工费占分部分项工程费比例\times100\% \tag{3-15}$$

② 以人工费和机械费合计作为计算基础。通常可按下式计算

$$企业管理费费率(\%)=\frac{生产工人年平均管理费}{年有效施工天数\times(人工单价+每日机械使用费)}\times100\% \tag{3-16}$$

③ 以人工费作为计算基础。通常可按下式计算

$$企业管理费费率(\%)=\frac{生产工人年平均管理费}{年有效施工天数\times人工单价}\times100\% \tag{3-17}$$

需要说明的是,上述公式适用于施工企业投标报价时自主确定管理费,是工程造价管理机构编制计价定额确定企业管理费的参考依据。

工程造价管理机构在确定计价定额中企业管理费时,应以定额人工费(或定额人工费加定额机械费)作为计算基数,其费率根据历年工程造价积累的资料,辅以调查数据确定,列入分部分项工程和措施项目中。

(5) 利润

利润是指施工企业完成所承包工程获得的盈利。建筑安装工程利润的计算,可分以下两种情况。

① 以人工费和机械费之和作为计算基础。

以人工费和机械费之和作为计算基础的利润,可按下式计算

$$利润=(人工费+机械费)\times利润率 \tag{3-18}$$

② 以人工费作为计算基础。

以人工费作为计算基础的利润,可按下式计算

$$利润=人工费合计\times利润率 \tag{3-19}$$

利润计算每种方法的适用范围，各地区都有明确的规定，计算时必须按各地区的规定执行。其中：

① 施工企业的利润，根据企业自身需求并结合建筑市场实际自主确定，列入报价中。

② 工程造价管理机构在确定计价定额中的利润时，应以定额人工费（或定额人工费加定额机械费）作为计算基数，其费率根据历年工程造价积累的资料，并结合建筑市场实际确定，以单位（单项）工程测算，利润在税前建筑安装工程费的比例可按不低于5%且不高于7%的费率计算。

③ 利润应列入分部分项工程和措施项目中。

（6）规费

规费是指按国家法律、法规规定，由省级政府和省级有关权力部门规定必须缴纳或计取的费用。规费主要包括以下两项。

① 社会保险费。社会保险费由以下五项组成。

A. 养老保险费。它是指企业按照规定标准为职工缴纳的基本养老保险费。

B. 失业保险费。它是指企业按照规定标准为职工缴纳的失业保险费。

C. 医疗保险费。它是指企业按照规定标准为职工缴纳的基本医疗保险费。

D. 生育保险费。它是指企业按照规定标准为职工缴纳的生育保险费。

E. 工伤保险费。它是指企业按照规定标准为职工缴纳的工伤保险费。

② 住房公积金。它是指企业按照规定标准为职工缴纳的住房公积金。

特别提示：

《中华人民共和国环境保护税法》自2018年1月1日起正式施行，其第二十七条规定："自本法施行之日起，依照本法规定征收环境保护税，不再征收排污费"。这意味着此前由环保部门征收的工程排污费，改由税务部门征收环境保护税。

规费的计算方法如下。

社会保险费和住房公积金应以定额人工费为计算基础，根据工程所在地省、自治区、直辖市或行业建设主管部门规定费率按下式计算

$$\text{社会保险费和住房公积金} = \sum(\text{工程定额人工费} \times \text{社会保险费率和住房公积金费率}) \tag{3-20}$$

式中，社会保险费率和住房公积金费率，可以每万元发承包价的生产工人人工费和管理人员工资含量与工程所在地规定的缴纳标准综合分析取定。

（7）增值税

2016年5月1日前，计入建筑工程造价中的税金包括营业税、城市维护建设税、教育费附加以及地方教育附加。

2016年5月1日起，我国建筑业全面推广"营改增"试点工作，将原计入建筑安装工程造价内的营业税取消，改征增值税，并将城市维护建设税、教育费附加以及地方教育附加并入企业管理费。

2. 按工程造价形成划分

建筑安装工程费按照工程造价形成划分，由分部分项工程费、措施项目费、其他项目费、规费、增值税组成。分部分项工程费、措施项目费、其他项目费包含人工费、材料

费、施工机具使用费、企业管理费和利润，如图 3－3 所示。

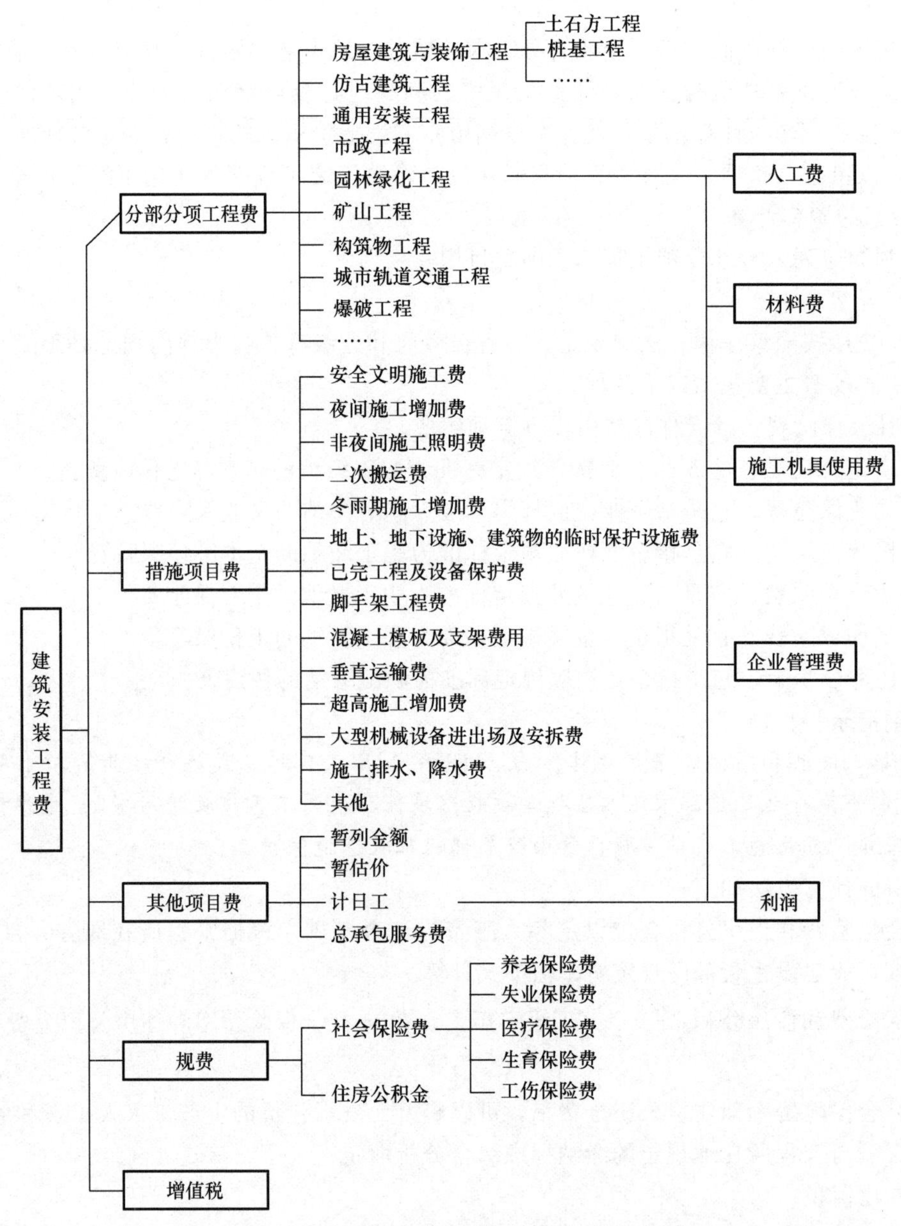

图 3－3　建筑安装工程费组成（按工程造价形成划分）

(1) 分部分项工程费

分部分项工程费是指各专业工程的分部分项工程应予列支的各项费用。其中：

① 专业工程。它是指按现行国家计量规范划分的房屋建筑与装饰工程、仿古建筑工程、通用安装工程、市政工程、园林绿化工程、矿山工程、构筑物工程、城市轨道交通工程、爆破工程等各类工程。

② 分部分项工程。它是指按现行国家计量规范对各专业工程划分的项目。如房屋建筑与装饰工程划分的土石方工程、桩基工程、砌筑工程、混凝土及钢筋混凝土工程等。

各类专业工程的分部分项工程划分，按照现行国家或行业计量规范执行。

分部分项工程费可按下式计算

$$分部分项工程费=\sum(分部分项工程量\times综合单价) \tag{3-21}$$

式中，综合单价包括人工费、材料费、施工机具使用费、企业管理费、利润以及一定范围的风险费用。

（2）措施项目费

措施项目费是指为完成建设工程施工，发生于该工程施工前和施工过程中的技术、生活、安全、环境保护等方面的费用。措施项目费内容包括：

① 安全文明施工费。

A. 环境保护费，指施工现场为达到环保部门要求所需要的各项费用。

B. 文明施工费，指施工现场文明施工所需要的各项费用。

C. 安全施工费，指施工现场安全施工所需要的各项费用。

D. 临时设施费，指施工企业为进行建设工程施工所必须搭设的生活和生产用的临时建筑物、构筑物和其他临时设施费用。

临时设施包括：临时宿舍、文化福利及公用事业房屋与构筑物，仓库、办公室、加工厂以及规定范围内道路、水、电、管线等临时设施和小型临时设施。临时设施费用包括：临时设施的搭设、维修、拆除费或摊销费等。

② 夜间施工增加费。夜间施工增加费是指因夜间施工所发生的夜班补助费、夜间施工降效、夜间施工照明设备摊销及照明用电等费用。

③ 非夜间施工照明费。非夜间施工照明费是指为保证工程施工正常进行，在地下室等特殊施工部位施工时所采用的照明设备的安拆、维护及照明用电等费用。

④ 二次搬运费。二次搬运费是指因施工场地条件限制而发生的材料、构配件、半成品等一次运输不能到达堆放地点，必须进行二次或多次搬运所发生的费用。

⑤ 冬雨期施工增加费。冬雨期施工增加费是指在冬季或雨季施工时需增加的临时设施、防滑、排除雨雪，人工及施工机械效率降低等费用。

⑥ 地上、地下设施、建筑物的临时保护设施费。在工程施工过程中，对已建成的地上、地下设施和建筑物进行的遮盖、封闭、隔离等必要保护措施所发生的费用。

⑦ 已完工程及设备保护费。竣工验收前，对已完工程及设备采取的覆盖、包裹、封闭、隔离等必要保护措施所发生的费用。

⑧ 脚手架工程费。脚手架工程费是指施工需要的各种脚手架搭、拆、运输费用，以及脚手架购置费的摊销（或租赁）费用。

⑨ 混凝土模板及支架费用。混凝土施工过程中需要的各种钢模板、木模板、支架等的支拆、运输费用及模板、支架的摊销（或租赁）费用。

⑩ 垂直运输费。垂直运输费是指现场所用材料、机具从地面运至相应高度以及职工人员上下工作面等所发生的运输费用。

⑪ 超高施工增加费。当单层建筑物檐口高度超过 20 米，多层建筑物超过 6 层时，可计算超高施工增加费。

⑫ 大型机械设备进出场及安拆费。大型机械设备进出场及安拆费是指机械整体或分体自停放场地运至施工现场或由一个施工地点运至另一个施工地点，所发生的机械进出场

运输及转移费用及机械在施工现场进行安装、拆卸所需的人工费、材料费、机械费、试运转费和安装所需的辅助设施的费用。

⑬ 施工排水、降水费。施工排水、降水费是指将施工期间有碍施工作业和影响工程质量的水排到施工场地以外，以及防止在地下水位较高的地区开挖深基坑出现基坑浸水，地基承载力下降，在动水压力作用下还可能引起流砂、管涌、边坡失稳等现象而必须采取有效的降水和排水措施，从而产生的费用。

⑭ 其他。根据项目的专业特点和所在地区不同，可能会出现其他的措施费用。如工程定位复测费和特殊地区施工增加费等。

本部分内容只列举通用措施项目费的计算方法，各专业工程的措施项目及其包含的内容详见各类专业工程的现行国家或行业计量规范。

① 国家计量规范规定应予计量的措施项目，可按下式计算

$$措施项目费=\sum(措施项目工程量\times综合单价) \tag{3-22}$$

② 国家计量规范规定不宜计量的措施项目，计算方法如下。

A. 安全文明施工费。

$$安全文明施工费=计算基数\times安全文明施工费费率(\%) \tag{3-23}$$

安全文明施工费计算基数为：

a. 定额分部分项工程费+定额中可以计量的措施项目费。

b. 定额人工费。

c. 定额人工费+定额机械费。

上述安全文明施工费计算中，其费率由工程造价管理机构根据各专业工程的特点综合确定。

B. 夜间施工增加费。

$$夜间施工增加费=计算基数\times夜间施工增加费费率(\%) \tag{3-24}$$

C. 二次搬运费。

$$二次搬运费=计算基数\times二次搬运费费率(\%) \tag{3-25}$$

D. 冬雨期施工增加费。

$$冬雨期施工增加费=计算基数\times冬雨期施工增加费费率(\%) \tag{3-26}$$

E. 已完工程及设备保护费。

$$已完工程及设备保护费=计算基数\times已完工程及设备保护费费率(\%) \tag{3-27}$$

上述 B~E 项措施项目的计费基数有以下两种。

a. 定额人工费。

b. 定额人工费+定额机械费。

其费率由工程造价管理机构根据各专业工程特点和调查资料综合分析后确定。

(3) 其他项目费

① 暂列金额。

暂列金额是指建设单位在工程量清单中暂定并包括在工程合同价款中的一笔款项，用于施工合同签订时尚未确定或者不可预见的所需材料、工程设备、服务的采购，施工中可能发生的工程变更、合同约定调整因素出现时的工程价款调整，以及发生的索赔、现场签证确认等的费用。

暂列金额由建设单位根据工程特点，按有关计价规定估算，施工过程中由建设单位掌握使用、扣除合同价款调整后如有余额，归建设单位所有。

② 暂估价。

暂估价是指招标人在工程量清单中提供的用于支付必然发生但暂时不能确定价格的材料、工程设备的单价以及专业工程的金额。

暂估价中的材料、工程设备暂估单价根据工程造价信息或参照市场价格估算，计入综合单价；专业工程暂估价分不同专业，按有关计价规定估算。暂估价在施工中按照合同约定再加以调整。

③ 计日工。

计日工是指在施工过程中，施工企业完成建设单位提出的施工图以外的零星项目或工作所需的费用。计日工由建设单位和施工企业按施工过程中的签证计价。

④ 总承包服务费。

总承包服务费是指总承包人为配合、协调建设单位进行的专业工程发包，对建设单位自行采购的材料、工程设备等进行保管，以及施工现场管理、竣工资料汇总整理等服务所需的费用。

总承包服务费由建设单位在招标控制价中根据总包服务范围和有关计价规定编制，施工企业投标时自主报价，施工过程中按签约合同价执行。

(4) 规费和增值税

规费和增值税，见3.2.1节按费用构成要素划分的相关内容。建设单位和施工企业均应按照省、自治区、直辖市或行业建设主管部门发布标准计算规费和增值税，不得作为竞争性费用。

3.2.2 建筑安装工程计价程序

建筑安装工程费用的计价应该按照当地的计价规定进行，招标控制价、投标报价和竣工结算的计价程序见表3-1～3-3。

表3-1 建设单位工程招标控制价计价程序

工程名称： 标段：

序　号	内　容	计算方法	金额/元
1	分部分项工程费	按计价规定计算	
1.1			
1.2			
1.3			
1.4			
1.5			
⋮			

续表

序　　号	内　　容	计 算 方 法	金额/元
2	措施项目费	按计价规定计算	
2.1	其中：安全文明施工费	按规定标准计算	
3	其他项目费		
3.1	其中：暂列金额	按计价规定估算	
3.2	其中：专业工程暂估价	按计价规定估算	
3.3	其中：计日工	按计价规定估算	
3.4	其中：总承包服务费	按计价规定估算	
4	规费	按规定标准计算	
5	税金（扣除不列入计税范围的工程设备金额）	(1＋2＋3＋4)×规定税率	
招标控制价报价合计＝1＋2＋3＋4＋5			

表3-2　施工企业工程投标报价计价程序

工程名称：　　　　　　　　　　　　　　　标段：

序　　号	内　　容	计 算 方 法	金额/元
1	分部分项工程费	自主报价	
1.1			
1.2			
1.3			
1.4			
1.5			
⋮			
2	措施项目费	自主报价	
2.1	其中：安全文明施工费	按规定标准计算	
3	其他项目费		
3.1	其中：暂列金额	按招标文件提供金额计列	
3.2	其中：专业工程暂估价	按招标文件提供金额计列	
3.3	其中：计日工	自主报价	
3.4	其中：总承包服务费	自主报价	
4	规费	按规定标准计算	
5	税金（扣除不列入计税范围的工程设备金额）	(1＋2＋3＋4)×规定税率	
投标报价合计＝1＋2＋3＋4＋5			

表 3-3 竣工结算计价程序

工程名称： 标段：

序　　号	汇 总 内 容	计 算 方 法	金额/元
1	分部分项工程费	按合同约定计算	
1.1			
1.2			
1.3			
1.4			
1.5			
⋮			
2	措施项目费	按合同约定计算	
2.1	其中：安全文明施工费	按规定标准计算	
3	其他项目费		
3.1	其中：专业工程结算价	按合同约定计算	
3.2	其中：计日工	按计日工签证计算	
3.3	其中：总承包服务费	按合同约定计算	
3.4	索赔与现场签证	按发承包双方确认数额计算	
4	规费	按规定标准计算	
5	税金（扣除不列入计税范围的工程设备金额）	(1＋2＋3＋4)×规定税率	
竣工结算总价合计＝1＋2＋3＋4＋5			

3.2.3 增值税

建筑安装工程费中的增值税按税前造价乘以增值税税率确定。

1. 采用一般计税方法时的增值税计算

当采用一般计税方法时，建筑业增值税税率为9%。计算公式为

$$增值税＝税前造价\times 9\% \tag{3-28}$$

税前造价为人工费、材料费、施工机具使用费、企业管理费、利润和规费之和，各费用项目均以不包含增值税可抵扣进项税额的价格计算。

2. 采用简易计税方法时的增值税计算

① 简易计税方法的适用范围。根据《营业税改征增值税试点实施办法》《营业税改征增值税试点有关事项的规定》以及《关于建筑服务等营改增试点政策的通知》的规定，简易计税方法主要适用于以下几种情况。

A. 小规模纳税人发生应税行为适用简易计税方法计税。小规模纳税人通常是指纳税人提供建筑服务的年应征增值税销售额未超过500万元，并且会计核算不健全，不能按规

定报送有关税务资料的增值税纳税人。年应税销售额超过500万元但不经常发生应税行为的单位也可选择按照小规模纳税人计税。

B. 一般纳税人以清包工方式提供的建筑服务，可以选择适用简易计税方法计税。以清包工方式提供建筑服务，是指施工方不采购建筑工程所需的材料或只采购辅助材料，并收取人工费、管理费或者其他费用的建筑服务。

C. 一般纳税人为甲供工程提供的建筑服务，可以选择适用简易计税方法计税。甲供工程是指全部或部分设备、材料、动力由工程发包方自行采购的建筑工程。其中建筑工程总承包单位为房屋建筑的地基与基础、主体结构提供工程服务，建设单位自行采购全部或部分钢材、混凝土、砌体材料、预制构件的，适用简易计税方法计税。

D. 一般纳税人为建筑工程老项目提供的建筑服务，可以选择适用简易计税方法计税。建筑工程老项目包括：a.《建筑工程施工许可证》注明的合同开工日期在2016年4月30日前的建筑工程项目；b. 未取得《建筑工程施工许可证》的，建筑工程承包合同注明的开工日期在2016年4月30日前的建筑工程项目。

② 简易计税的计算方法。当采用简易计税方法时，建筑业增值税税率为3%。计算公式为

$$\text{增值税}=\text{税前造价}\times 3\% \tag{3-29}$$

税前造价为人工费、材料费、施工机具使用费、企业管理费、利润和规费之和，各费用项目均以包含增值税进项税额的含税价格计算。

3. 要素含税价格与不含税价格的关系

在建筑工程中所使用的材料、设备，在预算价格中是含税的，“营改增”后，为了计算增值税，要将材料、设备等的价格中的增值税扣除，就需要计算材料、设备的综合扣税率。综合扣税率的计算公式推导过程如下。

(1) 计算材料（扣除采保费后的）出厂单价

$$\text{出厂单价（扣除采购保管费）}=\frac{\text{含税单价}}{1+\text{采购保管费率}} \tag{3-30}$$

(2) 计算除税原价

$$\text{除税原价}=\frac{\text{出厂单价}}{1+\text{增值税率}}=\frac{\text{含税单价}}{(1+\text{采购保管费率})(1+\text{增值税率})} \tag{3-31}$$

(3) 计算采保费

$$\begin{aligned}\text{采购保管费}&=\text{含税单价}-\text{出厂单价（扣除采购保管费）}\\&=\text{含税单价}\left(1-\frac{1}{1+\text{采购保管费率}}\right)\\&=\text{含税单价}\left(\frac{\text{采购保管费率}}{1+\text{采购保管费率}}\right)\end{aligned} \tag{3-32}$$

(4) 计算除税单价

$$\begin{aligned}\text{除税单价}&=\text{除税原价}+\text{采购保管费}\\&=\text{含税单价}\left(\frac{1}{(1+\text{采购保管费率})(1+\text{增值税率})}+\frac{\text{采购保管费率}}{1+\text{采购保管费率}}\right)\\&=\text{含税单价}\left(\frac{1+\text{采购保管费率}(1+\text{增值税率})}{(1+\text{采购保管费率})(1+\text{增值税率})}\right)\end{aligned} \tag{3-33}$$

(5) 计算增值税

$$增值税=含税单价-除税单价 \tag{3-34}$$

(6) 计算综合扣税率

$$综合扣税率=\frac{增值税}{除税单价}=\frac{含税单价-除税单价}{除税单价}=\frac{含税单价}{除税单价}-1$$

$$=\frac{(1+采购保管费率)(1+增值税率)}{1+采购保管费率(1+增值税率)}-1=\frac{增值税率}{1+采购保管费率(1+增值税率)} \tag{3-35}$$

在采购保管费率为2%时，不同增值税率下的综合扣税率见表3-4。

表3-4 不同增值税率下的综合扣税率 (单位:%)

序号	1	2	3	4	5	6
增值税税率	17	16	11	10	6	3
综合扣税率	16.61	15.64	10.76	9.78	5.55	2.94

(7) 除税单价与含税单价之间的关系可以进一步简化为

$$除税价=\frac{含税价}{1+综合扣税率} \tag{3-36}$$

【例3-1】 设钢筋的含税价格是4020元，采购保管费率是2%，增值税税率是16%，试计算钢筋的除税单价。

【解】 出厂单价（扣除采购保管费）=含税单价÷(1+采购保管费率)

=4020÷(1+2%)=3941.18（元）

采保费=含税价格-出厂单价=4020-4020÷(1+2%)=78.82（元）

除税原价=出厂单价÷(1+增值税)=3941.18÷(1+16%)=3397.57（元）

除税单价=除税原价+采购保管费=3397.57+78.82=3476.39（元）

如果改用综合扣税率计算则更为简单：

除税单价=4020÷1.1564=3476.31（元）

由于采用综合扣税率计算时，保留小数点后两位，第三位四舍五入，计算结果稍有偏差，工程造价的计算结果不受影响。

3.3 设备及工器具购置费

设备及工器具购置费由设备购置费和工器具及生产家具购置费组成，它是固定资产投资中的积极部分。在生产性工程建设中，设备及工器具购置费占工程造价比重的增大，意味着生产技术的进步和资本有机构成的提高。

3.3.1 设备购置费的组成和计算

设备购置费是指为购置或自制设计文件规定的达到固定资产标准的各种机械和电气设备、工器具及生产家具等所需的全部费用。它由设备原价和设备运杂费组成。

机械设备一般包括各种工艺设备、动力设备、起重运输设备、试验设备及其他机械设备等。

电气设备包括各种变电、配电和整流电气设备，电气传动设备和控制设备，弱电系统设备和各种单独的电器仪表等。

设备分为需要安装和不需要安装的两类。需要安装的设备是指其整个或个别部分装配起来，安装在基础或支架上才能动用的设备，如机床、锅炉等。不需要安装的设备是指不需要固定于一定的基础上或支架上就可以使用的设备，如汽车、电瓶车、电焊车等。

设备购置费，可按下式计算

$$设备购置费=设备原价+设备运杂费 \tag{3-37}$$

式中，设备原价指国产设备或进口设备的原价；设备原价通常包括备品备件费用在内，是随设备同时订货的首套备品备件所发生的费用。设备运杂费指除设备原价以外的关于设备采购、运输、途中包装及仓库保管等方面支出费用的总和。

1. 国产设备原价的组成和计算

国产设备原价是指设备制造厂的交货价或订货合同价。它一般根据生产厂家或供应商的询价、报价、合同价确定，或采用一定的方法计算确定。国产设备原价分为国产标准设备原价和国产非标准设备原价。

(1) 国产标准设备原价

国产标准设备是指按照主管部门颁布的标准图和技术要求，由我国设备生产厂批量生产的、符合国家质量检测标准的设备。

国产标准设备原价有两种：带有备件的原价和不带有备件的原价。在计算时，一般采用带有备件的原价。

国产标准设备一般有完善的设备交易市场，因此可通过查询相关交易市场价格或向设备生产厂家询价得到国产标准设备原价。

(2) 国产非标准设备原价

国产非标准设备是指国家尚无定型标准，各设备生产厂不可能在工艺过程中采用批量生产，只能按订货要求并根据具体的设计图制造的设备。非标准设备由于单件生产、无定型标准，所以无法获取市场交易价格，只能按其成本构成或相关技术参数估算其价格。

非标准设备原价有多种不同的计算方法，如成本计算估价法、系列设备插入估价法、分部组合估价法、定额估价法等。但无论采用哪种方法都应该使非标准设备计价接近实际出厂价，并且计算方法要简便。成本计算估价法是一种比较常用的估算非标准设备原价的方法。按成本计算估价法计算，非标准设备的原价的组成介绍如下。

① 材料费。

一般按下式计算

$$材料费=材料净重\times(1+加工损耗系数)\times每吨材料综合价 \tag{3-38}$$

② 加工费。

加工费包括生产工人工资和工资附加费、燃料动力费、设备折旧费、车间经费等；一般按下式计算

$$加工费=设备总重(t)\times设备每吨加工费 \tag{3-39}$$

③ 辅助材料费。

辅助材料费简称辅材费，包括焊条、焊丝、氧气、氩气、氮气、油漆、电石等费用。一般按下式计算

$$辅助材料费=设备总重\times辅助材料费指标 \tag{3-40}$$

④ 专用工具费。

按上述①～③项之和乘以一定百分比计算。

⑤ 废品损失费。

按上述①～④项之和乘以一定百分比计算。

⑥ 外购配套件费。

按设备设计图所列的外购配套件的名称、型号、规格、数量、重量，根据相应的价格加运杂费计算。

⑦ 包装费。

按上述①～⑥项之和乘以一定百分比计算。

⑧ 利润。

按上述①～⑤项加第⑦项之和乘以一定利润率计算。

⑨ 税金。

主要指增值税。一般按下列公式计算

$$增值税=当期销项税额-进项税额 \tag{3-41}$$

$$当期销项税额=销售额\times适用增值税率 \tag{3-42}$$

销售额=①～⑧项之和

⑩ 非标准设备设计费。

按国家规定的设计费收费标准计算。

综上所述，单台非标准设备原价可用下式表达

$$\begin{aligned}单台非标准设备原价=\{&[(材料费+加工费+辅助材料费)\times(1+专用工具费率)\\&\times(1+废品损失费率)+外购配套件费]\times(1+包装费率)\\&-外购配套件费\}\times(1+利润率)+销项税额\\&+非标准设备设计费+外购配套件费\end{aligned} \tag{3-43}$$

【例3-2】 某单位采购一台国产非标准设备，制造厂商生产该台设备所用材料费20万元，加工费2万元，辅助材料费0.4万元，为制造该设备，制造厂在材料采购过程中发生进项增值税额3.5万元。专用工具费率1.5%，废品损失费率10%，外购配套件费5万元，包装费率1%，利润率为7%，增值税率为17%，非标准设备设计费2万元，计算该国产非标准设备的原价。

【解】 专用工具费=（20+2+0.4）×1.5%=0.336（万元）

废品损失费：(20+2+0.4+0.336)×10%=2.274（万元）

包装费：(22.4+0.336+2.274+5)×1%=0.3（万元）

利润：(22.4+0.336+2.274+0.3)×7%=1.772（万元）

销项税额：(22.4+0.336+2.274+5+0.3+1.772)×17%=5.454（万元）

该国产非标准设备的原价：（22.4+0.336+2.274+0.3+1.772+5.454+2+5）=39.536（万元）

2. 进口设备原价的组成及计算

进口设备的原价是指进口设备的抵岸价，即设备抵达买方边境、港口或车站，交纳完各种手续费、税费后形成的价格。抵岸价通常是由进口设备到岸价（CIF）和进口从属费构成。进口设备的到岸价，即抵达买方边境港口或边境车站的价格。在国际贸易中，交易双方所使用的交货类别不同，则交易价格的构成内容也有所差异。

(1) 进口设备的交易价格

在国际贸易中，较为广泛使用的交易价格术语有 FOB、CFR 和 CIF。

① FOB（Free On Board）。

FOB 意为装运港船上交货，亦称为离岸价格。FOB 是指当货物在指定的装运港越过船舷，卖方即完成交货义务。风险转移以在指定的装运港货物越过船舷时为分界点。费用划分与风险转移的分界点相一致。

② CFR（Cost and Freight）。

CFR 意为成本加运费，或称之为运费在内价。CFR 是指在装运港货物越过船舷卖方即完成交货，卖方必须支付将货物运至指定的目的港所需的运费和费用，但交货后货物灭失或损坏的风险，以及由各种事件造成的任何额外费用，即由卖方转移到买方。与 FOB 价格相比，CFR 的费用划分与风险转移的分界点是不一致的。

③ CIF（Cost Insurance and Freight）。

CIF 意为成本加保险费、运费，习惯称到岸价格。在 CIF 中，卖方除负有与 CFR 相同的义务外，还应办理货物在运输途中最低险别的海运保险，并应支付保险费。如买方需要更高的保险险别，则需要与卖方明确地达成协议，或者自行作出额外的保险安排。除保险这项义务之外，买方的义务与 CFR 相同。

(2) 进口设备到岸价的组成及计算

进口设备到岸价的计算，可按下式进行

$$\begin{aligned}\text{进口设备到岸价（CIF）}&=\text{离岸价格（FOB）}+\text{国际运费}+\text{运输保险费}\\&=\text{运费在内价（CFR）}+\text{运输保险费}\end{aligned} \tag{3-44}$$

① 货价。

货价一般指装运港船上交货价（FOB）。设备货价分为原币货价和人民币货价，原币货价一律折算为美元表示，人民币货价按原币货价乘以外汇市场美元兑换人民币汇率中间价确定。进口设备货价按有关生产厂商询价、报价、订货合同价计算。

② 国际运费。

国际运费即从装运港（站）到达我国目的港（站）的运费。我国进口设备大部分采用海洋运输，小部分采用铁路运输，个别采用航空运输。进口设备国际运费计算，可按下式进行

$$\text{国际运费（海、陆、空）}=\text{原币货价(FOB)}\times\text{运费率} \tag{3-45}$$

$$\text{国际运费（海、陆、空）}=\text{单位运价}\times\text{运量} \tag{3-46}$$

式中，运费率或单位运价参照有关部门或进出口公司的规定执行。

③ 运输保险费。

对外贸易货物运输保险是由保险人（保险公司）与被保险人(出口人或进口人）订立

保险契约，在被保险人交付议定的保险费后，保险人根据保险契约的规定对货物在运输过程中发生的承保责任范围内的损失给予经济上的补偿。这是一种财产保险。运输保险费，可按下式计算

$$运输保险费=\frac{原币货价（FOB）+国外运费}{1-保险费率}\times保险费率 \qquad (3-47)$$

式中，保险费率按保险公司规定的进口货物保险费率计算。

(3) 进口从属费的构成及计算

进口从属费，可按下式计算

$$\begin{aligned}进口从属费=&银行财务费+外贸手续费+关税+消费税\\&+进口环节增值税+车辆购置税\end{aligned} \qquad (3-48)$$

① 银行财务费。

银行财务费一般是指在国际贸易结算中，中国银行为进出口商提供金融结算服务所收取的费用，可按下式简化计算

$$银行财务费=离岸价格（FOB）\times人民币外汇汇率\times银行财务费率 \qquad (3-49)$$

② 外贸手续费。

外贸手续费指按规定的外贸手续费率计取的费用，外贸手续费率一般取1.5%，可按下式计算

$$外贸手续费=到岸价格（CIF）\times人民币外汇汇率\times外贸手续费率 \qquad (3-50)$$

③ 关税。

关税是由海关对进出国境或关境的货物和物品征收的一种税，可按下式计算

$$关税=到岸价格（CIF）\times人民币外汇汇率\times进口关税税率 \qquad (3-51)$$

到岸价格作为关税的计征基数时，通常又可称为关税完税价格。进口关税税率分为优惠和普通两种。优惠税率适用于与我国签订关税互惠条款的贸易条约或协定的国家的进口设备；普通税率适用于与我国未签订关税互惠条款的贸易条约或协定的国家的进口设备。进口关税税率按我国海关总署发布的进口关税税率计算。

④ 消费税。

消费税仅对部分进口设备（如轿车、摩托车等）征收，可按下式计算

$$应纳消费税税额=\frac{到岸价格（CIF）\times人民币外汇牌价+关税}{1-消费税税率}\times消费税税率 \qquad (3-52)$$

其中，消费税税率根据规定的税率计算。

⑤ 进口环节增值税。

进口环节增值税是对从事进口贸易的单位和个人，在进口商品报关进口后征收的税种。我国增值税条例规定，进口应税产品均按组成计税价格和增值税税率直接计算应纳税额。可按下式计算

$$进口环节增值税额=（关税完税价格+关税+消费税）\times增值税税率 \qquad (3-53)$$

增值税税率根据规定的税率计算。

⑥ 车辆购置税。

进口车辆需缴进口车辆购置税，可按下式计算

$$进口车辆购置税=（关税完税价格+关税+消费税）\times车辆购置税率 \qquad (3-54)$$

【例3-3】 某单位从国外进口设备，总重1000t，装运港船上交货价为400万美元，其工程建设项目位于国内某省会城市。如果国际运费标准为300美元/吨，海上运输保险费率为3‰，银行财务费率为5‰，外贸手续费率为1.5%，关税税率为22%，增值税的税率为17%，消费税税率10%，银行外汇牌价为1美元=6.3元人民币，请对该设备的原价进行估算。

【解】 离岸价FOB：400×6.3=2520（万元）

国际运费：300×1000×6.3=189（万元）

海运保险费：[(2520+189)÷(1−0.3‰)]×0.3‰=8.15(万元)

到岸价CIF:2520+189+8.15=2717.15(万元)

银行财务费:2520×5‰=12.6(万元)

外贸手续费:2717.15×1.5%=40.76(万元)

关税:2717.15×22%=597.77(万元)

消费税:$\frac{2717.15+597.77}{1-10\%}\times 10\%=368.32$(万元)

增值税:(2717.15+597.77+368.32)×17%=626.15（万元）

进口从属费：12.6+40.76+597.77+368.32+626.15=1645.6（万元）

进口设备原价：2717.15+1645.6=4362.75（万元）

3. 设备运杂费的组成及计算

(1) 设备运杂费的组成

设备运杂费是指国内采购设备自来源地、国外采购设备自到岸港运至工地仓库或指定堆放地点发生的采购、运输、运输保险、保管、装卸等费用。通常由下列各项组成。

① 运费和装卸费。

国产设备由设备制造厂交货地点起至工地仓库（或施工组织设计指定的需要安装设备的堆放地点）止所发生的运费和装卸费；进口设备则由我国到岸港口或边境车站起至工地仓库（或施工组织设计指定的需安装设备的堆放地点）止所发生的运费和装卸费。

② 包装费。

包装费是指在设备原价中没有包含的，为运输而进行的包装支出的各种费用。

③ 设备供销部门的手续费。

设备供销部门的手续费按有关部门规定的统一费率计算。

④ 采购与仓库保管费。

采购与仓库保管费指采购、验收、保管和收发设备所发生的各种费用，包括设备采购人员、保管人员和管理人员的工资、工资附加费、办公费、差旅交通费，设备供应部门办公和仓库所占固定资产使用费、工具用具使用费、劳动保护费、检验试验费等。这些费用可按主管部门规定的采购与保管费费率计算。

(2) 设备运杂费的计算

设备运杂费可按下式计算

$$设备运杂费=设备原价\times设备运杂费率 \quad (3-55)$$

式中，设备运杂费率按各部门及省、市有关规定计取。

3.3.2 工器具及生产家具购置费的组成和计算

工器具及生产家具购置费是指新建或扩建项目初步设计规定的，保证初期正常生产必须购置的没有达到固定资产标准的设备、仪器、工卡模具、器具、生产家具和备品备件等的购置费用。一般以设备购置费为计算基数，按照部门或行业规定的工器具及生产家具费率，按下式计算：

工器具及生产家具购置费＝设备购置费×定额费率　　(3－56)

3.4 工程建设其他费用的构成和计算

工程建设其他费用是指建设期发生的与土地使用权取得、全部工程项目建设以及未来生产经营有关的，除工程费用、预备费、增值税、资金筹措费、流动资金以外的费用。

政府有关部门对建设项目管理监督所发生的，并由其部门财政支出的费用，不得列入相应建设项目的工程造价。

3.4.1 建设单位管理费

1. 建设单位管理费的内容

建设单位管理费是指项目建设单位从项目筹建之日起至办理竣工财务决算之日止发生的管理性质的支出，包括工作人员薪酬及相关费用、办公费、办公场地租用费、差旅交通费、劳动保护费、工具用具使用费、固定资产使用费、招募生产工人费、技术图书资料费(含软件)、业务招待费、竣工验收费和其他管理性质开支。

2. 建设单位管理费的计算

建设单位管理费按照工程费用之和（包括设备及工器具购置费和建筑安装工程费）乘以建设单位管理费费率计算。

建设单位管理费＝工程费用×建设单位管理费费率　　(3－57)

3.4.2 用地与工程准备费

用地与工程准备费是指取得土地与工程建设施工准备所发生的费用。其包括土地使用费和补偿费、场地准备费、临时设施费等。

1. 土地使用费和补偿费

建设用地的取得，实质是依法获取国有土地的使用权。根据《中华人民共和国土地管理法》《中华人民共和国土地管理法实施条例》《中华人民共和国城市房地产管理法》规定，获取国有土地使用权的基本方法有两种：一是出让方式，二是划拨方式。建设用地取得的基本方式还包括租赁和转让方式。

建设用地如通过行政划拨方式取得，则须承担征地补偿费用或对原用地单位或个人的拆迁补偿费用；若通过市场机制取得，则不但承担以上费用，还须向土地所有者支付有偿使用费，即土地出让金。

(1) 征地补偿费

① 土地补偿费。土地补偿费是对农村集体经济组织因土地被征用而造成的经济损失的一种补偿。征用耕地的补偿费，为该耕地被征用前三年平均年产值的6～10倍。

② 青苗补偿费和地上附着物补偿费。青苗补偿费是因征地时对其正在生长的农作物受到损害而做出的一种赔偿。在农村实行承包责任制后，农民自行承包土地的青苗补偿费应付给本人，属于集体种植的青苗补偿费可纳入当年集体收益。地上附着物是指房屋、水井、树木、涵洞、桥梁、公路、水利设施、林木等地面建筑物、构筑物、附着物等。根据协商征地方案前地上附着物价值与折价情况确定，应根据“拆什么，补什么；拆多少，补多少，不低于原来水平”的原则确定。

③ 安置补助费。安置补助费应支付给被征地单位和安置劳动力的单位，作为劳动力安置与培训的支出，以及作为不能就业人员的生活补助。征收耕地的安置补助费，按照需要安置的农业人口数计算。每一个需要安置的农业人口的安置补助费标准，为该耕地被征收前三年平均年产值的4～6倍。

④ 新菜地开发建设基金。新菜地开发建设基金指征用城市郊区商品菜地时支付的费用。这项费用交给地方财政，作为开发建设新菜地的投资。

⑤ 耕地开垦费和森林植被恢复费。征用耕地的包括耕地开垦费用、涉及森林草原的包括森林植被恢复费用等。

⑥ 生态补偿与压覆矿产资源补偿费。水土保持等生态补偿费是指建设项目对水土保持等生态造成影响所发生的除工程费之外补救或者补偿费用；压覆矿产资源补偿费是指项目工程对被其压覆的矿产资源利用造成影响所发生的补偿费用。

⑦ 其他补偿费。其他补偿费是指建设项目涉及的对房屋、市政、铁路、公路、管道、通信、电力、河道、水利、厂区、林区、保护区、矿区等不附属于建设用地但与建设项目相关的建筑物、构筑物或设施的拆除、迁建补偿、搬迁运输补偿等费用。

⑧ 土地管理费。土地管理费主要作为征地工作中所发生的办公、会议、培训、宣传、差旅、借用人员工资等必要的费用。土地管理费的收取标准，一般是在土地补偿费、青苗补偿费和地上附着物补偿费、安置补助费四项费用之和的基础上提取2%～4%。

(2) 拆迁补偿费用

在城市规划区内国有土地上实施房屋拆迁，拆迁人应当对被拆迁人给予补偿、安置。

① 拆迁补偿金，补偿方式可以实行货币补偿，也可以实行房屋产权调换。货币补偿的金额，根据被拆迁房屋的区位、用途、建筑面积等因素，以房地产市场评估价格确定。实行房屋产权调换的，拆迁人与被拆迁人按照计算得到的被拆迁房屋的补偿金额和所调换房屋的价格，结清产权调换的差价。

② 迁移补偿费，包括征用土地上的房屋及附属构筑物、城市公共设施等拆除、迁建补偿费、搬迁运输费，企业单位因搬迁造成的减产、停工损失补贴费，拆迁管理费等。

(3) 土地出让金

土地出让金为用地单位向国家支付的土地所有权收益，出让金标准一般参考城市基准地价并结合其他因素制定。基准地价由市土地管理局会同市物价局、市国有资产管理局、市房地产管理局等部门综合平衡后报市级人民政府审定通过，它以城市土地综合定级为基础，用某一地价或地价幅度表示某一类别用地在某一土地级别范围的地价，以此作为土地使用权出让价格的基础。

在有偿出让和转让土地时，政府对地价不做统一规定，但应坚持以下原则：地价对目前的投资环境不产生大的影响；地价与当地的社会经济承受能力相适应；地价要考虑已投入的土地开发费用、土地市场供求关系、土地用途、所在区类、容积率和使用年限等。有偿出让和转让使用权，要向土地受让者征收契税；转让土地如有增值，要向转让者征收土地增值税；土地使用者每年应按规定的标准缴纳土地使用费。土地使用权出让或转让，应先由地价评估机构进行价格评估后，再签订土地使用权出让和转让合同。

2. 场地准备费及临时设施费

（1）场地准备费及临时设施费的内容

① 建设项目场地准备费是指为使工程项目的建设场地达到开工条件，由建设单位组织进行的场地平整等准备工作而发生的费用。

② 建设单位临时设施费是指建设单位为满足施工建设需要而提供的未列入工程费用的临时水、电、路、信、气、热等工程和临时仓库等建（构）筑物的建设、维修、拆除、摊销费用或租赁费用，以及货场、码头租赁等费用。

（2）场地准备费及临时设施费的计算

① 场地准备及临时设施应尽量与永久性工程统一考虑。建设场地的大型土石方工程应进入工程费用中的总图运输费用中。

② 新建项目的场地准备和临时设施费应根据实际工程量估算，或按工程费用的比例计算。改扩建项目一般只计拆除清理费。

$$场地准备费及临时设施费=工程费用\times费率+拆除清理费 \tag{3-58}$$

③ 发生拆除清理费时可按新建同类工程造价或主材费、设备费的比例计算。凡可回收材料的拆除工程采用以料抵工方式冲抵拆除清理费。

④ 此项费用不包括已列入建筑安装工程费中的施工企业临时设施费。

3.4.3 市政公用配套设施费

市政公用配套设施费是指使用市政公用设施的工程项目，按照项目所在地政府有关规定建设或缴纳的市政公用设施建设配套费用。

市政公用配套设施可以是界区外配套的水、电、路、信等，包括绿化、人防等配套设施。

3.4.4 技术服务费

技术服务费是指在项目建设全部过程中委托第三方提供项目策划、技术咨询、勘察设计、项目管理和跟踪验收评估等技术服务发生的费用。按照国家发展和改革委员会关于《进一步放开建设项目专业服务价格的通知》（发改价格〔2015〕299号）的规定，技术服务费应实行市场调节价。

1. 可行性研究费

可行性研究费是指在工程项目投资决策阶段，对有关建设方案、技术方案或生产经营方案进行的技术经济论证，以及编制、评审可行性研究报告等所需的费用。

2. 专项评价费

专项评价费是指建设单位按照国家规定委托相关单位开展专项评价及有关验收工作发生的费用。

专项评价费包括环境影响评价费、安全预评价费、职业病危害预评价费、地震安全性评价费、地质灾害危险性评价费、水土保持评价费、压覆矿产资源评价费、节能评估费、危险与可操作性分析及安全完整性评价费以及其他专项评价费。

3. 勘察设计费

(1) 勘察费

勘察费是指勘察人根据发包人的委托，收集已有资料、现场踏勘、制定勘察纲要，进行勘察作业，以及编制工程勘察文件和岩土工程设计文件等收取的费用。

(2) 设计费

设计费是指设计人根据发包人的委托，提供编制建设项目初步设计文件、施工图设计文件、非标准设备设计文件、竣工图文件等服务所收取的费用。

4. 监理费

监理费是指受建设单位委托，工程监理单位为工程建设提供监理服务所发生的费用。

5. 研究试验费

研究试验费是指为建设项目提供或验证设计参数、数据、资料等进行必要的研究试验，以及设计规定在建设过程中必须进行试验、验证所需的费用，包括自行或委托其他部门的专题研究、试验所需人工费、材料费、试验设备及仪器使用费等。这项费用按照设计单位根据本工程项目的需要提出的研究试验内容和要求计算。在计算时要注意不应包括以下项目。

① 应由科技三项费用（即新产品试制费、中间试验费和重要科学研究补助费）开支的项目。

② 应在建筑安装费用中列支的施工企业对建筑材料、构件和建筑物进行一般鉴定、检查所发生的费用及技术革新的研究试验费。

③ 应由勘察设计费或工程费用中开支的项目。

6. 特殊设备安全监督检验费

特殊设备安全监督检验费是指对在施工现场安装的列入国家特种设备范围内的设备（设施）检验检测和监督检查所发生的应列入项目开支的费用。

7. 监造费

监造费是指对项目所需设备材料制造过程、质量进行驻厂监督所发生的费用。

设备材料监造是指承担设备监造工作的单位受项目法人或建设单位的委托，按照设备、材料供货合同的要求，坚持客观公正、诚信科学的原则，对工程项目所需设备、材料在制造和生产过程中的工艺流程、制造质量等进行监督，并对委托人（项目法人或建设单位）负责的服务。

8. 招标费

招标费是指建设单位委托招标代理机构进行招标服务所发生的费用。

9. 设计评审费

设计评审费是指建设单位委托有资质的机构对设计文件进行评审的费用。设计文件包括初步设计文件和施工图设计文件等。

10. 技术经济标准使用费

技术经济标准使用费是指建设项目投资确定与计价、费用控制过程中使用相关技术经济标准使所发生的费用。

11. 工程造价咨询费

工程造价咨询费是指建设单位委托造价咨询机构进行各阶段相关造价业务工作所发生的费用。

3.4.5 建设期计列的生产经营费

建设期计列的生产经营费是指为达到生产经营条件在建设期发生或将要发生的费用，包括专利及专有技术使用费、联合试运转费、生产准备费等。

1. 专利及专有技术使用费

专利及专有技术使用费是指在建设期内为取得专利、专有技术、商标权、商誉、特许经营权等发生的费用。

专利及专有技术使用费的主要内容如下。

① 工艺包费、设计及技术资料费、有效专利、专有技术使用费、技术保密费和技术服务费等。

② 商标权、商誉和特许经营权费。

③ 软件费等。

2. 联合试运转费

联合试运转费是指新建或新增加生产能力的工程项目，在交付生产前按照设计文件规定的工程质量标准和技术要求，对整个生产线或装置进行负荷联合试运转所发生的费用净支出（试运转支出大于收入的差额部分费用）。试运转支出包括试运转所需原材料、燃料及动力消耗、低值易耗品、其他物料消耗、工具用具使用费、机械使用费、联合试运转人员工资、施工单位参加试运转人员工资、专家指导费，以及必要的工业炉烘炉费等；试运转收入包括试运转期间的产品销售收入和其他收入。联合试运转费不包括应由设备安装工程费用开支的调试及试车费用，以及在试运转中暴露出来的因施工原因或设备缺陷等发生的处理费用。

3. 生产准备费

(1) 生产准备费的内容

生产准备费是指在建设期内，建设单位为保证项目正常生产所做的提前准备工作发生的费用，包括人员培训、提前进厂费，以及投产使用必需的生产办公、生活家具用具及工器具等购置费。

① 人员培训及提前进厂费。包括自行组织培训或委托其他单位培训的人员工资、工资性补贴、职工福利费、差旅交通费、劳动保护费、学习资料费等。

② 为保证初期正常生产（或营业、使用）所必需的生产办公、生活家具用具及工器具等购置费。

(2) 生产准备费的计算

① 新建项目按设计定员为基数计算，改扩建项目按新增设计定员为基数计算：

$$生产准备费=设计定员\times生产准备费指标（元/人） \quad (3-59)$$

② 可采用综合的生产准备费指标进行计算，也可以按费用内容的分类指标计算。

3.4.6 工程保险费

工程保险费是指为转移工程项目建设的意外风险，在建设期内对建筑工程、安装工程、机械设备和人身安全进行投保而发生的费用。包括建筑安装工程一切险、进口设备财产保险和人身意外伤害险等。不同的建设项目可根据工程特点选择投保险种。

根据不同的工程类别，分别以其建筑、安装工程费乘以建筑、安装工程保险费率计算。民用建筑工程保险费（住宅楼、综合性大楼、商场、旅馆、医院、学校等）占建筑工程费的2‰～4‰；其他建筑工程保险费（工业厂房、仓库、道路、码头、水坝、隧道、桥梁、管道等）占建筑工程费的3‰～6‰；安装工程工程保险费（农业、工业、机械、电子、电器、纺织、矿山、石油、化学及钢铁工业、钢结构桥梁等）占建筑工程费的3‰～6‰。

3.4.7 税费

按财政部《基本建设项目建设成本管理规定》（财建〔2016〕504号）工程其他费中的有关规定，税费统一归纳计列，是指耕地占用税、城镇土地使用税、印花税、车船使用税和行政性收费等，不包括增值税。

3.5 预备费和建设期利息

3.5.1 预备费

预备费又称不可预见费，我国现行规定的预备费包括基本预备费和价差预备费。

1. 基本预备费

(1) 基本预备费的内容

基本预备费是指针对项目实施过程中可能发生难以预料的支出而事先预留的费用，又称工程建设不可预见费，主要指设计变更及施工过程中可能增加工程量的费用。基本预备费一般由以下四部分构成。

① 工程变更及洽商。在批准的初步设计范围、技术设计、施工图设计及施工过程中所增加的工程费用；设计变更、工程变更、材料代用、局部地基处理等增加的费用。

② 一般自然灾害处理。一般自然灾害造成的损失和预防自然灾害所采取的措施费用。实行工程保险的工程项目，一般自然灾害处理的费用应适当降低。

③ 不可预见的地下障碍物处理的费用。

④ 超规超限设备运输增加的费用。

(2) 基本预备费的计算

基本预备费是按工程费用和工程建设其他费用二者之和为计取基础，乘以基本预备费费率进行计算。

基本预备费＝（工程费用＋工程建设其他费用）×基本预备费费率　　(3-60)

基本预备费费率的取值应执行国家及有关部门的规定。

2. 价差预备费

(1) 价差预备费的内容

价差预备费是指为在建设期内利率、汇率或价格等因素的变化而预留的可能增加的费用，也称为价格变动不可预见费。价差预备费的内容包括人工、设备、材料、施工机具的价差费，建筑安装工程费及工程建设其他费用调整，利率、汇率调整等增加的费用。

(2) 价差预备费的测算方法

价差预备费一般根据国家规定的投资综合价格指数，按估算年份价格水平的投资额为基数，采用复利方法计算。计算公式为

$$PF=\sum_{t=1}^{n}I_t[(1+f)^m(1+f)^{0.5}(1+f)^{t-1}-1] \tag{3-61}$$

式中：PF——价差预备费；

n——建设期年份数；

I_t——建设期中第 t 年的静态投资计划额，包括工程费用、工程建设其他费用及基本预备费；

f——年涨价率；

m——建设前期年限（从编制估算到开工建设，单位：年）。

对于年涨价率，政府部门有规定的按规定执行，没有规定的由可行性研究人员预测。

【例 3-4】 某建设项目建筑安装工程费 5500 万元，设备购置费 2400 万元，工程建设其他费用 2100 万元，已知基本预备费率 5%，项目建设前期年限为 1 年，建设期为 3 年，各年投资计划额分别为：第一年 20%，第二年 60%，第三年 20%。年均投资价格上涨率

为 6%，求建设项目建设期间价差预备费。

【解】 基本预备费：(5500+2400+2100)×5%=500（万元）

静态投资：5500+2400+2100+500=10500（万元）

建设期第一年完成投资：10500×20%=2100（万元）

第一年涨价预备费为：$PF_1=I_1\left[(1+f)(1+f)^{0.5}-1\right]=191.8$（万元）

第二年完成投资：10500×60%=6300（万元）

第二年涨价预备费为：$PF_2=I_2\left[(1+f)(1+f)^{0.5}(1+f)-1\right]=987.9$（万元）

第三年完成投资：10500×20%=2100（万元）

第三年涨价预备费为：$PF_3=I_3\left[(1+f)(1+f)^{0.5}(1+f)^2-1\right]=475.1$（万元）

所以，建设期的涨价预备费为：$PF=191.8+987.9+475.1=1654.8$（万元）

3.5.2 建设期利息

当总贷款是分年均衡发放时，建设期利息的计算可按当年借款在年中支用考虑，即当年贷款按半年计息，上年贷款按全年计息。计算公式为

$$q_j=\left(P_{j-1}+\frac{1}{2}A_j\right)i \tag{3-62}$$

式中：q_j——建设期第 j 年应计利息；

P_{j-1}——建设期第（$j-1$）年末累计贷款本金与利息之和；

A_j——建设期第 j 年贷款金额；

i——年利率。

国外贷款利息的计算中，还应包括国外贷款银行根据贷款协议向贷款方以年利率的方式收取的手续费、管理费、承诺费，以及国内代理机构经国家主管部门批准的以年利率的方式向贷款单位收取的转贷费、担保费、管理费等。

以上工程项目的投资可分为静态投资和动态投资两部分。建设工程静态投资是指以编制投资计划或概预算造价时的社会整体物价水平和银行利率、汇率、税率等为基本参数，按照有关文件规定计算得出的建设工程投资额，其内容包括建筑工程费、设备购置费、安装工程费、工程建设其他费用和基本预备费；建设工程动态投资是指在建设期内，因建设工程贷款利息、汇率变动，以及建设期间由于物价变动等引起的建设工程投资增加额。

3.6 流动资金

铺底流动资金是保证项目投产后，能正常生产经营所需要的最基本的周转资金数额。铺底流动资金是项目总投资中流动资金的一部分，在项目决策阶段，这部分资金就要落实。铺底流动资金的计算公式为

$$\text{铺底流动资金}=\text{流动资金}\times 30\% \tag{3-63}$$

这里的流动资金是指建设项目投产后为维持正常生产经营用于购买原材料、燃料、支付工资及其他生产经营费用等所必不可少的周转资金。它是伴随着固定资产投

资而发生的永久性流动投资，其值等于项目投产运营后所需全部流动资产扣除流动负债后的余额。其中，流动资产主要考虑应收及预付账款、现金和存货，流动负债主要考虑应付和预收款。由此看出，这里所解释的流动资金的概念，实际上就是财务中的营运资金。

流动资金的估算一般采用两种方法。

1. 扩大指标估算法

扩大指标估算法是按照流动资金占某种基数的比率来估算的。一般常用的基数有销售收入、经营成本、总成本费用和固定资产投资等，究竟采用何种基数依行业习惯而定。

(1) 产值（或销售收入）资金率估算法

$$\text{流动资金额}=\text{年产值（年销售收入额）}\times\text{产值（销售收入）资金率} \tag{3-64}$$

【例3-5】 某项目投产后的年产值为1.8亿元，其同类企业的百元产值流动资金占用额为19.5元，求该项目的流动资金估算额。

【解】 18000×(19.5÷100)=3510（万元）

(2) 经营成本（或总成本）资金率估算法

经营成本资金率是一项反映物质、劳动消耗和技术水平、生产管理水平的综合指标。一些工业项目，尤其是采掘工业项目，常用经营成本（或总成本）资金率估算流动资金。

$$\text{流动资金额}=\text{年经营成本}\times\text{经营成本资金率} \tag{3-65}$$

$$\text{流动资金额}=\text{年总成本}\times\text{总成本资金率} \tag{3-66}$$

(3) 固定资产投资资金率估算法

固定资产投资资金率是流动资金占固定资产投资的百分比。如化工项目流动资金占固定资产投资的15%～20%，一般工业项目，流动资金占固定资产投资的5%～12%。

$$\text{流动资金额}=\text{固定资产投资}\times\text{固定资产投资资金率} \tag{3-67}$$

(4) 单位产量资金率估算法

单位产量资金率，即单位产量占用流动资金的数额。

$$\text{流动资金额}=\text{年生产能力}\times\text{单位产量资金率} \tag{3-68}$$

2. 分项详细估算法

分项详细估算法，也称分项定额估算法。它是国际上通行的流动资金估算方法，详见下列公式。

$$\text{流动资金}=\text{流动资产}-\text{流动负债} \tag{3-69}$$

$$\text{流动资产}=\text{现金}+\text{应收及预付账款}+\text{存货} \tag{3-70}$$

$$\text{流动负债}=\text{应付账款}+\text{预收账款} \tag{3-71}$$

$$\text{流动资金本年增加额}=\text{本年流动资金}-\text{上年流动资金} \tag{3-72}$$

流动资产和流动负债各项构成估算公式如下。

(1) 现金的估算

$$\text{现金}=\frac{\text{年工资及福利费}+\text{年其他费用}}{\text{资金周转次数}} \tag{3-73}$$

$$年其他费用=制造费用+管理费用+销售费用-前三项费用中所包含的工资及福利费、折旧费、维简费、推销费、修理费等 \tag{3-74}$$

(2) 应收(预付)账款的估算

$$应收账款=\frac{年经营成本}{周转次数} \tag{3-75}$$

(3) 存货的估算

存货包括各种外购材料、燃料、包装物、低值易耗品、在产品、外购商品、协作件、自制半成品和产成品等。在估算中的存货一般仅考虑外购原材料、燃料、在产品、产成品,也可考虑备品备件。

$$外购原材料燃料=\frac{年外购原材料燃料费用}{周转次数} \tag{3-76}$$

$$在产品=\frac{年外购原材料燃料及动力费+年工资及福利费+年修理费+年其他制造费}{周转次数} \tag{3-77}$$

$$产成品=\frac{年经营成本}{周转次数} \tag{3-78}$$

【例 3-6】 已知某建设项目达到设计生产能力后全厂定员 1000 人,工资和福利费按每人每年 8000 元估算。每年的其他费用为 800 万元。年外购原材料燃料动力费估算为 21000 万元。年经营成本 25000 万元,年修理费占年经营成本的 10%。各项流动资金的最低周转天数分别为:应收账款 30 天,现金 40 天,应付账款 30 天,存货 40 天。试对项目进行流动资金的估算。

【解】 用分项详细估算法估算流动资金。

① 应收账款=年经营成本÷年周转次数=25000÷(360÷30)=2083.33(万元)

② 现金=(年工资福利费+年其他费)÷年周转次数

=(1000×0.8+800)÷(360÷40)=177.78(万元)

③ 存货:

外购原材料、燃料=年外购原材料燃料动力费÷年周转次数

=21000÷(360÷40)=2333.33(万元)

在产品=(年工资福利费+年其他费+年外购原材料、燃料动力费+年修理费)÷年周转次数=(1000×0.8+800+21000+25000×10%)÷(360÷40)=2788.89(万元)

产成品=年经营成本÷年周转次数=25000÷(360÷40)=2777.78(万元)

存货=2333.33+2788.89+2777.78=7900(万元)

④ 流动资产=现金+应收账款+存货

=2083.33+177.78+7900=10161.11(万元)

⑤ 应付账款=年外购原材料、燃料动力和商品备件费用÷年周转次数

=21000÷(360÷30)=1750(万元)

⑥ 流动负债=应付账款=1750(万元)

⑦ 流动资金=流动资产-流动负债=10161.11-1750=8411.11(万元)

3.7 建设项目工程总承包费用项目组成及计算

3.7.1 建设项目工程总承包费用项目组成

建设项目工程总承包是指从事工程总承包的企业按照与建设单位签订的合同，对工程项目的设计、采购、施工等实行全过程的承包，并对工程的质量、安全、工期和造价等全面负责的承包方式。

建设单位可以在建设项目的可行性研究批准立项后，或方案设计批准后，或初步设计批准后，采用工程总承包的方式发包。

工程总承包一般采用设计—采购—施工总承包模式。建设单位也可以根据项目特点和实际需要采用设计—施工总承包或其他工程总承包模式。

建设项目工程总承包费用项目由建筑安装工程费、设备购置费、总承包其他费、财务费、专利及专用技术使用费、工程保险费、法律费、暂列费用构成。

建设单位应根据建设工程总承包项目发包的工程内容、工作范围，按照风险合理分担的原则确定具体费用项目及其范围。

1. 建筑安装工程费

建筑安装工程费是指为完成建设项目发生的建筑工程和安装工程所需的费用，不包括应列入设备购置费的被安装设备本身的价值。该费用由建设单位按照合同约定支付给总承包单位。

2. 设备购置费

设备购置费是指为完成建设项目，需要采购设备和为生产准备的不够固定资产标准的工具、器具的价款，不包括应列入安装工程费的工程设备（建筑设备）本身的价值。该费用由建设单位按照合同约定支付给总承包单位（不包括工程抵扣的增值税进项税额）。

3. 总承包其他费

总承包其他费是指建设单位应当分摊计入工程总承包相关项目的各项费用和税金支出，并按照合同约定支付给总承包单位的费用。总承包其他费主要包括以下费用。

① 勘察费、设计费、研究试验费。

② 土地租用及补偿费，指建设单位按照合同约定支付给总承包单位在建设期间因需要而用于租用土地使用权而发生的费用，以及用于土地复垦、植被恢复等的费用。

③ 税费，指建设单位按照合同约定支付给总承包单位的应由其缴纳的各种税费（如印花税、应纳增值税及其在此基础上计算的附加税等）。

④ 总承包项目建设管理费，指建设单位按照合同约定支付给总承包单位用于项目建设期间发生的管理性质的费用，包括工作人员工资及相关费用、办公费、办公场地租用费、差旅交通费、劳动保护费、工具用具使用费、固定资产使用费、招募生产工人费、技术图书资料费（含软件）、业务招待费、施工现场津贴、竣工验收费和其他管理性质的费用。

⑤ 临时设施费，指建设单位按照合同约定支付给总承包单位用于未列入建筑安装工程费的临时水、电、路、信、气等工程和临时仓库、生活设施等建（构）筑物的建造、维修、拆除的摊销或租赁费用，以及铁路码头租赁等费用。

⑥ 招标投标费，指建设单位按照合同约定支付给总承包单位用于材料、设备采购，以及工程设计、施工分包等招标和总承包投标的费用。

⑦ 咨询和审计费，指建设单位按照合同约定支付给总承包单位用于社会中介机构的工程咨询、工程审计等的费用。

⑧ 检验检测费，指建设单位按照合同约定支付给总承包单位用于未列入建筑安装工程费的工程检测、设备检验、负荷联合试车费、联合试运转费及其他检验检测的费用。

⑨ 系统集成费，指建设单位按照合同约定支付给总承包单位用于系统集成等信息工程的费用（如网络租赁、BIM、系统运行维护等）。

⑩ 其他专项费用，指建设单位按照合同约定支付给总承包单位使用的费用（如财务费、专利及专有技术使用费、工程保险费、法律费用等）。

4. 财务费

财务费是指在建设期内提供履约担保、预付款担保、工程款支付担保以及可能需要的筹集资金等所发生的费用。

5. 专利及专有技术使用费

专利及专有技术使用费是指在建设期内取得专利、专有技术、商标以及特许经营使用权发生的费用。

6. 工程保险费

工程保险费是指在建设期内对建筑工程、安装工程、机械设备和人身安全进行投保而发生的费用。包括建筑安装工程一切险、工程质量保险、人身意外伤害险等，不包括已列入建筑安装工程费中的施工企业的财产、车辆保险费。

7. 法律费

法律费是指在建设期内聘请法律顾问、可能用于仲裁或诉讼以及律师代理等费用。

8. 暂列费用

暂列费用是指建设单位为工程总承包项目预备的用于建设期内不可预见的费用，包括基本预备费、价差预备费。

① 基本预备费是指在建设期内超过工程总承包发包范围增加的工程费用，以及一般自然灾害处理、地下障碍物处理、超规超限设备运输等，发生时按照合同约定支付给总承包单位的费用。

② 价差预备费是指在建设期内超出合同约定风险范围外的利率、汇率或价格等因素变化而可能增加的，发生时按照合同约定支付给总承包单位的费用。

未在本项目组成列出、根据项目建设实际需要补充的项目，可分别列入其他专项费或暂列费用项目中。

3.7.2 建设项目工程总承包费用计算

建设单位可以根据项目特点，在可行性研究、方案设计或者初步设计完成后，按照确定的建设规模、建设标准、功能需求、投资限额、工程质量和进度要求等进行工程总承包项目发包。其发包（招标）、承包（投标）、价款结算应符合现行合同法、招标投标法、建筑法等法律法规的相关规定。

【《建设项目工程总承包管理规范》】

建设单位可根据建设项目工程总承包的发包内容确定费用项目及其范围，按照本办法的规定编制最高投标限价，做好投资控制，依法必须招标的项目，应采用招标的方式，择优选择总承包单位。

总承包单位应根据本企业专业技术能力和经营管理水平，自主决定报价，参与竞争，但其报价不得低于成本。

确定的总承包单位应与建设单位签订工程总承包合同，建设单位与总承包单位的价款结算应按合同约定办理。

1. 建筑安装工程费

建设单位应根据建设项目工程发包在可行性研究或方案设计、初步设计后的不同要求和工作范围，分别按照现行的投资估算、设计概算或其他计价方法编制计列。

2. 设备购置费

建设单位应按照批准的设备选型，根据市场价格计列。批准采用进口设备的，包括相关进口、翻译等费用。

设备购置费＝设备价格＋设备运杂费＋备品备件费 (3-79)

3. 总承包其他费

建设单位应根据建设项目工程发包在可行性研究或方案设计或初步设计后的不同要求和工作范围计列。

① 勘察费：根据不同阶段的发包内容，参照同类或类似项目的勘察费计列。

② 设计费：根据不同阶段的发包内容，参照同类或类似项目的设计费计列。

③ 研究试验费：根据不同阶段的发包内容，参照同类或类似项目的研究试验费计列。

④ 土地租用及补偿费。

土地租用费应参照工程所在地有关部门的规定计列；土地复垦费应按照《土地复垦条例》和《土地复垦条例实施办法》和工程所在地政府相关规定计列；植被恢复费应参照工程所在地有权部门的规定计列。

⑤ 税费。

印花税：按国家规定的印花税标准计列。

增值税及附加税：参照同类或类似项目的增值税及附加税计列。

⑥ 总承包项目建设管理费：建设单位应按财政部财建〔2016〕504号文件附件2规定的项目建设管理费计算，按照不同阶段的发包内容计列，详见表3-5。

表 3-5　项目建设管理费总额控制数费率表

工程总概算	费率/(%)	算例/万元	
		工程总概算	项目建设管理费
1000 以下	2	1000	1000×2%=20
1001～5000	1.5	5000	20+(5000−1000)×1.5%=80
5001～10000	1.2	10000	80+(10000−5000)×1.2%=140
10001～50000	1	50000	140+(50000−10000)×1%=540
50001～100000	0.8	100000	540+(100000−50000)×0.8%=940
100000 以上	0.4	200000	940+(200000−100000)×0.4%=1340

⑦ 临时设施费：应根据建设项目特点，参照同类或类似工程的临时设施计列，不包括已列入建筑安装工程费中的施工企业临时设施费。

⑧ 招标投标费：参照同类或类似工程的此类费用计列。

⑨ 咨询和审计费：参照同类或类似工程的此类费用计列。

⑩ 检验检测费：参照同类或类似工程的此类费用计列。

⑪ 系统集成费：参照同类或类似工程的此类费用计列。

⑫ 其他专项费用。

A. 财务费用：参照同类或类似工程的此类费用计列。

B. 专利及专有技术使用费：按专利使用许可或专有技术使用合同规定计列，专有技术的界定以省、部级鉴定批准为依据。

C. 工程保险费：应按选择的投保品种，依据保险费率计算。

D. 法律费：参照同类或类似工程的此类费用计列。

4. 暂列费用

根据工程总承包不同的发包阶段，分别参照现行估算或概算方法编制计列。对利率、汇率和价格等因素的变化，可按照风险合理分担的原则确定范围在合同中约定，约定范围内的不予调整。

本章小结

本章主要将国外建设项目造价构成和我国现行工程造价构成进行对比，重点介绍了目前我国现行工程造价的构成内容，并对建设项目总投资费用参考计算方法进行介绍。

习　题

一、单项选择题

1. 国产标准设备原价，一般是按（　　）计算的。

A. 带有备件的原价　　　　　　　　B. 定额估价法

C. 系列设备插入估价　　　　　　　D. 分组估价

2. 单台设备试车时所需的费用应计入（　　）。

A. 设备购置费　　　　　　　　　　B. 试验研究费

C. 安装工程费　　　　　　　　　　D. 联合试运转费

3. 根据《建筑安装工程费用项目组成》（建标〔2013〕44号）文件的规定，大型机械设备进出场及安拆费中的辅助设施费用应计入（　　）。

A. 直接费　　　　　　　　　　　　B. 间接费

C. 施工机械使用费　　　　　　　　D. 措施费

4. 某新建项目，建设期4年，分年均衡进行贷款，第一年贷款1000万元，以后各年贷款均为500万元，年贷款利率为6%，建设期内利息只计息不支付，该项目建设期贷款利息为（　　）。

A. 76.80万元　　　　　　　　　　B. 106.80万元

C. 366.30万元　　　　　　　　　D. 389.35万元

5. 对采购来的高标号水泥进行强度试验，以鉴定它的质量，检验过程支出的各种费用应计入（　　）。

A. 建安工程其他直接费　　　　　　B. 研究试验费

C. 建安工程直接费　　　　　　　　D. 建安工程现场经费

6. 采用装运港船上交货价（FOB）进口设备，卖方的责任是（　　）。

A. 负责租船订舱、支付运费

B. 负责装船后的一切风险和费用

C. 负责办理海外运输保险，并支付保险费

D. 负责办理出口手续，并将货物运装上船

7. 某建设项目投资构成中，设备及工器具购置费为2000万元，建筑安装工程费为1000万元，工程建设其他费为500万元，预备费为200万元，建设期贷款1800万元，应计利息80万元，流动资金贷款400万元，则该建设项目的工程造价为（　　）万元。

A. 5980　　　B. 5580　　　C. 3780　　　D. 4180

8. 在世界银行工程造价构成中，应急费应包括（　　）。

A. 建设成本上升费用　　　　　　　B. 未明确项目准备金

C. 业主的行政性费用　　　　　　　D. 其他当地费用

9. 下列交货方式中，对买方最有利的是（　　）。

A. 内陆交货类　　　　　　　　　　B. 出口国装运港交货类

C. 进口国装运港交货类　　　　　　D. 目的地交货类

二、多项选择题

1. 下列费用中可计入国产非标准设备原价的是（　　）。

A. 材料费（包括辅助材料费）　　　B. 非标准设备设计费

C. 设备运杂费　　　　　　　　　　D. 废品损失费

E. 利润、税金

2. 国产非标准设备原价按成本计算估价法确定时，其包装费的计算基数包括（　　）。

A. 材料费　　B. 辅助材料费

C. 加工费　　D. 非标准设备设计费

E. 外购配套件费

3. 工程保险费是指建设项目在建设期间根据需要实施工程保险所需的费用，其内容包括（　　）。

A. 各种建筑工程及其在施工过程中的物料、机器设备保险费

B. 机械损坏保险费　　C. 人身安全保险费

D. 安装工程保险费　　E. 工人工资

4. 工程建设其他费用构成中，属于与未来生产经营有关的其他费用是（　　）。

A. 联合试运转费　　B. 研究试验费

C. 工程监理费　　D. 办公和生活家具购置费

E. 生产人员培训费

5. 进口设备计算应纳增值税时，组成计税价格应由（　　）构成。

A. 交税完税价格　　B. 关税　　C. 消费税

D. 增值税　　E. 银行财务费

三、简答题

1. 工程建设项目总投资由哪几部分构成?

2. 工程造价由哪些费用组成?列表说明各项费用的计算方法。

3. 世界银行工程造价的构成与我国现阶段工程造价的构成有哪些不同?

4. 建筑安装工程造价由哪几部分组成?

5. 设备购置费由哪些费用组成?应如何计算国产标准设备的购置费?

四、计算题

1. 某项目总投资为2000万元，项目建设期为3年，第一年投资为500万元，第二年投资为1000万元，第三年投资为500万元，建设期内年利率为10%，则建设期应付利息为多少万元?

2. 某项目的静态投资为3750万元，按进度计划，项目建设期为2年，2年的投资分年使用，比例为第一年40%，第二年60%，建设期内平均价格变动率预测为6%，则该项目建设期的价差预备费为多少万元?

3. 某项目进口一批工艺设备，其银行财务费为2.5万元，外贸手续费为18.9万元，关税税率为20%，增值税税率为17%，抵岸价格1792.19万元。该批设备无消费税、海关监管手续费，则进口设备的到岸价格为多少万元?

【在线答题】

第4章 建设项目决策阶段造价管理

教学提示

建设项目决策阶段是对工程造价影响度最高的阶段，这一阶段造价管理的主要工作之一是编制建设项目投资估算并对不同的建设方案进行比选，为决策者提供决策依据。本章主要介绍了寿命期相同和寿命期不同的建设项目方案比选方法及建设项目投资估算的编制方法。

教学要求

通过本章的学习，学生应了解建设项目决策对工程造价的影响、投资估算的内容及编制依据；重点掌握建设方案的选择方法及投资估算的编制方法，并能编制投资估算。

建设项目决策是选择和决定投资方案的过程。决策阶段是工程造价管理的关键性阶段。建设项目投资决策正确与否不仅直接关系到工程造价的高低和投资效果的好坏，而且还关系到项目建设的成败，因而正确的投资决策是工程造价有效管理的前提。在这一阶段，工程造价管理人员和投资者通过对拟建项目的不同建设方案进行经济、技术分析论证，编制工程投资估算，从而确定项目的建设方案。

4.1 概　　述

4.1.1 建设项目决策对工程造价管理的影响

1. 项目决策的正确性是工程造价合理性的前提

项目决策正确，意味着对项目建设做出科学的决断，选出最合理的投资方案，达到资源的合理配置。这样才能比较准确地估算出工程造价，并且在投资方案实施过程中，有效地控制工程造价。项目决策失误，主要体现在对不该建设的项目进行投资建设，或者项目建设地点的选择错误，或者产品方案不合理、工艺技术不合适等，诸如此类的任何一个决策失误，会直接带来不必要的资金投入和人力、物力及财力的浪费，甚至由于建设项目的不可逆转性，会造成不可挽回的损失。在这种情况下，准确合理地计算工程造价与科学地控制造价已经无意义了。因此，要达到工程造价的合理性，就要事先保证项目决策的正确性，避免决策失误。

2. 项目决策的内容是决定工程造价的基础

工程造价的计价与控制贯穿于项目建设全过程，但决策阶段各项技术经济决策，对该项目的工程造价有重大影响，特别是建设规模的确定、建设地点的选择、工艺的评选、设备选用等，直接关系到工程造价的高低。根据相关资料统计，在项目建设各个阶段中，投资决策阶段影响工程造价的程度最高，可达到80%～90%。因此，决策阶段项目决策的内容是决定工程造价的基础，直接影响着决策阶段之后的各个建设阶段工程造价的计价与控制是否科学、合理的问题。

3. 项目决策的深度影响投资估算的精确度，也影响工程造价的控制效果

【可行性研究概述】

投资决策过程是一个由浅入深、不断深化的过程，依次分为若干工作阶段，不同阶段决策的深度不同，投资估算的精确度也不同。如投资机会及项目建议书阶段，是初步决策的阶段，投资估算的误差率在±30%左右；而详细可行性研究阶段是最终决策阶段，投资估算误差率在±10%以内。在建设项目的决策阶段、初步设计阶段、技术设计阶段、施工图设计阶段、工程招投标及承发包阶段、施工阶段以及竣工验收阶段，通过工程造价的计价与控制，形成相应的投资估算、设计概算造价、修正设计概算造价、施工图预算造价、承包合同价、结算价及实际造价。这些造价形式之间存在前者控制后者、后者补充前者的相互作用关系。因此，投资估算对其后面的各种形式造价起着制约作用，作为下一阶段投资控制的目标。由此可见，只有提升项目决策阶段的研究深度，采用科学的估算方法和可靠的数据资料，提高投资估算的精度，打足投资，才能保证其他阶段的造价被控制在合理范围，实现投资控制目标，避免“三超”现象的发生。

4.1.2 建设项目决策阶段造价管理的主要内容

建设项目决策阶段各项技术经济决策，对拟建项目的工程造价有着重大影响，特别是建设标准的确定、建设地点的选择、生产工艺的选定、设备选用等，对工程造价的高低有着直接、重大影响。在项目建设各阶段中，决策阶段对工程造价的影响度最高，是决定工程造价的基础阶段，直接影响着以后各阶段工程造价管理的有效性与科学性。因此，在建设项目决策阶段，应加强以下对工程造价影响较大因素的管理，为有效控制工程造价管理打下基础。

1. 项目建设规模的选择

项目建设规模也称生产规模，是指项目设定的正常生产运营年份可能达到的生产或者服务能力。合理项目建设规模要根据市场、技术、资源、资金、环境、技术进步、管理水平、规模经济性等因素来确定。选择建设项目规模时，要重点考虑以下制约因素。

(1) 市场因素

市场因素是制约项目规模的首要因素。拟建项目的市场需求状况是确定项目建设规模的前提。因此，首先应根据市场调查和预测得出的有关产品市场信息来确定项目建设规模。除此之外，还应考虑原材料、能源、人力资源、资金的市场供求状况，这些因素也对项目建设规模的选择起着不同程度的制约作用。

(2) 技术因素

生产技术决定着主导设备的技术经济参数。先进的生产技术及技术装备是实现项目预期经济效益的物质基础，而技术人员的管理水平则是实现项目预期经济效益的保证。如果与经济规模生产相适应的技术及装备的来源没有保障，或获取技术的成本过高，或技术管理水平跟不上，则不仅预期的规模效益难以实现，而且还会给拟建项目带来生存和发展危机。因此，在研究确定项目建设规模时，应综合考虑拟选技术对应的标准规模、主导设备制造商的水平、技术管理水平等因素。

(3) 环境因素

项目的建设、生产、经营离不开一定的自然环境和社会经济环境。在确定项目规模时，不仅要考虑可获得的自然环境条件，还要考虑产业政策、投资政策、技术经济政策等政策因素，以及国家、地区、行业制定的生产经济规模标准。为了取得较好的经济效益，国家对部分行业的新建规模作了下限规定，在选择拟建项目规模时应遵照执行，并尽可能地使项目达到或接近经济规模，以提高项目的市场竞争能力。

2. 生产技术方案的选择

生产技术方案的选择主要包括生产工艺方案和设备的选用两方面。

(1) 生产工艺方案的选择

生产工艺方案选择的标准主要有先进适用和经济合理两项。

① 先进适用。先进适用是评定工艺方案的最基本标准。工艺技术的先进性决定项目的市场竞争力，因而在选择工艺方案时，首先要满足工艺技术的先进性。但是不能只强调工艺的先进性而忽视其适用性。就引进技术而言，世界上最先进的工艺，往往因为对原材料的要求比较高、国内设备不配套或技术不容易掌握等原因而不适合我国的实际需要。因此，拟采用的工艺技术应与我国的资源条件、经济发展水平和管理水平相适应，还应与项目建设规模、产品方案相适应。

② 经济合理。经济合理是指所采用的工艺技术能以较低的成本获得较大的经济收益。不同的技术方案的技术报价、原材料消耗量、能源消耗量、劳动力需要量和投资额等各不相同，产品质量和单位产品成本等也不同，因而应计算、分析、比较各方案的各项财务指标，进行综合比较分析，选出技术上可行，经济上合理的工艺方案。

(2) 设备的选用

设备的选用是根据工艺方案的要求以及经济技术比较分析而选定的，在选用时应注意以下问题。

① 要尽量选用国产设备。凡国内能够制造，并能保证质量、数量和按期供货的设备，或者进口一些技术资料就能仿制的设备，原则上必须国内生产，不必从国外进口；凡只进口关键设备就能同国产设备配套使用的，就不必进口成套设备。

② 要注意引进设备的衔接配套问题。有时一个项目从国外引进设备时，由于考虑各设备制造商的技术特长及价格问题，可能分别向几家制造商购买不同的设备，这时，就必须考虑各厂商所提供设备之间的技术、效率等衔接配套问题。为避免这类问题的发生，在引进设备时，最好采用总承包采购方式，让总承包商负责协调解决设备的技术衔接配套问题。还有些项目，一部分为进口设备，另一部分为国产设备，这时就要考虑进口设备与国产设备之间的衔接配套问题。对于技术改造项目，要考虑进口设备与原有设备、厂房之间的配套问题。

③ 要注意进口设备所需的原材料、备品备件的供应及维修问题。一般情况下应尽量避免进口主要原材料需要进口的设备。在备品备件的供应方面，随机供应的备品备件数量有限，有些备品备件在厂家输出技术或设备之后不久就被淘汰，因此，在选择进口设备时就要注意备品备件的供应时间、国内的研发及生产能力、价格问题；另外，在进口设备时，还要注意设备的维修技术学习和维修费用问题，以保证设备在寿命期内能正常运行，同时尽可能降低维修费用。

3. 建设地区及建设地点的选择

一般情况下，确定某个建设项目的具体地址（或厂址），需要经过建设地区的选择及建设地点（厂址）的选择。建设地区的选择是指拟建项目适宜投资在哪个地区的选择；建设地点（厂址）的选择是指对项目具体坐落位置的选择。

（1）建设地区的选择

建设地区的选择是否合理，在很大程度上决定着拟建项目的命运，不仅影响着工程造价的高低，还影响到项目建成后的运营成本。因此，建设地区的选择要充分考虑各种因素的制约，遵循符合国民经济发展战略规划、符合国家工业布局总体规划、符合地区经济发展规划这三个原则。

① 靠近原材料、能源提供地和市场。满足这一要求，在项目建成投产后，可以避免原料、燃料和产品的长期远途运输，减少费用，降低产品的生产成本；并且能够缩短流通时间，加快流动资金的周转速度。对于大量消耗原材料的项目，如农产品、矿产品的初步加工项目，应尽可能靠近原料产地，以减少原材料长途运输的损耗和费用；对于能耗高的项目，如电解铝厂，应尽量靠近电厂，以取得廉价电能和减少电能运输损失所获得的利益；而对于技术密集型的建设项目，其选址宜在大中城市，以充分利用大中城市工业和科学技术力量雄厚、协作配套条件完备、信息灵通的有利条件。

② 工业项目聚集规模适当。在工业布局中，通常是一系列相关的项目聚成适当规模的工业基地和城镇，从而有利于发挥“集聚效益”。选择在工业项目聚集规模适当的地方投资拟建项目，可以分享“集聚效益”：第一，现代化生产是一个复杂的分工合作体系，只有相关企业集中配置，才能对各种资源和生产要素充分利用，便于形成综合生产能力；第二，企业布点适当集中，才可能统一建设比较齐全的基础设施，避免重复建设，节约投资，提高这些设施的效益；第三，企业布点适当集中，能获得各种高质量的劳动力、各种各样的服务、地方物质和大量的信息。

③ 工业布局的聚集程度，并非越高越好。当工业聚集超越客观条件时，也会带来许多弊端，如运输成本增加、水源不足、环境污染等，从而促使项目投资增加，经济效益下降。当工业集聚带来的“外部不经济性”的总和超过生产集聚带来的利益时，综合经济效

益反而下降，这就表明集聚程度已超过经济合理的界限。

（2）建设地点（厂址）的选择

建设地点（厂址）的选择直接影响到项目建设投资、建设速度和施工条件，以及未来企业的运营费用。因此，必须从建设项目的全局出发，进行系统分析和决策。建设地点（厂址）的选择应尽量满足以下要求。

① 符合项目拟建地区城镇规划和工业布局的要求。

② 应尽可能节约土地，尽量把厂址设在荒地和不可耕种的地点，避免大量占用耕地，减少土地的使用费，节约项目建设投资。

③ 应尽量选在工程地质、水文地质条件较好的地段。地基承载力应满足拟建厂的要求，严防选在断层、熔岩、流沙层与有用矿床上以及洪水淹没区、已采矿坑塌陷区、滑坡区上建厂。厂址的地下水位应尽可能低于地下建筑物的基准面。

④ 厂区土地面积与外形能满足厂房与各种构筑物的需要，适合于按科学的工艺流程布置厂房与构筑物，并留有一定的发展余地。

⑤ 厂区地形力求平坦而略有坡度（一般5%～10%为宜），以减少平整土地的土方工程量，既节约投资，又便于地面排水。

⑥ 应靠近铁路、公路、水路，以缩短运输距离，减少建设投资及运营费用。

⑦ 应便于供电、供热和其他协作条件的取得。

⑧ 应尽量减少对环境的污染。对于大量排放有害气体和烟尘的项目，不能建在城市的上风口，以免对整个城市造成污染；对于噪声大的项目，厂址应选在距离居民集中地区较远的地方；同时，要设置一定宽度的绿化带，以减弱噪声的干扰。

4.1.3 建设项目决策方案选择方法

1. 寿命期相同的方案比选

对于寿命期相同的方案，计算期通常设定为其寿命，这样能满足在时间上可比性的要求。寿命期相同的互斥方案的比选方法一般有净现值法、差额内部收益率法、最小费用法等。

（1）净现值法

净现值法就是通过计算各个备选方案的净现值并比较其大小而判断方案的优劣。是多方案比选中最常用的一种方法。

净现值法的计算步骤如下。

① 分别计算各方案的净现值（Financial Net Present Value，FNPV），剔除 FNPV<0 的方案。

② 比较所有 FNPV≥0 的方案的净现值，净现值最大的方案为最佳方案。

净现值法是对寿命期相同的互斥方案进行比选时最常用的方法。有时我们采用不同评价指标对方案进行比选时，会得出不同的结论，这时往往以净现值指标为最后衡量的标准。

（2）差额内部收益率法

差额内部收益率法实质上是分析投资大的方案所增加的投资能否用其增量收益来补

偿，即对增量的现金流量经济合理性做出判断。通过计算增量净现金流量的财务内部收益率来比选方案，这样就能保证方案比选结论的正确性。其计算公式为

$$\sum_{t=0}^{n}[(CI-CO)_2-(CI-CO)_1]_t(1+\Delta FIRR)^t=0 \tag{4-1}$$

式中：ΔFIRR 为差额内部收益率，CI 表示方案现金流入量，CO 表示方案现金流出量。差额内部收益率法的计算步骤如下。

① 计算各备选方案的 FIRR，将 FIRR≥i 方案按投资额由小到大依次排序。

② 计算排在最前面的两个方案的差额内部收益率 ΔFIRR，若 ΔFIRR≥i_c，则投资大的方案优于投资小的方案；反之，则投资小的方案优。

③ 将选出的方案集中与相邻方案两两比较，直至全部方案比较完毕，最后保留的方案就是最优方案。

【例 4-1】 某建设项目有三个设计方案，其寿命期均为 10 年，各方案的初始投资和年净收益如表 4-1，且 $i_c=10\%$。

表 4-1 各方案的净现金流量表　　单位：万元

方案	年份	
	0	1～10
A	−170	44
B	260	59
C	−300	68

解：

$$-170+44\left(\frac{P}{A}, FIRR_A, 10\right)=0, \rightarrow FIRR_A=22.47\%$$

$$-260+59\left(\frac{P}{A}, FIRR_B, 10\right)=0, \rightarrow FIRR_B=18.49\%$$

$$-300+68\left(\frac{P}{A}, FIRR_C, 10\right)=0, \rightarrow FIRR_C=18.52\%$$

三个方案的内部收益率均大于基准收益率。

根据差额内部收益率公式，

$$-(260-170)+(59-44)\left(\frac{P}{A}, \Delta FIRR_{B-A}, 10\right)$$
$$=0, \rightarrow \Delta FIRR_{B-A}=10.43\%>i_C=10\%$$

方案 B 优于方案 A，保留 B 方案，继续进行比较。

将方案 B 与方案 C 进行比较：

$$-(300-260)+(68-59)\left(\frac{P}{A}, \Delta FIRR_{C-B}, 10\right)$$
$$=0, \rightarrow FIRR_{C-B}=18.68\%>i_C=10\%$$

方案 C 优于方案 B，方案 C 为最佳方案。

(3) 最小费用法

在实际工作中，我们经常会遇到这样一类问题，两个或几个方案的产出效果相同或基本相同而且难以进行具体估算，如环保、教育、国防等项目，其产生的效益很难用货币量化，因此得不到项目预期的现金流量情况。在这种情况下，就不可能用净现值法或差额内部收益率法进行比较选择，只假定各方案的收益是相同的，对各方案的费用进行比较，费用最小的方案最优。最小费用法包括总费用法和年费用法（具体计算方法见本书第5章）。

2. 寿命期不同的方案比选

(1) 年值（AV）法

年值法是对寿命期不相等的互斥方案进行比选时用到的一种最简明的方法。年值法的计算步骤如下。

① 分别计算各方案净现金流量。

② 计算各净现金流量的等额年值（AV）并进行比较，以 AV⩾0，且 AV 最大者为最优。其计算公式为

$$AV=\left[\sum_{t=0}^{n}(CI-CO)_t(1+t_c)^{-1}\right]\left(\frac{A}{P},i_c,n\right)=FNPV\left(\frac{A}{P},i_c,n\right) \tag{4-2}$$

【例4-2】 某建设项目有A、B两个方案，其净现金流量情况如表4-2所示，若 $i_c=10\%$，试用年值法对方案进行比选。

表4-2 A、B两方案的净现金流量表 单位：万元

方案	年份			
	1	2~5	6~9	10
A	−400	80	80	110
B	−120	60	—	—

解：

$$FNPV_A=-400\left(\frac{P}{F},10\%,1\right)+80\left(\frac{P}{A},10\%,8\right)\left(\frac{P}{F},10\%,1\right)+110\left(\frac{P}{F},10\%,1\right)=66.75\text{（万元）}$$

$$FNPV_B=-120\left(\frac{P}{F},10\%,1\right)+60\left(\frac{P}{A},10\%,4\right)\left(\frac{P}{F},10\%,1\right)=63.10\text{（万元）}$$

$$AV_A=FNPV_A\left(\frac{A}{P},i_c,n_A\right)=66.75\times0.163=10.88\text{（万元）}$$

$$AV_B=FNPV_B\left(\frac{A}{P},i_c,n_B\right)=63.10\times0.264=16.66\text{（万元）}$$

由于 $AV_B>AV_A$，且均大于零，因此方案B优于方案A。

(2) 最小公倍数法

最小公倍数法又称方案重复法，是以各方案寿命期的最小公倍数作为进行方案比选的共同计算期，并假设各方案均在这样一个共同的计算期内重复进行，对各方案计算期内各自的净现金流量进行重复计算，直至与共同的计算期相等。计算的净现值最大的方案为最

优方案。例如，某一项目的水泥混凝土路面方案预估寿命期为 18 年，而沥青混凝土路面方案预估寿命期为 12 年，这两个方案可以在 36 年的计算期内进行比较。其中，水泥混凝土重复实施一次，而沥青混凝土重复实施两次。

因为年值法不需要调整费用或寿命期，所以对寿命期不等的方案进行经济分析时应优先选用年值法。

(3) 研究期法

在用最小公倍数对互斥方案进行比选时，如果方案的最小公倍数比较大，就需要对计算期较短的方案进行多次的重复计算，而这与实际情况显然不符合；由于技术进步，同一个方案在较长一段时间内重复实施的可能性不大，因此，用最小公倍数法得出的评价结论可信度就大大降低。为此，我们可采用研究期法进行方案评价。

研究期法的计算步骤如下。

① 对寿命期不相等的互斥方案，直接选取一个适当的分析期作为各个方案的共同计算期。

② 计算各方案在该计算期内的净现值，净现值最大的方案为最优方案。

【例 4－3】 有 A、B 两个项目的净现金流量如表 4－3 所示，若 $i_c=10\%$，试用研究期法对方案进行比较。

表 4－3 A、B 两个项目的净现金流量表　　单位：万元

项目	年份					
	1	2	3～7	8	9	10
A	－580	－300	380	450		
B	－1300	－900	800	800	800	950

解：$FNPV_A=625.26$（万元）

$$FNPV_B=\left[-1300\left(\frac{P}{F},10\%,1\right)-900\left(\frac{P}{F},10\%,2\right)+800\left(\frac{P}{A},10\%,6\right)\left(\frac{P}{F},10\%,3\right)+950\left(\frac{P}{F},10\%,10\right)\right]\left(\frac{A}{P},10\%,10\right)\left(\frac{P}{A},10\%,8\right)=1432.64\text{（万元）}$$

注：计算 $FNPV_B$ 时，要先计算 B 在其寿命期内的净现值，然后再算 B 在共同计算期（8 年）内的净现值。

由于 $FNPV_B>FNPV_A>0$，所以 B 方案优于 A 方案。

4.2 建设项目投资估算的编制

4.2.1 投资估算的内容及编制依据

1. 投资估算的内容

按照《投资项目可行性研究指南》的划分，建设项目总投资由建设投资（也称固定资产投资）和流动资金两部分构成（具体构成见本书第 3 章）。在编制投资估算时，需对建

设投资（也称固定资产投资）和流动资金分别进行估算。

【市政工程投资估算编制办法（征求意见稿）】

固定资产投资构成中（固定资产投资方向调节税暂停征收）的建筑安装工程费、设备及工器具购置费、建设期利息在项目交付使用后形成固定资产；预备费一般也按形成固定资产考虑。按照有关规定，工程建设其他费用将分别形成固定资产、无形资产及其他资产。

固定资产投资可分为静态投资部分和动态投资部分。静态投资部分由建筑安装工程费、设备及工器具购置费、工程建设其他费用、基本预备费构成；动态投资部分由涨价预备费、建设期利息构成。

流动资金是指生产经营性项目投产后，用于购买原材料燃料、支付工资及其他经营费用等所需的周转资金。它是伴随着固定资产投资而发生的长期占用的流动资产投资。流动资金＝流动资产－流动负债。其中，流动资产主要考虑现金、应收账款和存货；流动负债主要考虑应付账款。因此，流动资金的概念，实际上就是财务中的营运资金。

2. 投资估算的编制依据

① 项目建议书（或建设规划）、可行性研究报告（或设计任务书）、建设方案。

② 估算指标、概算指标、概预算定额、技术经济指标、造价指标、类似工程概预算。

③ 专门机构发布的建设工程造价费用构成、工程建设其他费用、间接费、税金的取费标准及计算方法、物价指数。

④ 设计参数，包括各种建筑面积指标、能源消耗指标等。

⑤ 现场情况，如地理位置、地质条件、交通、供水、供电条件等。

⑥ 其他经验数据，如材料、设备运杂费率、设备安装费率等。

以上资料越具体、越完备，编制的投资估算就越准确。

4.2.2 投资估算的编制

1. 固定资产投资简单估算法

(1) 静态投资估算编制方法

① 资金周转率法。这是一种用资金周转率来推测投资额的简便方法。

投资额＝年产量×产品单价/资金周转率

拟建项目的资金周转率可以根据已建类似项目的有关数据进行测算，即资金周转率＝年销售额/总投资＝年产量×产品单价/总投资，然后按上式根据拟建项目设计的年产量及销售单价估算拟建项目的投资额。

② 生产能力指数法。这种方法是根据已建成的性质类似的建设项目或生产装置的投资额和生产能力及拟建项目或生产装置的生产能力估算拟建项目的投资额。

$$C_2=C_1\left(\frac{Q_2}{Q_1}\right)^n f \tag{4-3}$$

式中：C_1——已建类似项目或装置的投资额；

C_2——拟建类似项目或装置的投资额；

Q_1——已建类似项目或装置的生产能力；

Q_2——拟建项目或装置的生产能力；

f——不同时期、不同地点的定额、单价、费用变更等的综合调整系数；

n——生产能力指数，其取值范围为：$0 \leqslant n \leqslant 1$。

若已建类似项目或装置的规模和拟建项目或装置的规模相差不大，生产规模比值为0.5～2，则指数 n 的取值近似为1。

若已建类似项目或装置与拟建项目或装置的规模相差不大于50倍，且拟建项目规模的扩大仅靠增大设备规模来达到时，则 n 取值约为0.6～0.7；若拟建项目规模的扩大靠增加相同规格设备的数量达到时，n 的取值约为0.8～0.9。

采用这种方法时，要求类似工程的资料可靠，条件基本相同，不需要较详细的工程设计资料，只知道工艺流程及生产规模即可快速估算出拟建项目的投资额。对于总承包商而言，可以采用这种方法估价。

【例4－4】 已知2010年在某地建设年产30万吨合成氨工厂的投资额为25000万元，试估算2016年在同一地区建设年产45万吨合成氨的工厂，需要投资多少？假定从2010到2016年平均工程造价指数为1.10，合成氨的生产能力指数为0.9。

解： $C_2 = C_1\left(\frac{Q_2}{Q_1}\right)^n f = 25000 \times \left(\frac{45}{30}\right)^{0.9} \times (1.10)^6 = 63776.2$（万元）

③ 比例估算法。

A. 以拟建项目或装置的设备费为基数，根据已建成的同类项目或装置的建筑安装费和其他工程费用等占设备价值的百分比，求出相应的建筑安装费及其他工程费用等，再加上拟建项目的其他有关费用，其总和即为项目或装置的投资。

$$C = E(1 + f_1 p_1 + f_2 p_2 + f_3 p_3 + \cdots\cdots) + I \tag{4-4}$$

式中：C——拟建项目或装置的投资额；

E——根据拟建项目或装置的设备清单按当时当地价格计算的设备费（包括运杂费）的总和；

p_1、p_2、p_3——已建项目中建筑、安装及其他工程费用等占设备费百分比；

f_1、f_2、f_3——由于时间因素引起的定额、价格、费用标准等变化的综合调整系数；

I——拟建项目的其他费用。

B. 以拟建项目中的最主要、投资比重较大并与生产能力直接相关的工艺设备的投资（包括运杂费及安装费）为基数，根据已建同类项目的有关统计资料，计算出已建项目的各专业工程（总图、土建、暖通、给排水、管道、电气及电信、自控及其他工程费用等）占工艺设备投资的百分比，据以求出各专业的投资，然后把各部分投资费用（包括工艺设备费）相加求和，再加上工程其他有关费用，即为项目的总投资。

$$C = E(1 + f_1 p_1 + f_2 p_2 + f_3 p_3 + \cdots\cdots) + I \tag{4-5}$$

式中：p_1、p_2、p_3——各专业工程费用占工艺设备费用的百分比，其他符号的含义同上。

④ 系数法。

A. 朗格系数法。这种方法是以设备费为基数，乘以其他各系数来估算拟建项目的建设费用。

$$D = C \times \left(1 + \sum K_i\right) \times K_c \tag{4-6}$$

式中：　D——总建设费用；

　　　C——主要设备费用；

　　　K_i——管线、仪表、建筑物等项费用的估算系数；

　　　K_c——管理费、合同费、应急费等间接费在内的总估算系数。

总建设费用与设备费用之比为朗格系数 K_L，即

$$K_L = \left(1 + \sum K_i\right) \times K_c \tag{4-7}$$

这种方法比较简单，各估算系数的取值主要来源于已建同类项目的经验数据及积累的工程造价资料。由于没有考虑设备规格、材质的差异，所以精确度不高。

B. 设备与厂房系数法。对于一个生产性项目，如果设计方案已确定了生产工艺，而且初步选定了工艺设备并进行了工艺布置，就有了工艺设备的重量及厂房的高度和面积，则工艺设备投资和厂房土建的投资就可分别估算出来。项目的其他费用，与设备关系较大的按设备投资系数（占设备投资的百分比）计算，与厂房土建关系较大的则以厂房土建投资系数计算，两类投资加起来就得出整个项目的投资。

例如，一个轧钢车间的工艺设备投资和厂房土建投资已经估算出来，则起重运输设备、加热炉及烟囱烟道、汽化冷却、余热锅炉、供电及传动、自动化仪表等的投资费用就可按制备投资系数（这些系数可按已建项目的有关数据计算出来，或从积累的工程造价资料中取得）估算出来；给排水工程、采暖通风、工业管道、电气照明等可按厂房土建投资系数估算出来；这样整个车间的投资就可估算出来，以此估算出所有车间的投资即可得出拟建项目的投资估算。

C. 主要车间系数法。对于生产性项目，在设计中若主要考虑了主要生产车间的产品方案和生产规模，可先采用合适的方法计算出主要车间的投资，然后利用已建类似项目的投资比例计算出辅助设施、总图运输、行政及生活福利设施等占主要生产车间投资的系数，估算出总的投资。

⑤ 指标法。

即采用投资估算指标、概算指标、技术经济指标、造价指标等来编制投资估算。这些指标的表现形式较多，如元/km、元/m^2、元/m^3、元/t、元/kW 等。根据这些指标，乘以相应的长度、面积、体积、产量、容量等，就可以估算出土建工程、给排水工程、照明工程、采暖工程、变配电工程等各单位工程的投资，在此基础上汇总成某一单项工程的投资，再估算工程建设其他费用及基本预备费，即可得出所需投资的估算。在项目建议书阶段，也可以根据建设项目综合指标或单项工程指标直接估算出项目或各单项工程的投资。

采用指标法估算拟建项目的投资时，要根据国家有关部门、协会颁布的各种指标，结合工程的具体情况编制。如果套用的指标与具体工程之间的标准或条件有差异时，就要进行必要的调整或换算；还要根据不同地区、时间进行调整。

就工业建筑项目而言，各专业部委针对不同规模的年生产能力（如年产钢若干吨，造纸若干吨，织布若干米）编制了投资估算指标，其中包括工艺设备购置费、建筑安装工程费、工程建设其他费用等的实物消耗量指标、编制年度的造价指标、取费标准及价格水平等内容。根据年生产能力套用相应的指标，对某些应调整的内容进行调整后，即可编制出拟建项目固定资产投资估算。

辅助项目及构筑物等，其估算指标一般以 $100m^2$ 建筑面积或“座”“m^3”为单位，包括的内容、指标的套用方法、调整方法与上述的主要项目相同。

民用建筑项目的各种指标大都是以 $100m^2$ 建筑面积为单位，指标内容包括工程特征、主要工程量指标、主要材料及人工实物消耗量指标及造价指标，其使用方法与工业建筑相同。民用建筑的各种指标目前大都以单项工程编制，其中包括配套的土建、水、暖、空调、电气等单位工程内容。

目前各地对各类建筑都编有每平方米建筑面积的有一定幅度（在一定范围内）的工程造价指标（土建、水、暖、空调、电气），编制投资估算时，只要按结构类型套用，并对时间、地点的差异做调整即可。

⑥ 民用建筑快速投资估算编制法。

使用这种方法编制投资估算的前提是积累和掌握了大量的各种单位造价指标、速估工程量指标（见表 4-4）和设计参数，如各类民用建筑的单位耗热、耗冷（见表 4-5)、耗电量指标等，根据各单位工程的特点，分别以不同的合理的计量单位（改变采用单一的以建筑面积为计量单位的不合理性)，结合拟建工程的具体特点，灵活快速地算出所需投资。

表 4-4　结构部分速估工程量指标表

序号	项目	单位	速估指标	
1	钢筋混凝土桩基础（长 10m 内）	m^3/基础 m^2	0.45～0.60	
2	钢筋混凝土单层地下室 (1) 底板厚 0.5m 内	m^3/基础 m^2	1.00～1.10	其中，底板 50%，顶板 15%，其余为内外墙、柱等
	(2) 底板厚 0.8m 内	m^3/基础 m^2	1.50～1.60	其中顶板 10%，其余同上
	(3) 底板厚 1.0m 内	m^3/基础 m^2	2.00～2.20	顶板 8%，其余同上
3	上部结构为现浇框架	m^3/上部建筑 m^2	0.30～0.45	其中柱 16%，框架梁 22%，梁板 23%，内墙板 1%，电梯井壁 7%，其他 2%
4	上部结构全现浇剪力墙（高层住宅为主）	m^3/上部建筑 m^2	0.35～0.40	其中墙体 60%，板 30%，电梯井壁 4%，楼梯、阳台、挑檐 5%，其他 1%
5	上部结构，砖混（多层住宅为主）	m^3/上部建筑 m^2	0.20～0.25	其中板梁 8%，构造柱 8%，圈梁 10%，过梁 5%，墙 6%，其他（楼梯、阳台、挑檐等）13%
6	无黏结预应力楼板	m^3/楼板 m^2	0.20～0.25	预应力钢丝束双向 6～7kg/m^2 单向3～4kg/m^2，一般配件 24kg/m^2

注：序号 5 指标中，圈梁、过梁如已综合在砖墙内，可将指标减少为 0.17～0.21m^3/m^2。构造柱如按“m”计算时，可按 0.092m^3/m 折算，墙是预制薄隔墙板。

本表摘自筑龙网《建设工程造价控制、投资估算与工程结算》。

表 4-5　每平方米建筑面积冷负荷指标估算表

<table>
<tr><th>建筑类别</th><th>指标/W</th><th>附　注</th><th>说　明</th></tr>
<tr><td>旅馆</td><td>70～81</td><td></td><td rowspan="10">1. 建筑物总面积＜5000m^2 时取上限值，＞10000m^2 时，取下限值。
2. 按本表确定的指标即是制冷机的容量，不再加系数。
3. 本表除注明情况外，不论是否局部空调，均按全部建筑面积计算。
本表选自《民用建筑采暖通风设计技术》</td></tr>
<tr><td>办公楼</td><td>84～98</td><td></td></tr>
<tr><td>图书馆</td><td>35～41</td><td>博物馆可供参考</td></tr>
<tr><td>商店</td><td>56～65</td><td>只营业厅有空调</td></tr>
<tr><td>体育馆</td><td>209～244</td><td>按比赛面积计算</td></tr>
<tr><td>体育馆</td><td>105～122</td><td>按总建筑面积计算</td></tr>
<tr><td>影剧院</td><td>84～98</td><td>只电影厅有空调</td></tr>
<tr><td>大剧院</td><td>105～128</td><td></td></tr>
<tr><td>医院</td><td>58～81</td><td></td></tr>
<tr><td>星级饭店</td><td>105～116</td><td></td></tr>
</table>

这种方法的特点是快速、准确，能密切结合具体工程的实际情况，利用各种设计参数以及合理的计量单位，弥补了名目繁多的建筑工程缺乏的各种估算指标、概算指标的不足，而且避免了直接套用各估算指标要做调整和换算的繁琐性，是一种比较实用的方法。

在实际工作中，经常是几种方法同时使用。

(2) 涨价预备费、建设期利息（固定资产投资的动态部分）的估算

具体计算方法见本书第 3 章。

2. 固定资产投资分类估算法

这种方法是按照固定资产投资的构成，分别估算设备及工器具购置费、建筑工程费、安装工程费、工程建设其他费用、基本预备费、涨价预备费、建设期利息，然后再把各项汇总，估算出固定资产投资额。

(1) 设备、工器具购置费的估算

这部分投资的估算方法详见本书第 3 章。

(2) 建筑工程费的估算

建筑工程费是指为建造永久性和大型临时性建筑物和构筑物所需要的费用。

建筑工程费估算一般可采用以下三种方法。

① 单位建筑工程投资估算法。单位建筑工程投资估算法，是以单位建筑工程量投资乘以建筑工程总量来估算建筑工程投资费用的方法。一般工业与民用建筑以单位建筑面积（m^2）的投资，工业窑炉砌筑以单位容积（m^3）的投资，水库以水坝单位长度（m）的投资，铁路路基以单位长度（km）的投资，矿山掘进以单位长度（m）的投资，乘以相应的建筑工程总量计算建筑工程费。

② 单位实物工程量投资估算法。单位实物工程量投资估算法，是以单位实物工程量的投资乘以实物工程总量来计算建筑工程投资费用的方法。土石方工程按每立方米投资，矿井巷道衬砌工程按每延长米投资，路面铺设工程按每平方米投资，乘以相应的实物工程总量计算建筑工程费。

③ 概算指标投资估算法。在估算建筑工程费时，对于没有上述估算指标，或者建筑工程费占建设投资比例较大的项目，可采用概算指标估算法。建筑安装工程概算指标通常是以整个建筑物为对象，以建筑面积、体积或成套设备安装的台或组为计量单位而规定的劳动、材料和机械台班的消耗量标准和造价指标。采用这种估算法，应占有较为详细的工程资料、建筑材料价格和工程费用指标。采用该方法投入的时间和工作量较大，具体方法参照专门机构发布的概算编制办法。

(3) 安装工程费的估算

安装工程费通常按行业有关安装工程定额、取费标准和指标来估算投资额。

安装工程费=设备原价×安装费率 (4-8)

安装工程费=设备重量×每吨安装费 (4-9)

安装工程费=安装工程实物量×安装费用指标 (4-10)

至于取哪个公式估算安装工程费，见本书第4章。

(4) 工程建设其他费用的估算（见本书第3章）

(5) 基本预备费的估算（见本书第3章）

(6) 涨价预备费的估算（见本书第3章）

(7) 建设期利息的估算（见本书第3章）

3. 流动资金估算

流动资金估算通常有分项详细估算法和扩大指标估算法。

(1) 分项详细估算法

分项详细估算法，也称定额估算法，是对流动资金构成的各项流动资产和流动负债分别进行估算。为简化起见，在可行性研究阶段仅对存货、现金、应收账款和应付账款四项内容进行估算。其具体计算公式如下：

流动资金=流动资产-流动负债 (4-11)

流动资产=应收账款+存货+现金 (4-12)

流动负债=应付账款 (4-13)

流动资金本年增加额=本年流动资金-上年流动资金 (4-14)

流动资金估算的具体步骤是：首先计算存货、现金、应收账款和应付账款的年周转次数，然后分项估算资金占用额，再带入公式(4-11)，即可求出拟建项目所需的流动资金总额。

① 周转次数计算。

周转次数=360/最低周转天数 (4-15)

存货、现金、应收账款和应付账款的最低周转天数，可参照类似企业的平均周转天数并结合项目特点确定，或按部门（行业）规定计算。

② 应收账款估算。应收账款是指企业对外销售商品、提供劳务尚未收回的资金，包括很多科目，在编制流动资金投资估算时，应收账款的周转额一般按达到拟建项目设计生产能力的全年销售收入计算。

应收账款=年销售收入/应收账款周转次数 (4-16)

③ 存货估算。存货是企业为销售或耗用而储备的各种货物，主要有原材料、辅助材

料、燃料、低值易耗品、维修备件、包装物、在产品、自制半成品和产成品等。为简化计算，仅考虑外购原材料、外购燃料、在产品和产成品，并分项进行计算。

存货＝外购原材料＋外购燃料＋在产品＋产成品　(4-17)

外购原材料＝年外购原材料/按种类分项周转次数　(4-18)

外购燃料＝年外购燃料/按种类分项周转次数　(4-19)

在产品＝(年外购原材料＋年外购燃料＋年工资及福利费＋年修理费＋年其他制造费用)/在产品周转次数　(4-20)

产成品＝年经营成本/产成品周转次数　(4-21)

④ 现金需要量估算。项目流动资金中的现金是指货币资金，即企业生产运营活动中停留于货币形态的那一部分资金，包括企业库存现金和银行存款。

现金需要量＝（年工资及福利费＋年其他费用)/现金周转次数　(4-22)

年其他费用＝制造费用＋管理费用＋销售费用－(以上三项费用中所含的工资及福利费、折旧费、摊销费、修理费)　(4-23)

⑤ 流动负债估算。流动负债是指在一年或超过一年的一个营业周期内，需要偿还的各种债务。一般流动负债的估算只考虑应付账款一项。

应付账款＝（年外购原材料＋年外购燃料)/应付账款周转次数　(4-24)

(2) 扩大指标估算法

扩大指标估算法是一种简化的流动资金估算方法，是按照流动资金占某种基数的比率来估算流动资金。一般可参照同类企业的实际资料，求得各种流动资金比率指标，也可依据行业或部门给定的参考值或经验来确定流动资金比率，再将各类流动资金乘以相应的费用基数来估算流动资金。一般常用的基数有销售收入、经营成本、总成本费用和固定资产投资额等，究竟采用何种基数依行业习惯而定。扩大指标估算法简便易行，但准确度不高，一般适用于项目建议书阶段的流动资金估算或小型项目的流动资金估算。

① 产值（或销售收入）资金率估算法。

流动资金额＝年产值（年销售收入额)×产值（销售收入）资金率　(4-25)

【例 4-5】 某项目投产后的年产值为 1.8 亿元，其同类企业的百元产值流动资金占用额为 17.5 元，则该项目的流动资金估算额为

解： 18000×17.5/100＝3150（万元）

② 经营成本（或总成本）资金率估算法。经营成本是一项反映物质、劳动消耗和技术水平、生产管理水平的综合指标。一些工业项目，尤其是采掘工业项目常用经营成本（或总成本）资金率估算流动资金额。

流动资金额＝年经营成本（总成本)×经营成本资金率（总成本资金率）　(4-26)

③ 固定资产投资资金率估算法。固定资产投资资金率是流动资金占固定资产投资的百分比。如化工项目流动资金约占固定资产投资的 15%～20%，一般工业项目流动资金占固定资产投资额的 5%～12%。

流动资金额＝固定资产×固定资产投资资金率　(4-27)

④ 单位产量资金率估算法。即每单位产量占用流动资金的数额。

流动资金额＝年生产能力×单位产量资金率　(4-28)

4. 流动资金估算应注意的问题

① 在采用分项详细估算法时，应根据项目实际情况分别确定现金、应收账款、存货和应付账款的最低周转天数，并考虑一定的保险系数。因为最低周转天数减少，将增加周转次数，从而减少流动资金需用量，因此，必须切合实际地选用最低周转天数，以防安排的流动资金量不能满足生产经营的需要。对于存货中的外购原材料和燃料，要分品种和来源，考虑运输方式和运输距离，以及占用流动资金的比重大小等因素确定其最低周转天数。

② 在不同生产负荷下的流动资金，应按不同生产负荷所需的各项费用金额，分别按照上述的计算公式进行估算，而不能直接按照100%生产负荷来确定流动资金的需要量。

③ 流动资金属于长期性（永久性）流动资产，流动资金的筹措可通过长期负债和资本金的方式解决。流动资金一般要求在投产前一年开始筹措，为简化计算，一般在投产的第一年开始按预计的生产负荷安排流动资金需用量。流动资金借款部分按全年计算利息，流动资金利息应计入生产期间财务费用，项目计算期末收回全部流动资金（不含利息）。

本章小结

本章首先从建设项目决策对工程造价管理的影响引申出建设项目决策方案选择的几种方法；进而介绍建设项目投资估算的编制依据和方法，重点介绍了固定资产投资估算法以及流动资金的估算方法。

习　题

一、单项选择题

1. 某年产量10万吨化工产品已建项目的静态投资额为3300万元，现拟建类似项目的生产能力为20万吨/年，已知生产能力指数为0.6，因不同时期、不同地点的综合调整系数为1.15，则采用生产能力指数法估算的拟建项目静态投资额为（　　）万元。

A. 4349　　B. 4554　　C. 5002　　D. 5752

2. 先求出已有同类企业主要设备投资占全部建设投资的比例系数，然后再估算出拟建项目的主要设备投资，最后按比例系数求出拟建项目的建设投资，这种估算方法称(　　)。

A. 设备系数法　　B. 主体专业系数法
C. 朗格系数法　　D. 比例估算法

3. 下列投资估算方法中，属于以设备费为基础估算建设项目固定资产投资的方法是(　　)。

A. 生产能力指数法　　B. 朗格系数法
C. 指标估算法　　D. 定额估算法

4. 下列投资估算方法中，精度较高的是（　　）。

A. 生产能力指数法　　B. 单位生产能力估算法

C. 系数估算法　　D. 指标估算法

5. 下列观点错误的是（　　）。

A. 项目决策的正确性是工程造价合理性的前提

B. 项目决策的内容是决定工程造价的基础

C. 造价高低、投资多少与项目决策关系不大

D. 项目决策的深度影响投资估算的精确度

二、多项选择题

1. 决策阶段影响工程造价的主要因素有（　　）。

A. 建设标准水平的确定

B. 建设地区与建设地点（厂址）的选择

C. 建设周期的确定

D. 设备的选用

E. 建设项目资金的筹措

2. 工程方案选择应满足的要求是（　　）。

A. 满足生产使用功能的要求　　B. 满足安全性要求

C. 经济合理　　D. 满足环保要求

E. 符合工程标准规范要求

3. 下列属于建设项目投资估算依据的是（　　）。

A. 工程设计文件　　B. 与项目有关的工程地质资料

C. 典型施工图纸　　D. 现行的预算定额

E. 类似工程的各种经济技术指标和参数

4. 投资估算中，属于静态投资估算方法的有（　　）等几种。

A. 比例估算法　　B. 朗格系数法

C. 指标估算法　　D. 分项详细估算法

E. 扩大指标估算法

5. 流动资产估算时，一般采用分项详细估算法，其正确的计算式：流动资金＝（　　）。

A. 流动资产＋流动负债

B. 流动资产－流动负债

C. 应收账款＋存货－现金

D. 应付账款＋预收账款＋存货＋现金－应收账款－预付账款

E. 应收账款＋预付账款＋存货＋现金－应付账款－预收账款

三、简答题

1. 影响建设项目规模选择的因素有哪些？

2. 选择建设地区应遵循的原则是什么？

3. 投资估算包括哪些内容？

4. 估算流动资金时应注意哪些问题？

四、计算题

1. 某建设项目有A、B两个方案，其净现金流量情况如表4-6所示，若$i_c=10\%$，请用年值法对两个方案进行比选。

表4-6　A、B两个项目的净现金流量表　　单位：万元

项目	年份					
	1	2	3～4	5	6～9	10
A	-2500	500	600	600	600	800
B	-1200	350	450	600		—

2. 某项目达到设计生产能力以后，年销售收入25200万元；生产存货占用流动资金估算为9500万元；全厂定员为1000人，工资与福利费按每人每年12000元估算，每年的其他费用为960万元；年外购原材料、燃料及动力费估算为19800万元；各项流动资金的最低周转天数分别为：应收账款30天，现金40天，应付账款30天；估算该项目的流动资金额。

【在线答题】

第5章 建设项目设计阶段造价管理

教学提示

建设项目设计阶段影响工程造价的主要因素有总平面设计、工艺设计、辅助设施、公用设施、建设标准等；通过限额设计和优化设计能提高设计方案的经济合理性；BIM技术有利于设计阶段的工程造价控制；为提高编制费用的准确性，应审查设计阶段的概预算。

教学要求

通过本章的学习，学生应熟悉建设项目设计阶段工程造价的影响因素，掌握提高设计方案经济合理性的途径，了解BIM技术对设计阶段造价管理的影响，掌握设计阶段概预算的编制及审查方法。

设计阶段对整个项目造价的影响程度达到75%以上，是建设项目造价管理的重点。建设项目设计是指在建设项目开始施工之前，设计人员根据已批准的可行性研究报告及设计任务书，为具体实现拟建项目的技术、经济等方面的要求，拟定建筑、安装和设备制造等所需的规划、图纸、数据等技术文件的工作。设计是建设项目由计划变为现实具有决定意义的工作阶段。设计文件是建筑安装施工的依据。拟建工程在建设过程中能否保证质量、进度和节约投资，在很大程度上取决于设计质量的优劣。工程建成后，能否获得满意的经济效果，除项目决策外，设计工作也起着决定性的作用。

设计阶段是项目建设过程中最具创造性和思想最活跃的阶段，是人类聪明才智与物质技术手段完美结合的阶段，也是人们充分发挥主观能动性，在技术上和经济上对拟建项目的实施进行全面安排的阶段。初步设计一旦完成，就可编制设计概算；技术设计完成后，即可编制修正概算；施工图设计完成后，即可编制施工图预算。由此可见，设计阶段与工程造价有着密切的关系。

5.1 设计阶段影响造价的因素

设计阶段是决策阶段工作的延续，是可行性研究的深化和具体实现。因此，决策阶段影响工程造价的因素仍然影响着工程造价。但是，项目的建设规模、建设地点、工艺流程及主要设备选型已经确定，它们不再是影响造价的主要因素，项目设计阶段影响工程造价的主要因素有总平面设计、工艺设计、辅助设施、公用设施、建设标准等。

5.1.1 工业建筑设计影响造价的因素

工业建筑项目设计由厂区总平面设计、工艺设计及建筑设计三部分组成，它们之间相互关联、相互制约，影响工业建筑的造价。

1. 厂区总平面设计

(1) 厂区总平面设计与工程造价的关系

① 厂区总平面设计对工程造价的影响因素。

总平面设计是在按照批准的设计任务书选定厂址后进行的。按照工艺流程和防火安全距离、运输道路的曲率等要求，结合厂区的地形、地质、气象和外部运输等条件，对厂区内的建筑物、构筑物、露天堆场、运输线路、管线、绿化及美化设施等做全面合理的配置，以使整个项目形成布置紧凑、流程顺畅、经济合理、方便使用的格局。总平面设计是工业建筑项目设计的一个重要组成部分，它的经济合理性对整个工业企业设计方案的合理性有着极大的影响。

在总平面设计中影响工程造价的因素有以下几方面。

A. 厂区占地面积。厂区占地面积的大小一方面会影响征地费用的高低，另一方面也会影响管线布置成本及项目建成运营的运输成本。

B. 功能分区。合理的功能分区既可以使建筑物的各项功能充分发挥，又可以使总平面布置紧凑、安全，避免深挖深填，减少土石方量和节约用地，降低工程造价。同时，合理的功能分区还可以使生产工艺流程顺畅，运输方便，降低项目建成后的运营成本。

C. 运输方式的选择。运输方式可采用有轨运输和无轨运输，不同的运输方式，运输效率及成本不同。有轨运输运量大，运输安全，但占地面积较大，使土地费用增加，需要一次性投入大量资金；无轨运输土地占用面积较小，无须一次性大规模投资，但是运量小，运输安全性较差。从降低工程造价的角度来看，应尽可能选择无轨运输，可以减少占地，节约投资。但是运输方式的选择不能仅考虑工程造价，还应考虑项目运营的需要，如果运输量较大，则有轨运输往往比无轨运输成本低。具体选择哪一种运输方式，还是要根据生产工艺和各功能区的要求，并根据建设场地和运输距离长度等具体情况，力求选用投资少、运费相对较低、运输灵活的方式，同时合理布置线路力求缩短运输线路长度。

② 总平面设计的基本要求。针对以上总平面设计中影响造价的因素，总平面设计应满足以下基本要求。

A. 总平面设计要注意节约用地，尽量少占农田。要合理确定拟建项目的生产规模，妥善处理建设项目长远规划与近期建设的关系，近期建设项目的布置应集中紧凑，并适当留有发展余地。在符合防火、环保、卫生和安全距离要求并满足使用功能的条件下，应尽量减小建筑物之间的距离，尽量考虑多层厂房或联合厂房等合并建筑，尽可能设计外形规整的建筑，以增加场地的有效使用面积。

B. 总平面设计必须满足生产工艺过程的要求。生产工艺过程走向是企业生产的主动脉。因此，生产工艺过程也是工业建设项目总平面设计中一个最根本的设计依据。

总平面设计首先应进行功能分区，根据生产性质、工艺流程、生产管理的要求，将项目内的各类车间和设备，按照生产上、卫生上和使用上的特征分组合并于一个特定区域内，使各区功能明确、运输管理方便、生产协调、互不干扰，同时又可节约用地，缩短设备管线和运输线路长度。然后，在每个生产区内，依据生产使用要求布置建筑物和构筑物，保证生产过程的连续性，主要生产作业无交叉、逆流现象，使生产线最短、最直接。

C. 总平面设计要合理组织厂区内外运输，选择方便经济的运输设施和合理的运输线路。运输设计应根据生产工艺和各功能区的要求以及建设地点的具体自然条件，合理布置运输线路，力求运距短、无交叉、无反复运输现象，并尽可能避免人流与物流交叉。厂区道路布置应满足人流、物流和消防的要求，使建筑物、构筑物之间的联系最便捷。在运输工具的选择上，尽可能不选择有轨运输，以减少占地，节约投资。

D. 总平面布置应适应建设地点的气候、地形、工程水文地质等自然条件。总平面布置应该按照地形、地质条件，因地制宜地进行，为生产和运输创造有利条件，力求减少土方工程量，填方与挖方应尽可能平衡。建筑物布置应避开滑坡、断层、危岩等不良地段，以及采空区、软土层区等，力求以最少的建筑费用获得良好的生产条件。

E. 总平面设计必须符合城市规划的要求。工业建筑总平面布置的空间处理在满足生产功能的前提下，力求使厂区建筑物、构筑物组合设计整齐、简洁、美观，并与同一工业区内相邻厂房在造型、色彩等方面相互协调。城镇内的厂房应与城镇建设规划统一协调，使厂区建筑成为城镇总体建设面貌的一个良好组成部分。

2. 工艺设计

(1) 工艺设计过程中影响工程造价的因素

工艺设计是工程设计的核心，它是根据工业企业生产的特点、性质和功能来确定的。工艺设计一般包括生产设备的选择、工艺流程设计、工艺定额的制定和生产方法的确定。工艺设计标准的高低，不仅直接影响工程建设投资的大小和建设进度，而且决定着未来企业的产品质量、数量和经营费用。在工艺设计过程中影响工程造价的因素主要包括以下几方面。

① 选择合适的生产方法。

生产方法是否合适首先表现在是否先进合理。落后的生产方法不但会影响产品生产质量，而且在生产过程中也会造成生产维持费用较高，同时还需要追加投资改进生产方法。但是非常先进的生产方法往往需要较高的技术获取费，如果不能与企业的生产要求及生产环境相配套，将会带来不必要的浪费。

生产方法的合理性还表现在是否符合所采用的原料路线。不同的工艺路线往往要求不同的原料路线。选择生产方法时，要考虑工艺路线对原料规格、型号、品质的要求，以及原料供应是否稳定可靠。

工业企业所选择的生产方法应该符合清洁生产的要求。近年来，随着人们环保意识的增强，国家也加大了环境保护的执法监督力度，如果所选生产方法不符合清洁生产要求，项目主管部门往往会要求投资者追加环保设施投入，从而导致工程造价提高。

② 布置合理的工艺流程。

工艺流程设计是工艺设计的核心。合理的工艺流程应既能保证主要工序生产的稳定性，又能根据市场需要的变化，在产品生产的品种规格上保持一定的灵活性。工艺流程设计与厂内运输、工程管线布置联系密切。合理布置应保证主要生产工艺流程无交叉和逆行现象，并使生产线路尽可能短，从而节约占地，减少技术管线的工程量，节约造价。

③ 选择合理的设备型号。

在工业建筑中，设备及安装工程投资占有很大的比例，设备选型不仅影响着工程造价，而且对生产方法及产品质量也起着决定作用。在确定的生产规模、产品方案、工艺流程的条件下，选用技术先进、经济适用、经久耐用的设备，尽量降低工程总造价和使用成本。在进口设备和国产设备性能、质量相差不大的情况下，尽量选用国产设备，以降低工程总造价；尽量选用标准化、通用化、系列化的生产设备，以节约生产设备制作费用，以降低工程总造价；当确实需要进口设备时，应注意与工艺流程相适应并与有关设备相配套，以免造成设备浪费，而使工程总造价增加。

(2) 工艺技术选择的原则

针对工艺设计过程中影响工程造价的因素，工艺技术选择应遵循以下原则。

① 先进性。项目应尽可能采用先进技术和高新技术。衡量技术先进性的指标有产品质量性能、产品使用寿命、单位产品物耗能耗、劳动生产率、装备现代化水平等。

② 适用性。项目所采用的工艺技术应与国内的资源条件、经济发展水平和管理水平相适应。具体体现在以下几方面。

A. 采用的工艺路线要与可能得到的原材料、能源、主要辅助材料或半成品相适应。

B. 采用的技术与可能得到的设备相适应，包括国内设备和国外设备、主机和辅机。

C. 采用的技术、设备与当地劳动力素质和管理水平相适应。

D. 采用的技术与环境保护要求相适应，应尽可能采用环保型生产技术。

③ 可靠性。项目所采用的技术和设备质量应该可靠，并且经过生产实践检验，证明是成熟的技术。在引进国外先进技术时，要特别注意技术的可靠性、成熟性和相关条件的配套。

④ 安全性。项目所采用的技术在正常使用过程中应能保证生产安全运行。

⑤ 经济合理性。在注重所采用的技术设备先进适用、安全可靠的同时，应着重分析所采用的技术是否经济合理，是否有利于降低投资和产品成本，提高综合经济效益。技术的采用不应为追求先进而先进，要综合考虑技术系统的整体效益，对于影响产品性能质量的关键部分，工艺过程必须严格要求。对于关键工艺部分，如果专业设备和控制系统在国内不能保证供应，则成套引进先进技术和关键设备就是必要的。

3. 建筑设计

(1) 建筑设计影响工程造价的因素

① 平面形状。一般来说，建筑物平面形状越简单，它的单位建筑面积造价就越低，

因为单位建筑面积造价与建筑物的周长和建筑面积的比率有关，建筑物的周长和建筑面积的比率越小，设计越经济。当一座建筑物的平面又长又窄，或它的外形做得复杂而不规则时，其周长和建筑面积的比率必将增加，伴随而来的是较高的单位造价。因为不规则的建筑物将导致室外工程、排水工程、砌砖工程及屋面工程等复杂化从而增加工程费用。如单层厂房的平面形状最好是方形；其次为矩形，其长宽比例以 2：1 为最佳。平面形状的选择除考虑造价因素外，还应注意对美观、采光和使用要求方面的影响。

② 流通空间。建筑物平面布置的主要目标之一是在满足建筑物使用要求和必需的美观要求的前提下，将流通空间减少到最小，这样可以相应地降低造价。

③ 层高。在厂房建筑面积一定的情况下，建筑层高增加会引起各项费用的增加：墙与隔墙及有关粉刷、装饰费用的提高；供暖空间体积增加，导致热源及管道费增加；卫生设备、上下水管道长度增加；楼梯间造价和电梯设备费用的增加；施工垂直运输量增加。如果由于层高增加而导致建筑物总高度增加很多，则还可能需要增加结构和基础造价。相关资料表明，单层厂房高度每增加 1m，单位建筑面积造价就会增加 1.8%～3.6%，年度采暖费用就会增加 3%左右；多层厂房层高每增加 0.6m，单位建筑面积造价就会增加 8.3%左右。

单层厂房的高度主要取决于车间内部的运输方式。选择正确的车间内部运输方式对降低厂房高度、降低造价具有重要意义。在可能的条件下，特别是当起重量较小时，应考虑采用悬挂式运输设备来代替桥式吊车；多层厂房的层高应综合考虑生产工艺、采光、通风及建筑经济的因素来进行选择，多层厂房的建筑层高还取决于能否容纳车间内部最大生产设备和满足运输的要求。

④ 厂房层数。毫无疑问，建筑工程总造价是随着建筑物层数的增加而提高的。但是当建筑物层数增加时，单位建筑面积所分担的土地费用及外部流通空间费用将有所降低，从而使建筑物单位面积的造价发生变化。建筑物层数对造价的影响，因建筑类型、形式和结构的不同而不同。如果增加一个楼层不影响建筑物的结构形式，单位建筑面积造价可能会降低。但是当建筑物超过一定层数时，结构形式就要改变，单位建筑面积的造价通常会增加。建筑物越高，电梯及楼梯的造价有增加趋势，建筑物的维修费用也将增加，但是采暖费用有可能下降。

工业厂房分为单层厂房和多层厂房。工业厂房层数的选择应该重点考虑生产性质和生产工艺的要求。对于工艺上要求跨度大、层高大，拥有重型生产设备和起重设备，生产过程中散发大量热气和振动性较大的重工业厂房，采用单层厂房是经济合理的；而对于工艺上要求紧凑、垂直工艺流程，设备和产品质量不大，生产过程中具有恒温要求的轻工业厂房，采用多层厂房较经济合理，因为多层厂房占地面积小、运输距离平面布置紧凑，可降低建设工程造价和使用成本。

确定多层厂房的经济层数主要有以下两个因素。

A. 厂房展开面积的大小。经济展开面积越大，越能增加经济层数。

B. 厂房宽度和长度。宽度和长度越大，则越能增加经济层数，造价也随之相应降低。

根据相关资料研究确定，多层厂房的经济层数为 3～5 层。

⑤ 柱网布置。柱网布置是确定柱子的行距（跨度）和间距（柱距）的依据。柱网布置是否合理，对工程造价和厂房面积的利用效率都有较大影响。由于科学技术的飞跃发

展，生产设备和生产工艺都在不断地变化。为适应这种变化，厂房柱距和跨度应当适当扩大，以保证厂房有更大的灵活性，避免生产设备和工艺的改变而受到柱网布置的限制。

当单跨厂房柱距不变时，跨度越大，单位建筑面积造价越低，主要是由于除屋架外的其他结构随着跨度的增大分摊到单位面积上的平均造价随之降低；当多跨厂房跨度不变时，中跨的数量越多，单位建筑面积造价越低，主要是由于柱子和基础分摊到单位面积上的造价降低；当工艺生产线长度和厂房跨度不变时，柱距越大，厂房利用面积越大，从而减小了柱子所占的面积，有利于工艺设备的布置，相对地减小了设备占用厂房的面积，因而可降低总造价。

⑥ 厂房建筑面积和体积。通常情况下，随着建筑物体积和面积的增加，工程总造价会提高，因此在满足工艺要求和生产能力的情况下，应尽量减小厂房建筑面积和体积。减小厂房建筑面积，一般可采用大跨度、大柱距的大厂房平面设计形式，以提高平面利用系数；在不影响生产能力的情况下，要采用先进的工艺和高效能的设备，使设备布置紧凑合理，节省厂房面积。

⑦ 建筑结构。建筑结构按所用材料可分为钢筋混凝土结构、砌体结构、钢结构和木结构。厂房结构中采用钢筋混凝土结构和钢结构较多。钢筋混凝土结构坚固耐久、强度高、刚度大、抗震性能好、耐酸碱腐蚀和耐久性能好，便于工业化施工，所以在大中型厂房中采用广泛。钢筋混凝土结构厂房的工程造价一般比钢结构厂房低。钢结构同样强度高、抗震性能好，并且钢结构制作成的构件截面小、自重轻、质地均匀、可靠性高等，所以在大跨度厂房桁架、重吨位吊车梁、振动大的厂房中采用较广泛。

⑧ 建筑材料。建筑材料的费用在工程造价中所占的比重较大，一般材料费占人工费、材料费以及施工机具使用费综合的70%左右。降低材料费用，不仅可以降低直接工程费，而且也会降低措施费和管理费，所以建筑材料的选择关系到整个建筑工程的造价。在满足厂房工程质量的情况下，选用经济实用的材料，采用就地取材的方法，减少运输费用，可以降低工程造价。

(2) 建筑设计的基本要求

针对上述在建筑设计中影响工程造价的因素，在建筑设计中应遵循以下原则。

① 在建筑平面布置和立面形式选择上，应该满足生产工艺要求。在进行建筑设计时，应该熟悉生产工艺资料，掌握生产工艺特性及其对建筑的影响。根据生产工艺资料确定车间的高度、跨度及面积，根据不同的生产工艺过程确定车间平面组合方式。

② 根据设备种类、规格、数量、自重和振动情况，以及设备的外形及基础尺确定建筑物的大小、布置和基础类型，以及建筑结构的选择。

③ 根据生产组织管理、生产工艺技术、生产状况等提出劳动卫生和建筑结构的要求。

5.1.2 民用建筑设计影响造价的因素

民用建筑设计是根据建筑物的使用功能要求，确定建筑标准、结构形式、建筑物空间与平面布置以及建筑群体的配置等。民用建筑一般包括公共建筑、居住建筑。其中，居住建筑可分为住宅建筑和宿舍建筑。住宅建筑是民用建筑中最主要的建筑形式，因此这里主要介绍住宅建筑。

1. 小区建设规划

我国城市居民点的总体规划一般分居住区、小区和住宅组三级布置，即由几个住宅组组成小区，又由几个小区组成居住区。小区是人们日常生活相对完整、独立的居住单元，是城市建设的组成部分，所以小区布置是否合理，将直接关系到居民生活质量和城市建设发展等重大问题。小区规划设计的核心问题是提高土地利用率。

（1）小区规划中影响工程造价的主要因素

① 占地面积。

小区的占地面积不仅直接决定着土地费用的高低，而且影响着小区内道路、工程管线长度和公共设备的多少，而这些费用对小区建设投资的影响通常很大。占地面积指标在很大程度上影响小区建设的总造价。

② 建筑群体的布置形式。

建筑群体的布置形式对用地的影响不容忽视，通过采取高低搭配、点条结合、前后错列，以及局部东西向布置、斜向布置或拐角单元等手法可节约用地。在保证小区居住功能的前提下，适当集中公共设施、合理布置道路、充分利用小区内的边角用地，有利于提高建筑密度、降低小区的总造价。

（2）小区规划设计中节约用地的主要措施

① 压缩建筑的间距。

住宅建筑的间距主要有日照间距、防火间距和使用间距，取最大间距作为设计依据。

② 提高住宅层数或高低层搭配。

提高住宅层数和采用多层、高层搭配是节约用地、增加建筑面积的有效措施。根据相关资料统计，建筑层数由5层增加到9层，可使小区总居住面积密度提高35%。但是高层住宅造价较高，因此确定住宅的合理层数对节约用地和节省投资有很大的影响。

③ 适当增加房屋长度。

房屋长度的增加可以取消山墙间的间距，提高建筑密度。

④ 提高公共建筑的层数。

公共建筑分散建设占地多，若能将有关的公共设施集中建在一幢楼内，不仅方便群众，而且节约用地。有的公共设施还可放在住宅底层或半地下室。

2. 民用住宅建筑设计

（1）民用住宅建筑设计影响造价的因素

① 建筑物墙体面积系数和周长系数。

在住宅建筑的平面布置中，与工程造价密切相关的是墙体面积系数。墙体面积系数是墙体面积除以建筑面积，墙体面积系数越小，工程造价越低。墙体面积系数取决于住宅平面形状、住宅层高和单元组成等。当建筑面积一定时，住宅平面形状不同，住宅建筑周长系数也不同。住宅建筑周长系数是指外墙长度与每平方米建筑面积之比，圆形住宅的建筑周长系数最小，其次为正方形住宅、矩形住宅、T形住宅、L形住宅。圆形住宅施工复杂，施工费用较矩形住宅增加20%～30%，故其墙体工程量的减小不能使建筑工程造价降低，而且使用面积有效利用率也不高，用户使用不便；正方形住宅不利于建筑物自然采光，会增加采光费用。因此，在住宅设计中常采用矩形住宅，其合理的长宽比为2∶1，这样的住宅既有利于施工，又能降低工程造价。一般住宅单元以3～4个住宅单元、房屋长度以60～80m较为经济。在满足住宅功能和质量的前提下，可以适当加大住宅宽度。这是因为宽度加大，墙体经济面积系数相应减小，有利于降低造价。

② 住宅的层高。

在建筑面积一定的条件下，随着住宅层高增加，住宅的墙体面积、柱的体积等逐渐增加，带来墙体费用、柱子费用、墙体基础费用、各种管线费用、粉刷费用等增加，从而引起工程总造价的增加。相关资料表明，住宅层高每降低10cm，可降低造价1.2%～1.5%。层高降低还可提高住宅小区的建筑密度，节约土地费用和市政设施费用。但是，层高设计中还需考虑采光与通风问题，层高过低不利于采光及通风，在综合考虑住宅的使用功能和工程造价的前提下，住宅层高宜为2.8m。

③ 住宅的层数。

多层住宅（一般指4～9层的住宅建筑）由于其结构特点及不需要电梯设备，故其单位建筑面积造价、使用成本都比高层住宅（一般指10层以上的住宅建筑）低。相关资料表明，多层住宅层数越高，单位建筑面积造价越低，主要由于多层住宅层数增加，其市政设施费用、配套设施费用等随层数增加而分摊到建筑面积上的费用逐渐减少，但当住宅超过7层时，就要增加电梯费用，需要较多的交通面积（过道、走廊要加宽）和补充设备（供水设备和供电设备等），所以多层住宅以5～6层较为经济。高层住宅由于需要提高结构强度，采用框架-剪力墙结构、剪力墙结构等，需要增加电梯设备，故高层住宅单位建筑面积造价较高，但高层住宅可以节约土地占用面积，对于土地费用较高的城市，采用高层住宅是比较经济的选择。

④ 住宅单元组合、户型和住户面积。

住宅单元组合与工程造价有着密切的关系，如果单纯考虑经济性，则住宅单元组合越多，工程造价越低（表5-1）。但住宅单元组合既要考虑经济性，又要考虑适用性，从这两方面综合考虑，每幢住宅单元数以3～4个单元较为经济。

表5-1　住宅单元组合与工程造价的关系

单元数	1	2	3	4	5	6
工程造价相对值/(%)	108.96	106.62	101.59	100.70	100.15	100

根据相关资料统计，三居室住宅的设计比两居室住宅的设计降低1.5%左右的工程造价。四居室住宅的设计又比三居室住宅的设计降低3.5%的工程造价。房屋平均面积越大，内墙、隔墙在建筑面积所占比重就越小，工程造价越低。

⑤ 住宅建筑结构。

随着我国住宅工业化水平的提高，住宅工业化建筑体系的结构形式多种多样，考虑工程造价时应根据实际情况，因地制宜，就地取材，采用适合本地区经济合理的结构形式。

（2）民用住宅建筑设计的基本原则

民用住宅建筑设计要坚持适用、经济、美观的原则。

① 平面布置合理，长度和宽度比例适当。

② 合理确定户型和住户面积。

③ 合理确定层数和层高。

④ 合理选择结构方案。

5.1.3 设计阶段造价控制的重要意义

设计是建筑工程项目进行全面规划和具体安排实施意图的过程，是工程建设的灵魂，是处理技术与经济关系的关键环节，设计是否合理对控制工程造价具有重要影响。根据相关资料分析，设计阶段对工程造价的影响程度占75%以上，由此可见：设计阶段应是全过程造价控制的重点，是工程建设造价控制的关键阶段。设计阶段对工程造价的重要意义体现在如下几个方面。

1. 提高资金利用效率

设计阶段工程造价的计价形式是编制设计概预算，通过设计概预算可以了解工程造价的构成，分析资金分配的合理性，并可以利用价值工程理论分析项目各个组成功能与成本的匹配程度，调整项目功能与成本，使其更趋合理。

2. 提高投资控制效率

编制设计概预算并进行分析，可以了解工程各组成部分的投资比例。对于投资比例比较大的部分应作为投资控制的重点，这样可以提高投资控制效率。

3. 使控制工作更主动

在设计阶段控制工程造价，可以先按一定的质量标准，提出新建建筑物每一部分或分项的计划支出费用的报表，即造价计划，然后当详细设计制定出来以后，对工程的每一部分或分项的估算造价，对照造价计划中所列的指标进行审核，预先发现差异，主动采取一些控制方法消除差异，使设计更经济。

4. 便于技术与经济相结合

工程设计工作往往由建筑师等专业技术人员完成，在设计阶段造价工程师应共同参与全过程设计，使设计从一开始就建立在健全的经济基础之上，当做出重要决策时能充分认识其经济后果。另外，投资限额一旦确定，设计只能在确定的限额内进行，有利于建筑师发挥个人创造力，选择一种最经济的方式实现技术目标，从而确保设计方案能较好地体现技术与经济的结合。

5. 在设计阶段控制工程造价效果最显著

工程造价控制贯穿于项目建设全过程，但是影响项目投资最大的阶段是设计阶段。国内外工程实践及工程造价资料分析表明，设计阶段对工程造价的影响程度占75%以上，而在施工阶段通过技术革新等手段，对工程造价的影响程度却只有5%～10%。显然，设计阶段是控制工程造价的关键环节。设计方案的选定、结构的优化、新材料的采用、先进的设计理念和方法等无一不是影响工程造价的重要因素。设计的质量、设计的深度也决定了工程造价的可靠程度。往往由于设计质量不高、设计深度不够，造成大量的设计变更，使工程造价失控。因此，设计质量的好坏，直接影响整个工程建设的效益。

5.2 提高设计方案经济合理性的途径

1. 设计方案的优选

(1) 设计方案优选的原则

为了选择一个优秀的设计方案，在设计阶段，从多个设计方案中选取技术先进经济合理的设计方案，并进一步对选取的设计方案进行优化，以获得最佳设计方案。

在设计方案优选过程中，应遵循以下原则。

① 设计方案必须处理好技术先进性与经济合理性的关系。

建立健全技术与经济互动式控制机制，实行工程技术与工程经济的互动式双线管理，是设计阶段造价控制的有效手段。在工程设计中，设计人员重技术、轻经济的思想仍普遍存在。为了提高设计的安全系数和标准，为了采用先进的设计理念，只强调技术的可行性和先进性，而对经济的合理性考虑不多，从而造成工程资源的浪费。同时，由于种种原因导致设计变更，这都可能使工程造价提高。因此，设计人员必须使技术和经济有机地结合，在每个设计阶段都从功能和成本两个角度认真地进行综合考虑、评价，使使用功能与造价互相平衡、协调。一般情况下，要在满足使用者要求的前提下，尽可能降低工程造价；或在资金限制范围内，尽可能提高项目的功能水平。

② 设计方案必须兼顾近期设计要求与长远设计要求的关系。

项目建成后，往往会在很长一段时间内发挥作用。如果在设计过程中，只强调建设资金的节约，技术上只按照目前的要求设计项目，若干年后由于项目功能水平无法满足而需要对原有项目进行技术改造甚至重新建造，从长远来看，反而会造成建设资金的浪费；如果目前设计阶段就按照未来设计要求设计项目，就会增加建设项目造价，并且由于项目功能水平较高，目前阶段使用者不需要较高的功能或无力承受使用较高功能而产生的费用，造成项目资源闲置浪费的现象。所以，设计人员必须兼顾近期设计要求与长远设计要求的关系，进行多方案比较，选择合理功能水平的项目，并且根据长远发展的需要，适当提高项目的功能水平。

③ 设计方案必须兼顾工程造价与使用成本的关系，考虑项目全生命周期费用。

在项目建设过程中，以工程造价控制为目标，但在控制工程造价时，应满足项目功能水平和项目建设的质量。如果只顾降低工程造价，项目功能水平近期不能满足使用者的需要，使用者在使用过程中，为了达到项目功能水平而增加使用成本，甚至追加投资，反而会造成建设资金浪费；如果为了降低工程造价而不能保证建设质量，就会造成使用过程中维修费增加，从而增加使用成本，甚至会给使用者的安全带来严重损害。所以，方案设计必须考虑项目全生命周期费用，即工程造价和使用成本，在设计过程中应兼顾工程造价与使用成本的关系，在多方案费用比较中，选择项目全生命周期费用最低的方案作为最优方案。

（2）设计方案评价的内容

设计方案评价的内容主要是通过各种技术经济指标来体现的。不同类型的建筑，由于使用目的及功能要求不同，技术经济评价的指标也不相同。

① 工业建筑设计方案评价的内容。

工业建筑设计方案技术经济评价指标可从总平面设计、工艺设计和建筑设计三方面来设置。工业建筑设计方案技术经济评价指标如表5－2所示。

表5－2 工业建筑设计方案技术经济评价指标

序号	一级评价指标	二级评价指标
1	总平面设计	厂区占地面积
2		新区建筑面积
3		厂区绿化面积
4		绿化率
5		建筑密度
6		土地利用系数
7		经营费用
8	工艺设计	生产能力
9		工厂定员
10		主要原材料消耗
11		公用工程系统消耗
12		年运输量
13		三废排出量
14		净现值
15		净年值
16		差额内部收益率
17	建筑设计	单位建筑面积造价
18		建筑物周长与建筑面积比
19		厂房展开面积
20		厂房有效面积与建筑面积比
21		建设投资

② 民用建筑设计方案评价的内容。

民用建筑一般包括公共建筑和居住建筑两大类。公共建筑设计方案技术经济评价指标可从设计主要特征、面积指标及面积系数、能源消耗三方面来设置，如表5－3所示。

表 5-3　公共建筑设计方案技术经济评价指标

序号	一级评价指标	二级评价指标
1	设计主要特征	建筑面积
2		建筑层数
3		建筑结构类型
4		地震设防等级
5		耐火等级
6		建设规模
7		建设投资
8	面积指标及面积系数	用地面积
9		建筑物占地面积
10		构筑物占地面积
11		道路、广场、停车场占地面积
12		绿化面积
13		建筑密度
14		平面系数
15		单位建筑面积造价
16	能源消耗	总用水量
17		总采暖耗热量
18		总空调制冷量
19		总用电量
20		总燃气量

住宅建筑设计方案技术经济评价指标按照建筑功能效果设置，包括平面空间布置、面积指标及面积系数、物理性能、厨卫、安全性、建筑艺术等评价指标，如表5-4所示。

表 5-4　住宅建筑设计方案技术经济评价指标

序号	一级评价指标	二级评价指标
1	平面空间布置	平均每套卧室、起居室数
2		平均每套良好朝向卧室、起居室数
3		平均空间布置合理程度
4		家具布置适宜程度
5		储藏设施

续表

序号	一级评价指标	二级评价指标
6	面积指标及面积系数	建筑面积
7		建筑层数
8		建筑层高
9		建筑密度
10		建筑容积率
11		使用面积系数
12		绿化率
13		单位建筑面积造价
14	物理性能	采光
15		通风
16		保温与隔热
17		隔声
18	厨卫	厨房
19		卫生间
20	安全性	安全措施
21		结构安全
22		耐用年限
23	建筑艺术	室内效果
24		外观效果
25		环境效果

(3) 设计方案优选的方法

① 多指标评分法。

根据建设项目不同的使用目的和功能要求，首先对需要进行分析评价的设计方案设定若干个技术经济评价指标，对这些评价指标，按照其在建设项目中的重要程度，分配指标权重，并根据相应的评价标准，邀请有关专家对各设计方案的评价指标的满足程度计分，最后计算各设计方案的综合得分，由此选择综合得分最高的设计方案为最优方案。

其计算公式为

$$S=\sum_{i=1}^{n}(S_iW_i) \tag{5-1}$$

式中：S——设计方案综合得分；

S_i——某设计方案在某评价指标中的得分；

W_i——各评价指标权重，$\sum W_i=1$；

n——评价指标数。

【例5-1】 某住宅项目有A、B、C、D四个设计方案，各设计方案从适用、安全、美观、技术和经济五个方面进行考察，具体评价指标、权重和评分值如表5-5所示。运用多指标评分法，选择最优设计方案。

表5-5 各设计方案评价指标得分

评价指标		权重	A	B	C	D
适用	平面布置	0.1	9	10	8	10
	采光通风	0.07	9	9	10	9
	层高层数	0.05	7	8	9	9
安全	牢固耐用	0.08	9	10	10	10
	"三防"设施	0.05	8	9	9	7
美观	建筑造型	0.13	7	9	8	6
	室外装修	0.07	6	8	7	5
	室内装修	0.05	8	9	6	7
技术	环境设计	0.1	4	6	5	5
	技术参数	0.05	8	9	7	8
	便于施工	0.05	9	7	8	8
	易于设计	0.05	8	8	9	7
经济	单位建筑面积造价	0.15	10	9	8	9

解：运用多指标评分法，分别计算A、B、C、D四个设计方案的综合得分，计算结果如表5-6所示。

表5-6 各设计方案评价指标得分

评价指标		权重	A	B	C	D
适用	平面布置	0.1	9×0.1	10×0.1	8×0.1	10×0.1
	采光通风	0.07	9×0.07	9×0.07	10×0.07	9×0.07
	层高层数	0.05	7×0.05	8×0.05	9×0.05	9×0.05
安全	牢固耐用	0.08	9×0.08	10×0.08	10	10
	"三防"设施	0.05	8×0.05	9×0.05	9×0.05	7×0.05
美观	建筑造型	0.13	7×0.13	9×0.13	8×0.13	6×0.13
	室外装修	0.07	6×0.07	8×0.07	7×0.07	5×0.07
	室内装修	0.05	8×0.05	9×0.05	6×0.05	7×0.05

续表

评价指标		权重	A	B	C	D
技术	环境设计	0.1	4×0.1	6×0.1	5×0.1	5×0.1
	技术参数	0.05	8×0.05	9×0.05	7×0.05	8×0.05
	便于施工	0.05	9×0.05	7×0.05	8×0.05	8×0.05
	易于设计	0.05	8×0.05	8×0.05	9×0.05	7×0.05
经济	单位建筑造价	0.15	10×0.15	9×0.15	8×0.15	9×0.15
综合得分		1	7.88	8.61	7.93	7.71

根据表5-6的计算结果可知，设计方案B的综合得分最高，故方案B为最优设计方案。这种方法的优点在于避免了各指标间可能发生相互矛盾的现象，评价结果是唯一的。但是在确定权重及评分过程中存在主观臆断成分，同时由于各评分值是相对的，因而不能直接判断各设计方案各项功能的实际水平。

② 计算费用法。计算费用法又叫最小费用法，是将一次性投资和经常性的经营成本统一为一种性质的费用，从而评价设计方案的优劣。最小费用法是在诸多设计方案的功能相同的条件下，项目在整个寿命周期内计算费用最低者为最佳方案，是评价设计方案优劣的常用方法之一。

年计算费用公式为

$$C_{年}=KE+V \tag{5-2}$$

总计算费用公式为

$$C_{总}=K+Vt \tag{5-3}$$

式中：$C_{年}$——年计算费用；

$C_{总}$——项目总计算费用；

K——年总投资额；

V——年生产成本；

t——投资回收期；

E——投资效果系数（等于投资回收期的倒数）。

【例5-2】 某工程项目有3个设计方案，3个设计方案的投资总额和年生产成本如表5-7所示，投资回收期$t=5$年，投资效果系数$E=0.2$，请采用计算费用法优选出最佳设计方案。

表5-7 三个设计方案的投资总额和年生产成本　　单位：万元

设计方案	投资总额K	年生产成本V
方案1	2000	2400
方案2	2200	2300
方案3	2800	2100

解：方案 1：$C_{年}=K_1E+V_1=2000\times0.2+2400=2800$（万元）

$C_{总}=K_1+V_1t=2000+2400\times5=14000$（万元）

方案 2：$C_{年}=K_2E+V_2=2200\times0.2+2300=2740$（万元）

$C_{总}=K_2+V_2t=2200+2300\times5=13700$（万元）

方案 3：$C_{年}=K_3E+V_3=2800\times0.2+2100=2660$（万元）

$C_{总}=K_3+V_3t=2800+2100\times5=13300$（万元）

根据上述计算结果，方案 3 计算的年费用和总费用均为最低，故方案 3 为最佳设计方案。该方案可说明，虽然它的投资为最大，但投产后生产成本最低。设计方案优劣不仅要考虑投资额的高低，还应考虑项目投产后的生产成本高低和经营效益。

计算费用法计算简单，易于接受。但是它没有考虑资金时间价值以及各方案寿命期的差异。

③ 动态评价法。动态评价法是在考虑资金时间价值的情况下，对多个设计方案进行优选。与静态指标相比，动态指标更注重考察项目在其计算期内各年现金流量的具体情况，从而可以更好地对多个设计方案进行评价。

2. 设计方案的优化

优化设计是以系统工程理论为基础，应用最优化技术和借助计算机技术，对工程设计方案、设备选型、参数匹配、效益分析、项目可行性等方面进行最优化设计的方法。它是设计阶段的重要步骤，是控制工程造价的有效方法。通常采用的优化方法有以下几种。

(1) 通过设计方案招标和设计方案竞选优化设计方案

建设单位首先就拟建工程的设计任务通过报刊、信息网络或其他媒介发布公告，吸引设计单位参加设计方案招标或设计方案竞选，以获得众多的设计方案；然后组织专家评定小组采用科学的方法，按照经济、适用、美观的原则，以及技术先进、功能全面、结构合理、安全适用、满足建设节能及环境等要求，综合评定各设计方案的优劣，从中选择最优的设计方案，或将各方案的可取之处重新组合，提出最佳方案。专家评价法有利于多种设计方案的比较与选择，能集思广益，吸收众多设计方案的优点，使设计更完美。通过设计方案招标和设计方案竞选优化设计方案，可以使工程设计方案的技术和经济有机结合，有利于控制工程造价。

(2) 运用价值工程优化设计方案

① 价值工程原理。

价值工程是用最低的生命周期成本，可靠地实现必要功能，并且着重于功能分析的有组织活动。价值、功能和成本三者之间的关系为

$$价值=功能/成本 \tag{5-4}$$

这里的功能指必要功能，成本指生命周期成本（包括生产成本和使用成本），价值指生命周期成本投入所得产品必要功能。价值分析并不是单纯追求降低成本，也不是片面追求提高功能，而是力求正确处理好功能与成本的对立统一关系，提高它们之间的比值即价值，研究产品功能和成本的最佳配置。其目标为从功能和成本两方面改进研究对象，以提高其价值。一般来说，提高工程价值的途径有以下几点。

A. 在提高工程功能的同时降低项目投资，这是提高工程价值最为理想的途径。

B. 在项目投资不变的情况下，提高工程功能。

C. 工程功能有较大幅度提高，而项目投资增加较少。

D. 在保持工程功能不变的前提下，降低项目造价。

E. 工程功能略有降低，而项目投资有大幅度降低。

② 价值工程的一般工作程序。

A. 对象选择。这一过程应明确目标、限制条件和分析范围，并根据选择的研究对象，组成价值工程领导小组，制订工作计划。

B. 收集整理信息资料。此项工作应贯穿于价值工程的全过程。

C. 功能分析。分析研究对象具有哪些功能，各项功能之间的关系如何。

D. 功能评价。确定研究对象各项功能和成本的量化形式，根据价值、功能和成本之间的关系，计算出价值的量化形式，从而进行价值分析，为方案创新打下基础。

E. 方案创新与评价。根据功能评价的结果，提出各种不同的实现功能的方案，从技术、经济和社会等方面综合评价各种方案的优劣，选择最佳方案，并进一步对选出的最佳方案进行优化，然后由主管部门进行审批，最后制订实施计划，组织实施，并跟踪检查，对实施后取得的技术经济效果进行成果鉴定。

③ 应用价值工程进行设计方案优化的程序。

A. 对象选择。设计优化应以对造价影响较大的项目作为应用价值工程优化的研究对象。选择研究对象的定量方法可采用 ABC 分析法、百分比分析法、强制确定法、价值指数法。

a. ABC 分析法就是根据产品的数量和所占总成本的比重大小来选择对象的方法。在总体中所占数量较少而占成本较大的产品为 A 类，作为价值工程选择的对象。

b. 百分比分析法就是通过分析比较产品在各项经济指标中所占的百分比大小来选择对象的方法。将在总体中所占成本较大而利润较少的产品作为价值工程选择的对象。

c. 强制确定法就是以功能重要程度作为选择价值工程对象的决策指标的一种分析方法。选择功能重要程度较大的产品作为价值工程选择的对象。

d. 价值指数法就是通过比较各个对象之间的功能水平位次和成本位次，寻找价值系数偏离 1 的对象作为价值工程研究对象的一种方法。

B. 功能分析。分析研究对象具有哪些功能，各项功能之间的关系如何。

C. 功能评价。功能评价方法有功能成本法和功能指数法。在这里只介绍功能指数法。

功能指数法是通过评定各对象功能的重要程度，用功能指数来表示其功能程度的大小，然后将评价对象的功能指数与相对应的成本指数进行比较，得出该评价对象的价值指数，从而确定改进对象，并计算出该对象的成本改进期望值。其表达式为

$$\text{价值指数（VI）}=\frac{\text{功能指数（FI）}}{\text{成本指数（CI）}} \tag{5-5}$$

a. 计算功能指数。各功能指数的计算是将各评价对象功能得分值与各评价对象功能总得分值相比，其表达式为

$$\mathrm{FI}=f_i/\sum f_i \tag{5-6}$$

各评价对象功能得分值的推算方法主要有 0～1 评分法、0～4 评分法等。

第一种：0～1 评分法。该评分法要求两个功能相比，相对重要的得 1 分，相对不重要的得 0 分。

【例 5-3】 某建筑设计局部由 A、B、C、D、E 五种功能组成，各功能重要性如下：A 比 C、D、E 重要，但没有 B 重要；B 比 C、D、E 重要；C 比 E 重要；D 比 C 重要。用 0～1 评分法，计算各自的功能指数（表 5-8）。

表 5-8 各零部件的功能指数计算结果

评价对象	A	B	C	D	E	功能得分	修正得分值 f_i	功能指数 FI
A	×	0	1	1	1	3	4	0.2667
B	1	×	1	1	1	4	5	0.3333
C	0	0	×	0	1	1	2	0.1333
D	0	0	1	×	1	2	3	0.2000
E	0	0	0	0	×	0	1	0.0667
合 计						10	15	1

第二种，0～4 评分法。该评分法要求两个功能相比，相对很重要的得 4 分，相对不重要的得 0 分，相对较重要的得 3 分，相对较不重要的得 1 分，同样重要的两个功能各得 2 分。

【例 5-4】 有关专家决定从五个方面（分别以 A～E 表示）对各功能的重要性达成以下共识：B 和 C 同样重要，D 和 E 同样重要，A 相对于 D 很重要，A 相对于 B 较重要。用 0～4 评分法，计算各功能指数（表 5-9）。

表 5-9 各功能指数计算结果

评价对象	A	B	C	D	E	修正得分值 f_i	功能指数 FI
A	×	3	3	4	4	14	0.350
B	1	×	2	3	3	9	0.225
C	1	2	×	3	3	9	0.225
D	0	1	1	×	2	4	0.1
E	0	1	1	2	×	4	0.1
合 计						40	1

b. 计算成本指数。各成本指数的计算是将各评价对象的目前成本与全部评价对象的目前成本相比，其表达式为

$$\mathrm{CI} = C_i / \sum C_i \tag{5-7}$$

c. 计算价值指数并进行分析。根据价值指数的表达式计算价值指数，此时计算结果有三种情况。

价值指数等于 1 时，表示功能指数等于成本指数，即评价对象的功能比重与实现该功

能的目前成本比重大致平衡，合理匹配，可以认为是最理想的状态，此功能无须改进。

价值指数小于1时，表示成本指数大于功能指数，即评价对象的目前成本比重大于其功能比重，说明其目前成本偏高，从而会导致该功能过剩。此时，应将该评价对象的功能作为改进对象，在满足该功能的前提下，尽量降低成本。

价值指数大于1时，表示功能指数大于成本指数，即评价对象的功能比重大于实现该功能的目前成本比重。此时应做出具体分析，如果由于目前成本偏低，不能满足评价对象实现其应具有的功能要求，致使该功能偏低，此时应将该评价对象的功能作为改进对象，在满足必要功能的前提下，适当增加成本；如果评价对象的功能超出了应该具有的功能水平，即功能过剩，该评价对象的功能也应作为改进对象；如果客观上存在着功能重要而需要耗费的成本却较少，则不必改进。

d. 分配目标成本。根据限额设计的要求，确定研究对象的目标成本，并以功能评价系数为基础，将目标成本分摊到各项功能上，与各项功能的现实成本进行对比，确定成本改进期望值，成本改进期望值大的，应首先重点改进。

D. 方案创新与评价。方案创新的方法有以下几种。

a. 头脑风暴法。这种方法是选择5～10名有经验、有专长的人员开会讨论，会前将讨论的内容通知与会者，开会时要求气氛热烈、协调，并对与会者约定四条规则：不互相批评指责、自由奔放思考、多提构思方案、结合别人的意见提出设想。

b. 哥顿法（模糊目标法）。这种方法是把研究的问题适当抽象，要求大家对新方案做一番笼统的介绍，提出各种设想。

c. 德尔菲法（专家调查法）。这种方法是向专家做调查的方法，可以采用开会的方法，也可以采用函询的方法。

E. 方案评价与选择。对于方案创新所提出的多个方案需要进行评价，从中选择最优的方案。方案评价分为概略评价和详细评价。概略评价是对提出的多个方案进行粗略评价，从多个设想方案中选出价值较高的少数几个方案；详细评价是在通过概略评价以后选出的价值较高的少数几个方案中，再具体而又详细地分析、评价，从中选择最优的方案。

（3）价值工程进行设计方案的优选与优化案例

【案例5-1】

背景材料：某市高新技术开发区要建一幢综合办公楼，现有A、B、C三个设计方案。

A方案：结构形式为现浇框架体系，墙体材料采用多孔砖及可拆装式板材隔墙，窗户采用单层塑钢窗。使用面积系数92%，单位建筑面积造价1248元/m^2。

B方案：结构形式为现浇框架体系，墙体采用内浇外砌，窗户采用单层铝合金窗。使用面积系数88%，单位建筑面积造价1002元/m^2。

C方案：结构形式为砖混结构，采用现浇钢筋混凝土楼板，墙体材料采用普通黏土砖，窗户采用单层铝合金窗。使用面积系数80%，单位建筑面积造价838元/m^2。

问题1：应用价值工程方法选择最优设计方案。

解：（1）功能分析。价值工程小组认真分析了拟建工程的功能，认为建筑的结构形式（F1）、使用面积系数（F2）、墙体材料（F3）、窗户类型（F4）和模板类型（F5）等五项功能为主要功能。

（2）功能评价。经过价值工程小组研究，认为使用面积系数（F2）和结构形式（F1）

很重要，墙体材料（F3）次重要，窗户类型（F4）、模板类型（F5）较不重要，即F1＝F2＞F3＞F4＝F5，利用0～4评分法，可计算出各项功能因素的权重。按0～4评分法的规定，两个功能因素比较时，其相对重要程度有以下三种情况。

① 很重要的功能因素得4分，另一不重要的功能因素得0分。

② 较重要的功能因素得3分，另一较不重要的功能因素得1分。

③ 同样重要或基本同样重要时，两个功能因素各得2分。

根据给出的条件，各项功能的评价指数如表5-10所示。

表5-10　利用0～4评分法进行各项功能评价指数计算结果

功能	F1	F2	F3	F4	F5	得分	功能评价指数
F1	×	2	3	4	4	13	0.325
F2	2	×	3	4	4	13	0.325
F3	1	1	×	3	3	8	0.200
F4	0	0	1	×	2	3	0.075
F5	0	0	1	2	×	3	0.075
合计						40	1.000

（3）方案评价。分别计算出各方案的功能指数、成本指数和价值指数，并根据价值指数选择最优方案。各方案功能评价及功能指数如表5-11所示。

表5-11　各方案功能评价及功能指数

项目功能	重要度权数	A方案		B方案		C方案	
		功能得分	加权得分	功能得分	加权得分	功能得分	加权得分
结构形式（F1）	0.325	10	3.25	10	3.25	7	2.275
使用面积系数（F2）	0.325	9	2.925	8	2.6	7	2.275
墙体材料（F3）	0.200	10	2	9	1.8	8	1.6
窗户类型（F4）	0.075	9	0.675	8	0.6	8	0.6
模板类型（F5）	0.075	10	0.75	10	0.75	9	0.675
方案加权得分和		9.6		9		7.425	
功能评价指数		37		35		0.29	

各方案成本指数计算结果如表5-12所示。

表5-12　各方案成本指数计算结果

设计方案	单位建筑面积造价/（元/m²）	成本指数
A	1248	0.40
B	1002	0.32
C	838	0.27

各方案价值指数计算结果如表 5-13 所示。

表 5-13 各方案价值指数计算结果

设计方案	功能指数	成本指数	价值指数
A	0.37	0.40	0.93
B	0.35	0.32	1.09
C	0.29	0.27	1.07

由以上结果可知，B 方案价值指数最大，B 方案为最佳方案。

问题 2：为控制工程造价和进一步降低费用，对所选最佳方案即 B 方案的土建部分，以工程材料费为对象应用价值工程进行造价控制。将土建工程划分为四个功能项目，各功能项目评分值及其目前成本如表 5-14 所示。目前成本为 236.34 万元，按限额设计要求，目标成本额应控制在 186 万元以内。

表 5-14 各功能项目评分值及其目前成本

功能项目	功能指数	目前成本/万元
桩基工程	0.106	28.08
地下室工程	0.118	25.74
主体工程	0.424	88.92
装饰工程	0.352	93.60
合　计	1.000	236.34

试分析各功能项目的目标成本及可能降低的额度，并确定功能改进顺序。

解： 根据表 5-14 所列数据，分别计算桩基工程、地下室工程、主体工程和装饰工程的功能指数、成本指数和价值指数，再根据给定的总目标成本额，计算各工程项目的目标成本额，从而确定其成本降低额度。具体计算结果如下。

(1) 各项功能价值指数计算结果如表 5-15 所示。

表 5-15 各项功能价值指数计算结果

功能项目	功能指数	成本指数	价值指数
桩基工程	0.106	0.12	0.88
地下室工程	0.118	0.11	1.07
主体工程	0.424	0.38	1.12
装饰工程	0.352	0.40	0.88

注：表中成本指数=各功能项目目前成本/目前总成本。

由表 5-15 可知，价值指数小于 1 的有桩基工程和装饰工程，成本比重偏高，应降低成本。价值指数大于 1 的有地下室工程和主体工程，功能较重要，但成本比重偏低，应适当增加成本。

(2) 目标成本的分配及成本改进期望值计算结果如表5-16所示。

表5-16 目标成本的分配及成本改进期望值计算结果

功能项目	功能指数	成本指数	目前成本/万元	目标成本/万元	成本降低额/万元
桩基工程	0.106	0.12	28.08	19.72	8.36
地下室工程	0.118	0.11	25.74	21.95	3.79
主体工程	0.424	0.38	88.92	78.86	10.06
装饰工程	0.352	0.40	93.60	65.47	28.13

由表5-16可知，桩基工程、地下室工程、主体工程、装饰工程均应通过适当方式降低成本，功能改进顺序依次为装饰工程、主体工程、桩基工程、地下室工程。

(4) 推广标准化设计，优化设计方案

标准化设计又称定型设计、通用设计，是工程建设标准化的组成部分。标准化是在经济、技术、科学和管理等社会实践中，对重复性事物和概念通过制定、发布和实施标准，达到统一，以获得最佳秩序和社会效益。各类工程建设的构件、配件、零部件，以及通用的建筑物、构筑物、公用设施等，只要有条件的都应该实施标准化设计。

制定统一的设计标准、统一的设计规范，其目的就是获得最佳的设计方案，取得最佳的社会效益。标准化设计的基本原理概括为“统一、简化、协调、择优”。“统一”是在一定的范围内、一定的条件下，使标准对象的形式、功能或其他技术特征具有一致性，如房屋建筑制图统一标准、建筑构件设计统一标准、工业企业采光设计统一标准等。“简化”是使标准对象由复杂到简单，简化设计往往与模数化联系在一起，模数化设计有利于促进实现工厂化生产，实现建筑产品预制化、装配化。“协调”是处理好标准对象与相关标准和相关因素的关系，使其发挥特定的功能和保持相对的稳定性，使方案设计取得最佳效果。“择优”是在一定的目标和条件下，对标准的内容和标准化系统的多种设计方案进行方案比较和选择，优化设计方案。通过总结推广标准规范、标准设计，公布合理的技术经济指标及考核指标，为优化设计方案提供良好服务。

工程建设标准和规范设计来源于工程建设的实践经验和科研成果，是工程建设必须遵循的科学依据，对降低工程造价有着很重要的影响。推广标准化设计有利于降低设计成本和工程成本，提高设计的正确性和科学性，缩短建设周期，其具体表现在以下几个方面。

① 采用标准化设计，简化设计工作，可以节约设计费用。另外，由于建筑构件、配件、零部件等实行标准化设计，具有较强的通用性，便于大批量的工厂化生产，促进资源的合理配置与结构优化资源结构，节约建筑材料，从而可降低整个工程造价。

② 采用标准化设计，可以提高劳动生产率，缩短建设周期。随着科学技术的发展，建筑产品专业化程度越来越高，建筑规模越来越大，技术要求越来越复杂，这就要通过工程建设的标准化设计来保证各专业设计在技术上保持高度的统一和协调。标准化设计可大大加快提供设计图纸的速度，缩短设计周期，也可以使施工准备和定制预制构件等工作提前，从而缩短建设周期。另外，采用建筑构件、配件、零部件等的标准设计，能使工艺定型，容易提高工人技术，提高劳动生产率，从而缩短建设周期。

③ 采用标准化设计，可以提高设计质量，为实现优良工程创造条件。工程建设标准

化设计来源于基础理论的研究和实践经验，通过吸收国内外先进经验和技术总结出的科研成果，按照“统一、简化、协调、择优”的原则，提炼上升为设计规范和设计标准，所以按照标准化设计可以保证设计质量。另外，标准化设计有较强的通用性，可提高设计人员的熟练程度，保证设计图纸的质量。同样，由于采用标准化设计，使施工人员对其施工方案比较熟悉，也可保证施工质量，从而为实现优良工程创造条件。

（5）实行限额设计优化设计方案

① 限额设计的概念。

所谓限额设计，就是按照批准的可行性研究报告及投资估算控制初步设计，按照批准的初步设计概算控制施工图设计，按照施工图预算对施工图设计的各个专业设计文件做出决策。所以，限额设计实际上是建设项目投资控制系统中的一个重要环节，或称为一项关键措施。限额设计并不是单纯地节约投资，盲目追求低造价，而是在保证建设项目满足其功能要求的前提下控制工程造价，节约投资。设计人员与经济管理人员在整个设计过程中应密切配合，做到技术与经济的统一。设计人员在设计时考虑经济支出，做出方案比较，有利于强化设计人员的工程造价意识，优化设计；经济管理人员及时进行造价计算，为设计人员提供信息，使设计小组内部形成有机整体，避免相互脱节现象，达到动态控制投资的目的。

② 限额设计的目标。

A. 限额设计目标的确定。限额设计目标是在初步设计开始前，根据批准的可行性研究报告及其投资估算确定的。限额设计指标经项目经理或总设计师提出，经主管院长审批下达，其总额度一般只下达直接工程费的90%，以便项目经理或总设计师和室主任留有一定的调节指标，限额指标用完后，必须经批准才能调整。

虽然限额设计是设计阶段控制造价的有效方法，但工程设计是一个从概念到实施的不断认识的过程，控制限额的提出也难免会产生偏差或错误，因此限额设计应以合理的限额为目标。如果限额设计的目标值缺乏合理性，一方面目标值过低会造成这个目标值易被突破，限额设计无法实施；另一方面目标值过高又会造成投资浪费现象。限额设计目标值的提出绝不是建设单位和领导机关或权力部门随意提出的限额，而是对整个建设项目进行投资分解后，对各个单项工程、单位工程、分部分项工程的各个技术经济指标提出科学、合理、可行的控制额度。在设计过程中既要严格按照限额控制目标，选择合理的设计标准进行设计；又要不断分析限额的合理性，若设计限额确定不合理，必须重新进行投资分解，修改或调整限额设计目标值。

B. 采用优化设计，确保限额目标的实现。确保限额目标的实现，必须进行设计方案的优化。通过优化设计不仅可以选择最佳设计方案，提高设计质量，而且能有效控制工程造价。

③ 限额设计的全过程。

限额设计是工程建设领域控制投资支出，有效使用建设资金的重要措施，在一定阶段、一定程度上很好地解决了工程项目在建设过程中技术与经济相统一的关系。因此，抓住设计这个关键阶段，也就抓住了造价全过程控制中的重点。限额设计的全过程实际上是建设项目投资目标管理的过程，造价全过程控制体现在设计阶段的限额设计应层层展开，纵向到底，横向到边，即限额设计的纵向控制和横向控制。

A. 限额设计的纵向控制。限额设计的纵向控制的内容包括投资分配、初步设计造价控制、施工图设计造价控制、设计变更控制。

a. 投资分配。投资分配是实行限额设计的有效途径和主要方法，设计任务书获得批准后，设计单位在设计之前应在设计任务书的总框架内将投资先分解到各专业，然后分配到各单项工程和单位工程，作为进行初步设计的造价控制目标。这种分配往往不是只凭设计任务书就能办到的，而是要进行方案设计，在此基础上做出决策。

b. 初步设计造价控制。初步设计应严格按分配的造价控制目标进行设计。在初步设计开始之前，项目总设计师应将设计任务规定的设计原则、建设方针和投资限额向设计人员交底，将投资限额分专业下达到设计人员，发动设计人员认真研究实现投资限额的可能性，切实进行多方案比选，对各个技术经济方案的关键设备、工艺流程总图方案、总图建筑和各项费用指标进行比较与分析，从中选出既能达到工程要求，又不超过投资限额的方案，作为初步设计方案。如果发现重大设计方案或某项费用指标超出任务书的投资限额，应及时反映，并提出解决问题的办法。不能等到设计概算编制完成后才发现投资超限额，再被迫压低造价，减项目、减设备，这样不但影响设计进度，而且造成设计上的不合理，给施工图预算超投资埋下隐患。

c. 施工图设计造价控制。施工图设计阶段应根据施工图纸和说明书及预算定额编制施工图预算，用以核实施工图阶段造价是否超过批准的初步设计概算（误差在±5%之间）。设计单位按照造价控制目标确定施工图设计的构造，选用材料和设备。

严格按批准的初步设计和初步设计概算进行设计，重点应放在工程量控制上，控制的工程量是经审定的初步设计工程量，作为施工图设计工程量的最高限额，不得突破，并注意把握质量标准和造价标准，使两个标准协调一致、相互制约，防止只顾质量而放松经济要求的倾向，当然也不能因为经济上的限制而消极地降低质量，因此必须在造价限额的前提下优化设计。在设计过程中，要对设计结果进行技术经济分析，看是否有利于造价目标的实现。每个单位工程施工图设计完成后，要做出施工图预算，判别是否满足单位工程造价限额要求，如果不满足，应修改施工图设计，直至满足限额要求。只有当施工图预算造价满足施工图设计造价限额时，施工图才能归档。

d. 设计变更控制。在初步设计阶段，由于外部条件的制约和人们主观认识的局限，往往会造成施工图设计阶段，甚至施工过程中的局部修改和变更。这是使设计、建设更趋完善的正常现象。但是由此却会引起对已经确认的概算价值的变化。这种变化在一定范围内是允许的，但必须经过核算和调整。如果施工图设计变化涉及建设规模产品方案、工艺流程或设计方案的重大变更，使原初步设计失去指导施工图设计的意义，必须重新编制或修改初步设计文件，并重新报原审查单位审批。对于非发生不可的设计变更，应尽量提前，以减少变更对工程造成的损失。施工图设计阶段的变更，只需修改设计图纸，这种变更损失不大；如果在采购阶段变更，不仅需要修改图纸而且需要重新采购材料、设备；如果在施工阶段变更，除上述费用外，变更部分工程需要拆除，会造成更大的损失。所以，应尽量把变更控制在设计阶段初期，对于设计变更较大的项目，更要采取先算账后变更的办法解决，以使工程造价得到有效控制。

B. 限额设计的横向控制。限额设计的横向控制的内容包括健全责任分配制度和健全奖罚制度。明确设计单位内部各专业科室对限额设计所承担的责任，建立健全设计院内部的院级、项目经理级、室主任级“三级”管理制度，使责任具体落实到个人，院级落实到主管院长、总工程师和总经济师等，项目经理级落实到正、副项目经理和项目总设计师等，室主任级落实到正、副主任和主任工程师等，使落实到个人的指标不突破限额。为使限额设计落到实处，应建立健全奖罚制度。对于设计单位和设计人员在保证工程功能水平和工程安全的前提下，采用新工艺、新材料、新设备、新技术优化设计方案，节约项目投资额，按节约投资额的大小，给予设计单位和设计人员奖励；对于设计单位设计错误、由于设计原因造成的较大的设计变更，导致投资额超过了目标控制限额，按超支比例扣除相应比例的设计费。

5.3 BIM技术在设计阶段的造价控制

5.3.1 BIM技术概述

建筑信息模型（BIM）的英文全称是 Building Information Modeling，是一个完备的信息模型，能够将工程项目在全生命周期中各个不同阶段的工程信息、过程和资源集成在一个模型中，方便被工程各参与方使用。通过三维数字技术模拟建筑物所具有的真实信息，为工程设计和施工提供相互协调、内部一致的信息模型，使该模型达到设计-施工的一体化，各专业协同工作，从而降低了工程生产成本，保障工程按时按质完成。

利用创建好的BIM可提升设计质量，减少设计错误，获取、分析工程量成本数据，并为施工建造全过程提供技术支撑，为项目参建各方提供基于BIM的协同平台，有效提升协同效率。确保建筑在全生命周期中能够按时、保质、安全、高效、节约完成，并且具备责任可追溯性。

5.3.2 BIM技术对造价的影响

首先，BIM技术用于工程项目的造价管理中会提高计算的速度和准确性。工作人员只需要制定计算规则，调整相应的参数，就可以通过BIM技术自动计算工程项目的造价，既节约了时间，相关的劳动力也得到了解放，可以去做更有价值的工作。

其次，BIM技术的出现，使得工程造价管理的实时统计成为可能。在面对项目过程中的设计变更时，工作人员只需要把变更的信息、属性和价格等内容输入到模型中，相应的造价的变化会随着输入内容的变化而即时变化。这样对于数据的及时更新和反馈，使得管理人员可以对项目有更深入地了解和把控，从而使他们的决策制定变得更加合理和科学。

再者，BIM作为一个平台，它使得造价更加的准确和透明，这样不仅能减少人为故意的欺瞒，还能加速市场化的进程，确保一个健康、透明的市场环境。而且，BIM历史数据可以被很好地收集和共享，从而可以丰富数据库的储库。当从业人员以后遇到相同类型的工程项目和难题时，这些数据可以被很好地利用起来，成为借鉴与参考。

设计阶段，BIM技术对造价的具体影响如下。

1. 提升设计质量，提高工程量计算效率

工程量计算效率的提高有利于限额设计。基于BIM的自动化算量方法可以更快地计算工程量，及时地将设计方案的成本反馈给设计师，便于在设计的前期阶段对成本进行控制。在深化设计过程中，BIM可以进行图纸优化、施工协调和预算纠偏等工作。

2. 可以更好地应对设计变更，相关费用变化清晰

在传统的成本核算方法下，一旦发生设计变更，造价工程师需要手动检查设计变更，找到对成本的影响，这样的过程不仅缓慢，而且可靠性不强。BIM软件与成本计算软件的集成将成本和空间数据进行了一致关联，能够自动检测哪些内容发生变更，直观地显示变更结果，并将结果反馈给设计人员，使他们能清楚地了解设计方案的变化对成本的影响。

3. BIM技术有利于业主适时控制造价

设计院应具备在产业化项目中进行全产业链、全生命周期的BIM应用策划能力，确定BIM信息化应用目标与各阶段BIM应用标准和移交接口，建立BIM信息化技术应用协同平台并进行维护更新，在产业化项目的前期策划阶段、设计阶段、构件生产阶段、施工阶段、拆除阶段实现全生命周期运用BIM技术，帮助业主实现对项目的质量、进度和成本的全方位、实时控制。

5.4 设计阶段概预算的编制与审查

5.4.1 设计概算的编制与审查

1. 设计概算概述

(1) 概念及作用

建设项目设计概算是初步设计文件的重要组成部分，是在投资估算的控制下，由设计单位根据初步设计或技术设计的图纸及说明，利用国家或地区颁发的概算指标、概算定额或综合指标预算定额、设备材料预算价格等资料，按照设计要求，概略地计算建筑物或构筑物造价的文件。其特点是编制工作相对简略，在精度上没有施工图预算准确。采用两阶段设计的建设项目，初步设计阶段必须编制设计概算；采用三阶段计的建设项目，技术设计阶段必须编制修正概算。

设计概算的主要作用有以下几点。

① 设计概算是编制工程项目投资计划、确定和控制工程项目投资的依据。

② 设计概算是签订建设工程合同和贷款合同的依据。

③ 设计概算是控制施工图设计和施工图预算的依据。

④ 设计概算是衡量设计方案技术经济合理性和选择最佳设计方案的依据。

⑤ 设计概算是工程造价管理及编制招标标底和投标报价的依据。

⑥ 设计概算是考核建设项目设计投资效果的依据。

（2）设计概算的内容

设计概算可分为单位工程概算、单项工程综合概算和建设项目总概算三级。各级概算之间的相互关系如图5－1所示。

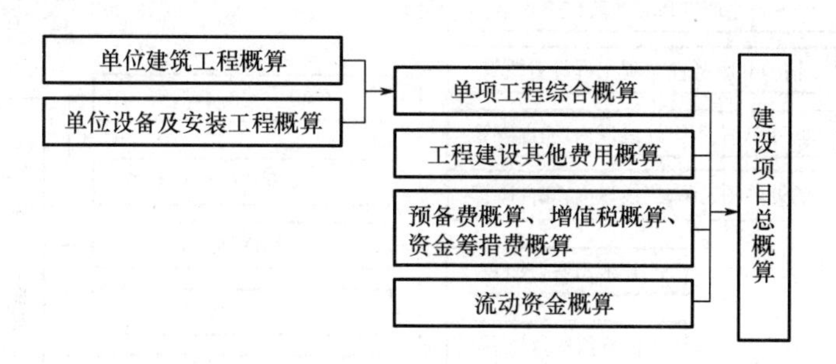

图5－1　设计概算的三级概算关系

① 单位工程概算。

单位工程概算是确定各单位工程建设费用的文件，是编制单项工程综合概算的依据，是单项工程综合概算的组成部分。单位工程概算按其工程性质分为建筑工程概算和设备及安装工程概算两大类。建筑工程概算包括土建工程概算，给水排水、采暖工程概算，通风、空调工程概算，电气、照明工程概算，弱电工程概算，特殊构筑物工程概算等。设备及安装工程概算包括机械设备及安装工程概算、电气设备及安装工程概算、热力设备及安装工程概算、工器具及生产家具购置费概算等。

② 单项工程综合概算。

单项工程综合概算是确定一个单项工程所需建设费用的文件。它由单项工程中的各单位工程概算汇总编制而成，是建设项目总概算的组成部分，如图5－2所示。

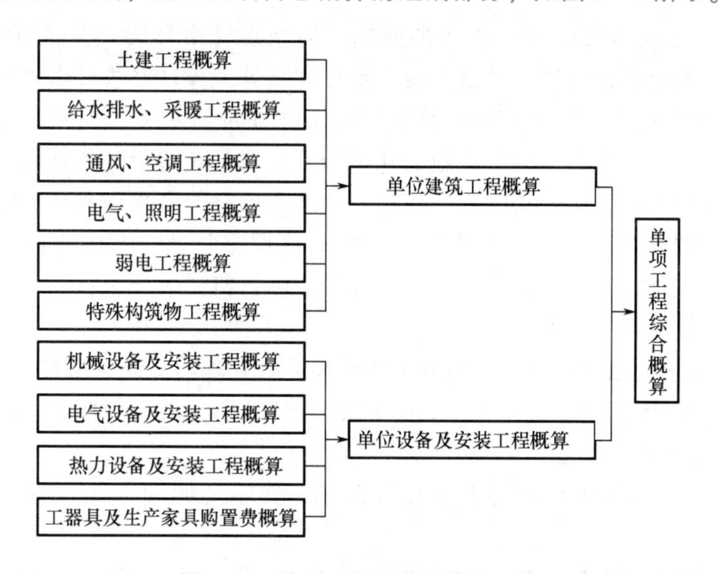

图5－2　单项工程综合概算的组成

③ 建设项目总概算。

建设项目总概算是确定整个建设项目从筹建到竣工验收交付使用所需全部费用的文

件。它是由各单项工程综合概算、工程建设其他费用概算、增值税概算、预备费概算和资金筹措费概算、流动资金概算等汇总编制而成的，如图 5 - 3 所示。

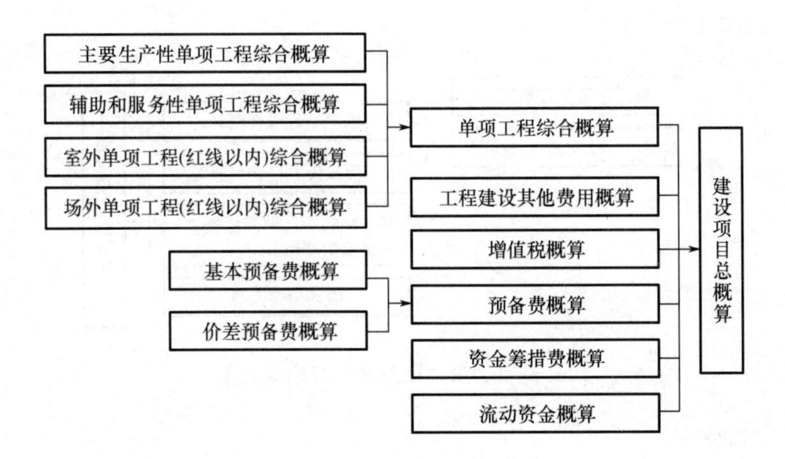

图 5 - 3　建设项目总概算的组成

2. 设计概算的编制

（1）设计概算的编制原则

为提高工程项目设计概算编制质量、科学合理地确定工程项目投资，设计概算编制应坚持以下原则。

① 严格执行国家的建设方针和经济政策的原则。设计概算是一项重要的技术经济工作，要严格按照党和国家的方针、政策办事，坚决执行勤俭节约的方针，严格执行规定的设计标准。

② 要完整、准确地反映设计内容的原则。编制设计概算时，要认真了解设计意图，根据设计文件、图纸准确计算工程量，避免重算和漏算。设计修改后，要及时修正概算。

③ 要坚持结合拟建工程的实际，反映当时所在地价格水平的原则。为提高设计概算的准确性，要实事求是地对工程所在地的建设条件可能影响造价的各种因素进行认真的调查研究。在此基础上，正确使用定额、指标、费率和价格等各项编制依据，按照现行工程造价的构成，根据有关部门发布的价格信息及价格调整指数，考虑建设期的价格变化因素，使概算尽可能地反映设计内容、施工条件和实际价格。

（2）设计概算的编制依据

① 国家、行业和地方政府发布的有关建设和造价管理的法律、法规、规程。

② 批准的建设项目的设计任务（或批准的可行性研究报告）和主管部门的有关规定。

③ 初步设计项目一览表。

④ 能满足编制设计概算的各专业设计图纸、文字说明和主要设备表，包括以下几方面。

A. 土建工程中建筑专业提交的建筑平面图、立面图、剖面图和初步设计文字说明（应说明或注明装修标准、门窗尺寸），结构专业提交的结构平面布置图、结构截面尺寸、特殊配件配筋率。

B. 给水排水、电气、采暖通风、空气调节、动力等专业提交的平面布置图或文字说明和主要设备表。

C. 室外工程有关专业提交的平面布置图，总图专业提交的建设场地的地形图和场地设计标高及道路、排水沟、挡土墙、围墙等结构物的断面尺寸。

⑤ 施工组织设计。

⑥ 当地和主管部门的现行建筑工程和专业安装工程的概算定额、预算定额、综合预算定额、单位估价表、材料及构配件预算价格、工程费用定额和有关费用规定的文件等资料。

⑦ 现行的有关设备原价及运杂费率。

⑧ 现行的有关其他费用定额、指标和价格。

⑨ 资金筹措方式。

⑩ 建设场地的自然条件和施工条件。

⑪ 类似工程的概算、预算及技术经济指标。

⑫ 建设单位提供的有关工程造价的其他资料。

⑬ 有关合同、协议等其他资料。

(3) 设计概算的编制方法

建设项目设计概算的编制，一般先编制单位工程的设计概算，然后逐级汇总，形成单项工程综合概算及建设项目总概算。因此，下面分别介绍单位工程概算、单项工程综合概算和建设项目总概算的编制方法。

① 单位工程概算编制方法。

单位工程是指具有单独设计文件，可以独立组织施工，但不能独立发挥生产能力或使用效益的工程。单位工程概算是确定单位工程建设费用的文件，是单项工程综合概算的组成部分。它由直接费、间接费和利润组成。

单位工程概算分建筑工程概算和设备及安装工程概算两大类。

A. 建筑工程概算编制方法。建筑工程概算编制方法有概算定额法、概算指标法、类似工程预算法等。

a. 概算定额法。概算定额法又叫扩大单价法或扩大结构定额法，它是使用概算定额来编制建筑工程概算的方法。其具体步骤主要有根据初步设计图纸、资料，按概算定额的项目划分，计算工程数量，然后套用概算定额单价（基价），汇总后，再计取有关费用，确定建筑工程概算造价。概算定额法要求初步设计达到一定深度，建筑结构比较明确，能按照初步设计的平面、立面、剖面图纸计算出楼地面、墙身、门窗和屋面等扩大分项工程（或扩大结构构件）项目的工程量时，才可采用。

概算定额法编制设计概算的步骤如下。

第一步，列出单位工程中分项工程或扩大分项工程的项目名称，并计算其工程量。

第二步，确定各分部分项工程项目的概算定额单价。

第三步，计算分部分项工程的直接工程费，合计得到单位工程直接工程费总和。

第四步，按照有关规定标准计算措施费，合计得到单位工程直接费。

第五步，按照一定的取费标准和计算基础计算间接费和利税。

第六步，计算单位工程概算造价。

第七步，计算单位建筑工程经济技术指标。

b. 概算指标法。概算指标法是用拟建的厂房、住宅建筑面积（或体积）乘以技术条件相同或基本相同的概算指标得出直接工程费，然后按规定计算出企业管理费、规费、利润、税金等，编制出单位工程概算的方法。

概算指标法适用于初步设计深度不够，不能准确地计算出工程量，但工程设计是采用技术比较成熟而且又有类似工程概算指标可以利用时的情况，如普通的住宅、小型通用厂房工程。

建筑工程概算指标是以建筑面积（或体积）为单位，以整个建筑物为范围的定额，通常以整个房屋每 $100m^2$ 建筑面积（或以每座构筑物）为计量单位来规定人工、材料和施工机具台班消耗量以及价值货币表现的标准。因此，它比概算定额更综合，范围更扩大，其概算的编制工作也更简略。

由于拟建工程（设计对象）往往与类似工程的概算指标的技术条件不尽相同，而且概算指标编制年份的设备、人工、材料价格与拟建工程当时当地的价格也不会一样，因此必须对其进行调整，根据调整对象不同，概算调整可以分为以下两类。

第一类为设计对象的结构特征与概算指标有局部差异时的调整。在实际工作中经常会遇到拟建对象的结构特征与概算指标中规定的结构特征有局部不同的情况，因此须对概算指标进行调整后方可套用，调整的方法有以下两种。

第一种：修正概算指标单价。其计算公式为

$$\text{结构化修正概算指标（元/m}^2\text{）}=J+Q_1P_1-Q_2P_2 \tag{5-8}$$

式中：J——原概算指标；

Q_1——换入新结构的工程量；

Q_2——换出旧结构的工程量；

P_1——换入新结构的单价；

P_2——换出旧结构的单价。

拟建工程造价中的直接工程费（人工费、材料费和施工机具使用费之和）公式为

$$\text{直接工程费}=\text{修正后的概算指标}\times\text{拟建工程建筑面积（或体积）} \tag{5-9}$$

求出直接工程费后，再按照规定的取费计算方法，算出其他的费用，最终得到单位工程概算造价。

第二种：修正概算指标中的人工、材料、机械数量。其计算公式为

$$\begin{aligned}&\text{结构变化修正概算指标中人工、材料、机械数量}=\\&\text{原概算指标中的人工、材料、机械消耗量}+\text{换入结构的工程量}\times\\&\text{相应定额的人工、材料、机械消耗量}-\text{换出结构的工程量}\times\\&\text{相应定额的人工、材料、机械消耗量}\end{aligned} \tag{5-10}$$

第二类为设备、人工、材料、机械台班费用有局部差异时的调整。

$$\begin{aligned}&\text{设备、人工、材料、机械修正概算费用}=\\&\text{原概算指标的设备、人工、材料、机械费用}+\\&\sum(\text{换入设备、人工、材料、机械数量}\times\text{拟建地区相应单价})\\&\sum(\text{换出设备、人工、材料、机械数量}\times\text{原概算指标设备、人工、材料、机械单价})\end{aligned} \tag{5-11}$$

【例 5－5】 某市普通办公楼为框架结构，建筑面积为 2800m²，建筑工程直接费为 780 元/m²，其中，毛石基础为 59 元/m²。而今拟建办公楼 3000m²，除采用钢筋混凝土带形基础外，其他结构相同。经计算钢筋混凝土带形基础 141 元/m²。试求该拟建办公楼建筑工程直接费造价。

解： 调整后的概算指标＝780－59＋141＝862（元/m²）

拟建新办公楼建筑工程直接费＝3000×862＝2586000（元）

c. 类似工程预算法。类似工程预算法是利用技术条件与设计对象相类似的已完工程或在建工程的工程造价资料来编制拟建工程设计概算的方法。

类似工程预算法适用于拟建工程初步设计与已完工程或在建工程的设计相类似且没有可用的概算指标的情况，但又必须对建筑结构差异和价差进行调整。建筑结构差异调整方法与概算指标法的调整方法相同。其具体有综合系数法、价格（费用）变动系数法、地区价差系数法、结构（材质）差异换算法等。

B. 设备及安装工程概算编制方法。设备及安装工程概算包括设备购置费用概算和设备安装工程费用概算两大部分。以下着重介绍的是设备安装工程费用概算的编制。

其主要的编制方法有以下几种。

a. 预算单价法。当初步设计较深入，有详细的设备清单时，可直接按安装工程预算定额单价编制安装工程概算，概算编制程序与安装工程施工图预算基本相同。该法具有计算比较具体、精确性较高的优点。

b. 扩大单价法。当初步设计深度不够，设备清单不完备，只有主体设备或仅有成套设备自重时，可采用主体设备、成套设备的综合扩大安装单价来编制概算。上述两种方法的具体操作与建筑工程概算相类似。

c. 设备价值百分比法（又叫安装设备百分比法）。当初步设计深度不够，只有设备出厂价而无详细规格、自重时，安装费可按占设备费的百分比计算。其百分比值（即安装费费率）由相关管理部门制定或由设计单位根据已完类似工程确定。该法常用于价格波动不大的定型产品和通用设备产品。其计算公式为

$$设备安装费＝设备原价×安装费费率 \tag{5-12}$$

d. 综合吨位指标法。当初步设计提供的设备清单有规格和设备质量时，可采用综合吨位指标法编制概算，其综合吨位指标由相关主管部门或由设计院根据已完类似工程资料确定。这种方法常用于设备价格波动较大的非标准设备和引进设备安装工程概算。其计算公式为

$$设备安装费＝设备总吨数×每吨设备安装费 \tag{5-13}$$

② 单项工程综合概算的编制。

A. 单项工程综合概算：是确定单项工程建设费用的综合性文件，它是由该单项工程的各专业单位工程概算汇总而成的，是建设项目总概算的组成部分。

B. 单项工程综合概算的内容。

a. 编制说明。编制说明应列在综合概算表的前面，包括编制依据、编制方法、主要设备、材料（钢材、木材、水泥）的数量以及其他需要说明的有关问题。

b. 综合概算表。综合概算表项目的组成：工业建设项目综合概算表由建筑工程和设备及安装工程两大部分组成；民用工程项目综合概算表仅有建筑工程一项。综合概算表费

用的组成一般由建筑工程费用、安装工程费用、设备购置及工器具和生产家具购置费所组成。当不编制总概算表时，还应包括工程建设其他费用、建设期利息、预备费和固定资产投资方向调节税等费用项目。

③ 建设项目总概算的编制。

总概算书一般由编制说明、总概算表及所含综合概算表、其他工程和费用概算表组成。

3. 设计概算的审查

(1) 设计概算的审查内容

① 审查设计概算的编制依据，包括审查编制依据的合法性、时效性和适用范围。

② 审查概算编制深度。审查编制说明、概算编制的完整性和概算的编制范围。

③ 审查工程概算的内容。对总概算投资超过批准投资估算10%以上的，应查明原因，重新上报审批；审查编制方法、计价依据和程序是否符合现行规定；审查工程量是否正确；审查材料用量和价格；审查设备规格；数量和配置是否符合设计要求；是否与设备清单一致；计算程序和取费标准是否正确；审查综合概算；总概算的编制内容；方法是否符合现行规定和设计文件的要求；审查总概算文件的组成内容；是否完整地包括了建设项目从筹建到竣工投产为止的全部费用组成、审查工程建设其他费用、审查项目的“三废”治理；审查技术经济指标；审查投资经济效果。

(2) 审查设计概算的方法

① 对比分析法。对比分析法主要是通过建设规模、标准与立项批文对比；工程数量与设计图纸对比；综合范围、内容与编制方法、规定对比；各项取费与规定标准对比；材料、人工单价与统一信息对比；引进设备、技术投资与报价要求对比；技术经济指标与同类工程对比等；通过以上对比，容易发现设计概算存在的主要问题和偏差。

② 查询核实法。查询核实法是对一些关键设备和设施、重要装置，以及引进工程图纸不全、难以核算的较大投资进行多方查询核对，逐项落实的方法。主要设备的市场价向设备供应部门或招标公司查询核实；重要生产装置、设施向同类企业（工程）查询了解；引进设备价格及有关费税向进出口公司调查落实；复杂的建筑安装工程向同类工程的建设承包、施工单位征求意见；深度不够或不清楚的问题直接同原概算编制人员、设计者询问清楚。

③ 联合会审法。联合会审前，可先采取多种形式分头审查，包括设计单位自审，主管、建设、承包单位初审，工程造价咨询公司评审，邀请同行专家预审，审批部门复审等，经层层审查把关后，由有关单位和专家进行联合会审。在会审大会上，由设计单位介绍概算编制情况及有关问题，各有关单位专家汇报初审、预审意见。然后进行认真分析、讨论，结合对各专业技术方案的审查意见所产生的投资增减，逐一核实原概算出现的问题。经过充分协商，认真听取设计单位意见后，实事求是地处理和调整。

5.4.2 施工图预算的编制与审查

1. 施工图预算概述

(1) 施工图预算的概念

施工图预算是由设计单位在施工图设计完成后，根据施工图设计图纸、现行预算定额、费用定额，以及地区设备、材料、人工、机械台班等预算价格编制和确定的建筑安装工程造价的文件。

（2）施工图预算的作用

① 施工图预算是设计阶段控制工程造价的重要环节，是控制施工图设计不突破设计概算的重要措施。

② 施工图预算是编制或调整固定资产投资计划的依据。

③ 对于实行施工招标的工程，施工图预算是编制标底的依据，也是承包企业投标报价的基础。

④ 对于不宜实行招标而采用施工图预算加调整价结算的工程，施工图预算可作为确定合同价款的基础或作为审查施工企业提出的施工图预算的依据。

（3）施工图预算的内容

施工图预算有单位工程预算、单项工程预算和建设项目总预算。单位工程预算是根据施工图设计文件、现行预算定额、费用定额，以及人工、材料、设备、机械台班等预算价格资料，以一定方法，编制单位工程的施工图预算；然后汇总所有各单位工程施工图预算，成为单项工程施工图预算；再汇总各所有单项工程施工图预算，便是一个建设项目的总预算。

单位工程预算包括建筑工程预算和设备安装工程预算。建筑工程预算按其工程性质分为一般土建工程预算、卫生工程预算（包括室内外给排水工程、采暖通风工程、煤气工程等）、电气照明工程预算、弱电工程预算、特殊构筑物（如炉窑、烟囱、水塔等）工程预算和工业管道工程预算等。设备安装工程预算可分为机械设备安装工程预算、电气设备安装工程预算和热力设备安装工程预算等。

（4）施工图预算的编制依据

① 施工图纸及说明书和标准图集。

② 现行预算定额及单位估价表。

③ 施工组织设计或施工方案。

④ 材料、人工、机械台班预算价格及调价规定。

⑤ 建筑安装工程费定额。

⑥ 预算员工作手册及有关工具书。

2. 施工图预算编制方法

施工图预算编制方法详见“工程项目管理”“工程估价”等课程学习内容。

3. 施工图预算的审查

（1）审查施工图预算的意义

① 有利于控制工程造价，克服和防止预算超概算。

② 有利于加强固定资产投资管理，节约建设资金。

③ 有利于施工承包合同价的合理确定和控制。

④ 有利于积累和分析各项技术经济指标，不断提高设计水平。

（2）审查施工图预算的内容

审查施工图预算的重点，应该放在工程量计算、预算单价套用、设备材料预算价格取定是否正确，各项费用标准是否符合现行规定等方面。

① 审查工程量。

审查工程量是否按照规定的计算规则计算，是否考虑了施工方案对工程量的影响，定额中要求扣除项或合并项是否按规定执行，工程计量单位是否与要求的计量单位一致。审查如下各方面的工程量：土方工程、打桩工程、砖石工程、混凝土及钢筋混凝土工程、木结构工程、楼地面工程、屋面工程、构筑物工程、装饰工程、金属构件制作工程、水暖工程、电气照明工程、设备及其安装工程。

② 审查设备、材料的预算价格。

A. 审查设备、材料的预算价格是否符合工程所占地的真实价格及价格水平。

B. 审查设备、材料的原价确定方法是否正确。

C. 审查设备运杂费率及其运杂费的计算是否正确，材料预算价格的各项费用的计算是否符合规定、是否正确。

③ 审查预算单价的套用。

审查预算单价套用是否正确，是审查预算工作的主要内容之一。审查时应注意以下几个方面。

A. 审查预算中所列各分项工程预算单价是否与现行预算定额的预算单价相符，其名称、规格、计量单位和所包括的工程内容是否与单位估价表一致。

B. 审查换算的单价，首先要审查换算的分项工程是否是定额中允许换算的，其次审查换算是否正确。

C. 审查补充定额和单位估价表的编制是否符合编制原则，单位估价表计算是否正确。

④ 审查有关费用项目及其计取方式。

A. 审查企业管理费、利润的计取基础是否符合现行规定，有无不能作为计费基础的费用列入计费的基础。

B. 审查预算外调增的材料差价是否计取企业管理费、利润等。直接费或人工费增减后，有关费用是否相应做了调整。

C. 审查有无巧立名目，乱计费、乱摊费用现象。

(3) 审查施工图预算的方法

审查施工图预算的方法较多，主要有以下 8 种方法。

① 全面审查法。

全面审查又称逐项审查法，就是按预算定额顺序或施工的先后顺序，逐一地全部进行审查的方法。其具体计算方法和审查过程与编制施工图预算基本相同。此方法的优点是全面、细致，经审查的工程预算差错比较少，质量比较高；缺点是工作量大。对于一些工程量比较小、工艺比较简单的工程，编制工程预算的技术力量又比较薄弱，可采用全面审查法。

② 标准预算审查法。

对于利用标准图纸或通用图纸施工的工程，先集中力量，编制标准预算，以此为标准审查预算的方法。按标准图纸设计或通用图纸施工的工程一般上部结构和做法相同，可集中力量细审一份预算或编制一份预算，作为这种标准图纸的标准预算，或用这种标准图纸的工程量为标准，对照审查，而对局部不同的部分进行单独审查即可。

这种方法的优点是时间短、效果好、好定案；缺点是适用范围小，只适应按标准图纸设计的工程。

③ 分组计算审查法。

分组计算审查法是一种加快审查工程量速度的方法，把预算中的项目划分为若干组，并把相邻且有一定内在联系的项目编为一组，审查或计算同一组中某个分项工程量，利用工程量间具有相同或相似计算基础的关系，判断同组中其他几个分项工程量计算的准确程度的方法。

④ 对比审查法。

对比审查法是用已建成工程的预算或虽未建成但已审查修正的工程预算对比审查拟建的类似工程预算的一种方法。这种方法易于找出差异所在，便于快速发现问题。

⑤ 筛选审查法。

筛选法是统筹法的一种，也是一种对比方法。建筑工程虽然有建筑面积和高度的不同，但是它们的各个分部分项工程的工程量、造价、用工量在每个单位面积上的数值变化不大，我们把这些数据加以汇集、优选，归纳为工程量、造价（价值）、用工 3 个单方基本值表，并注明其适用的建筑标准。这些基本值犹如“筛子孔”，用来筛选各分部分项工程，筛下去的就不审查了，没有筛下去的就意味着此分部分项的单位建筑面积数值不在基本值范围之内，应对该分部分项工程详细审查。当所审查的预算的建筑面积标准与“基本值”所适用的标准不同，就要对其进行调整。筛选法的优点是简单易懂，便于掌握，审查速度和发现问题快。但解决差错分析其原因需继续审查。因此，此法适用于住宅工程或不具备全面审查条件的工程。

⑥ 重点抽查法。

重点抽查法是抓住工程预算中的重点进行审查的方法。审查的重点一般是工程量大或造价较高、工程结构复杂的工程，补充单位估价表，计取各项费用（计费基础、取费标准等）。重点抽查法的优点是重点突出，审查时间短、效果好。

⑦ 利用手册审查法。

利用手册审查法是把工程中常用的构件、配件事先整理成预算手册，按手册对照审查的方法。这种方法可以大大简化施工图预算的编制与审查工作。

⑧ 分解对比审查法。

分解对比审查法是指一个单位工程，按直接费与间接费进行分解，然后再把直接费按工种和分部工程进行分解，分别与审定的标准预算进行对比分析的方法。

（4）审查施工图预算的步骤

① 做好审查前的准备工作。

A. 熟悉施工图纸。

B. 了解预算包括的范围。

C. 弄清预算采用的单位估价表。

② 选择合适的审查方法，按相应内容审查。

本章小结

本章首先介绍建设项目设计阶段，工业建筑及民用建筑影响工程造价的主要因素，以及设计的主要原则；其次介绍设计阶段工程造价控制的重要意义；再次通过例题及案例分析，介绍提高设计方案经济合理性的途径；之后介绍BIM技术在设计阶段的造价控制；最后介绍设计阶段设计概算及施工图预算的编制与审查方法，以提高编制费用的准确性。

习　题

一、单项选择题

1. 设计阶段是决定建设工程价值和使用价值的（　　）阶段。

A. 主要　B. 次要　C. 一般　D. 特殊

2. 价值工程中的总成本是指（　　）。

A. 生产成本　B. 产品寿命周期成本

C. 使用成本　D. 使用和维修成本

3. 价值工程的核心是（　　）。

A. 功能分析　B. 成本分析

C. 费用分析　D. 价格分析

4. 限额设计目标是在初步设计前，根据已批准的（　　）确定的。

A. 可行性研究报告和概算　B. 可行性研究报告的投资估算

C. 项目建议书和概算　D. 项目建议书和投资估算

5. 设计深度不够时，对一般附属工程项目及投资比较小的项目可采用（　　）编制概算。

A. 概算定额法　B. 概算指标法

C. 类似工程预算法　D. 预算定额法

6. 下列不属于设计概算编制依据的审查范围的是（　　）。

A. 合理性　B. 合法性　C. 时效性　D. 适用范围

7. 审查原批准的可行性研究报告时，对总概算投资超过批准的投资估算（　　）以上的，应查明原因，重新上报审批。

A. 10%　B. 15%　C. 20%　D. 25%

8. 在单价法编制预算中，套用预算定额单价后紧接的步骤是（　　）。

A. 计算工程量　B. 编制工料分析表

C. 计算其他各项费用　D. 套用预算人、材、机定额用量

9. 标准预算审查法的缺点是（　　）。

A. 效果一般　B. 质量不高

C. 时间长　　D. 适用范围小

10. 审查施工图预算的重点，应放在（　　）等方面。

A. 审查文件的组成　　B. 审查总设计图

C. 审查项目的“三废”处理　　D. 审查工程量预算是否正确

二、多项选择题

1. 关于设计阶段的特点正确的是（　　）。

A. 设计工作表现为创造性的脑力劳动

B. 设计阶段是决定建设工程价值和使用价值的特殊阶段

C. 设计阶段是影响建设工程投资的主要阶段

D. 设计工作需要反复协调

E. 设计质量对建设工程总体质量有决定性影响

2. 在价值工程活动中功能评价方法有（　　）。

A. 0～1 评分法　　B. 0～4 评分法

C. 环比评分法　　D. 因素分析法

E. 目标成本法

3. 设计概算可分为（　　）等三级。

A. 单位工程概算　　B. 分部工程概算

C. 分项工程概算　　D. 单项工程综合概算

E. 建设项目总概算

4. 总概算书一般由（　　）组成。

A. 编制前言　　B. 编制说明

C. 总概算表　　D. 综合概算表

E. 其他工程和费用概算表

5. 重点抽查法审查施工图预算，其重点审查内容包括（　　）。

A. 工程量大或造价较高的工程

B. 结构复杂的工程

C. 补充单位估价表

D. 直接费的计算

E. 费用的计取及取费标准

三、简答题

1. 设计方案优选的原则有哪些？
2. 运用综合评价法和价值工程优化设计方案的步骤有哪些？
3. 限额设计的目标和意义有哪些？
4. 设计概算可分为哪些内容？分别包含的内容有哪些？
5. 设计概算的编制方法有哪些？每个方法的进行步骤是什么？
6. 审查设计概算的内容和方法分别有哪些？
7. 施工图预算的编制方法和步骤有哪些？
8. 审查施工图预算的内容和方法分别有哪些？

【在线答题】

第6章 建设项目招标与投标报价

教学提示

建设项目招标是通过法定程序来选择合适的承包商完成招标的法律行为。按竞争的激烈程度，建设项目招标可分为无限竞争招标与有限竞争招标两种形式；按工程承包范围的不同可分为建设项目总承包招标、勘察设计招标、施工招标、设备材料采购招标等。本章主要阐述了招投标程序、建设工程施工招投标与设备材料采购招投标的程序、标底的编制、投标报价、评标、定标、电子招标与投标等有关内容。

教学目的

通过本章的学习，学生应掌握建设工程招投标的程序及其文件组成、建设工程施工招标与标底的编制方法，了解目前我国投标报价的模式及其特点、工程投标报价的影响因素和报价策略，以及设备材料招标与投标报价。

招标投标是基本建设领域促进竞争的全面经济责任制形式，它是招标人应用技术经济评价方法和市场竞争体制，有组织地进行大宗货物的买卖、工程建设项目的发包与承包，以及服务项目的采购与提供等所采用的一种交易方式。在建设项目中，招标投标是建设单位对拟建的工程建设项目通过法定的程序和方法吸引承包单位进行公平竞争，并从中选择条件优越者来完成建设工程任务的行为。同时，建设项目招标投标制也是我国建设领域工程建设管理体制改革的一项重要制度。

6.1 建设项目招投标程序及其文件组成

6.1.1 工程招投标程序

1. 招标的准备工作

项目招标前，招标人应当选择招标方式、划分标段及办理有关的审批备案手续等工作。

(1) 选择招标方式

【中华人民共和国招投标法实施条例】

按照《中华人民共和国招标投标法》（以下简称《招标投标法》)、《中华人民共和国招标投标法实施条例》（以下简称《实施条例》）的规定，招标分为公开招标和邀请招标。

公开招标又称无限竞争招标，是指招标人以招标公告的方式邀请不特定的法人或者其他组织投标。公开招标的特点是投标人多、范围广、竞争激烈、有利于优中选优；缺点是招标工作量较大、耗时长、费用高。

邀请招标又称有限竞争招标，是指招标人以投标邀请书的方式邀请特定法人或者其组织投标。邀请招标的特点是目标集中、招标工作量较小、费用低；缺点是投标人少、竞争性差、不利于优中选优。

《招标投标法》规定，在中华人民共和国境内进行下列工程建设项目包括项目的勘察、设计、施工、监理以及与工程建设有关的重要设备、材料等的采购，必须进行招标。

① 大型基础设施、公用事业等关系社会公共利益、公众安全的项目。

② 全部或者部分使用国有资金投资或者国家融资的项目。

③ 使用国际组织或者外国政府贷款、援助资金的项目。

为了更加明确必须招标的工程项目，规范招标投标活动，提高工作效率，降低企业成本，预防腐败，国家发展和改革委员会于2020年4月发布《必须招标的工程建设项目规定》(修订征求意见稿)（以下简称《修订稿》)，根据《中华人民共和国招标投标法》规定，进一步详细制定《必须招标的工程建设项目规定》，相关内容如下。

① 全部或者部分使用国有资金投资或者国家融资的项目包括：

A. 使用《预算法》规定的预算资金200万元人民币以上，并且该资金占总投资额10%以上的项目；

B. 使用国有企业事业单位资金，并且该资金占控股或者主导地位的项目。“占控股或者主导地位”，包括以下三种情形：a. 项目中使用国有企业事业单位资金占总投资额50%以上；b. 项目中使用国有企业事业单位资金虽然不足投资额50%，但国有企业事业单位依其出资额所享有的表决权已足以对有关项目建设的决议产生重大影响；c. 国有企业事业单位通过投资关系、协议或者其他安排，能够实际支配项目建设。项目中国有企业事业单位资金的比例，应当按照项目资金来源中所有国有企业事业单位资金之和计算。

② 使用国际组织或者外国政府贷款、援助资金的项目包括：

A. 使用世界银行、亚洲开发银行等国际组织贷款、援助资金的项目；

B. 使用外国政府及其机构贷款、援助资金的项目。

③ 不属于《必须招标的工程建设项目规定》中①和②规定情形的大型基础设施、公用事业等关系社会公共利益、公众安全的项目，必须招标的具体范围包括：

A. 煤炭、石油、天然气、电力、新能源基础设施项目；

B. 铁路、公路、管道、水运、公共航空基础设施项目；

C. 电信枢纽、通信信息网络基础设施项目；

D. 防洪、灌溉、排涝、引（供）水基础设施项目；

E. 城市轨道交通项目。

④《必须招标的工程建设项目规定》中①、②和③规定范围内的项目，其勘察、设计、施工、监理以及与工程建设有关的重要设备、材料的采购达到下列标准之一的，必须招标：

A. 施工单项合同估算价在400万元人民币以上；

B. 重要设备、材料的采购，单项合同估算价在200万元人民币以上；

C. 勘察、设计、监理的采购，单项合同估算价在100万元人民币以上。

⑤《必须招标的工程建设项目规定》中①、②和③规定范围内的项目，其勘察、设计、施工、监理以及与工程建设有关的重要设备、材料的采购未达到上款相应标准的，该单项采购不属于本规定的必须招标范畴。同一项目中可以合并进行的勘察、设计、施工、监理以及与工程建设有关的重要设备、材料的同类采购，合同估算价合计达到《必须招标的工程建设项目规定》中①规定标准的，必须招标。发包人依法对工程以及与工程建设有关的货物、服务全部或者部分实行总承包发包，总承包中勘察、设计、施工以及与工程建设有关的重要设备、材料各部分采购的估算价中，有一项以上达到《必须招标的工程建设项目规定》中①相应标准的，整个总承包发包必须招标。

⑥《必须招标的工程建设项目规定》中①、②和③规定范围内的项目，其勘察、设计、施工、监理以及与工程建设有关的重要设备、材料的采购未达到⑤规定规模标准的，该单项采购由采购人依法自主选择采购方式，任何单位和个人不得违法干涉；涉及政府采购的，按照政府采购法律法规规定执行。

(2) 标段的划分

招标项目需要划分标段的，招标人应当合理划分标段，并遵守《招标投标法》的有关规定，不得利用划分标段限制或者排斥潜在投标人。依法必须进行招标的项目的招标人不得利用划分标段规避招标。一般情况下，一个项目应当作为一个整体进行招标。但是，对于大型的项目，作为一个整体进行招标将大大降低招标的竞争性，因为符合招标条件的潜在投标人数量太少。这样就应当将招标项目划分成若干个标段分别进行招标。但也不能将标段划分得太小，太小的标段将失去对实力雄厚的潜在投标人的吸引力。如建设项目的施工招标，一般可以将一个项目分解为单位工程及特殊专业工程分别招标，但不允许将单位工程肢解为分部分项工程进行招标。招标人不得以不合理的标段限制或者排斥潜在投标人或者投标人。标段的划分是招标活动中较为复杂的一项工作，应当综合考虑以下因素。

① 招标项目的各专业要求。如果招标项目的几部分内容专业要求接近或工程技术上紧密相连、不可分割的单位工程不得分割标段，则该项目可以考虑作为一个整体进行招标。如果该项目的几部分内容专业要求相差甚远，则应当考虑划分为不同的标段分别招标。如对于一个项目中的土建和设备安装两部分内容就应当分别招标。

② 招标项目的协调管理要求。有时一个项目的各部分内容相互之间干扰不大，方便招标人进行统一管理，这时就可以考虑对各部分内容分别进行招标。反之，如果各个独立的承包商之间的协调管理是十分困难的，则应当考虑将整个项目发包给一个承包商，由该承包商进行分包后统一进行协调管理。

③ 对工程投资中管理费的影响。标段划分对工程投资也有一定的影响。这种影响是由多方面的因素造成的，但直接影响是由管理费的变化引起的。一个项目作为一个整体招标，则承包商需要进行分包，分包的价格在一般情况下不如直接发包的价格低；但一个项

目作为一个整体招标，有利于承包商的统一管理，人工、机械设备、临时设施等可以统一使用，又可能降低费用。因此，应当具体情况具体分析。

④ 工程各标段工作的衔接。在划分标段时还应当考虑项目在建设过程中的时间和空间的衔接。应当避免产生平面或者立面交叉、工作责任的不清。如果建设项目的各项工作的衔接、交叉少，责任清楚，则可考虑分别发包；反之，则应考虑将项目作为一个整体发包给一个承包商，因为，此时由一个承包商进行协调管理容易做好衔接工作。

(3) 办理招标备案、审批和核准手续

依法必须进行招标的项目，**招标人自行办理招标事宜的，应当具有编制招标文件和组织评标的能力**，并应向有关行政监督部门备案。按照国家有关规定需要履行项目审批、核准手续的依法必须进行招标的项目，其招标范围、招标方式、招标组织形式应当报项目审批、核准部门审批、核准。项目审批、核准部门应当及时将审批、核准确定的招标范围、招标方式、招标组织形式通报有关行政监督部门。

2. 招标公告和投标邀请书的编制与发布

招标公告是指采用公开招标方式的招标人（包括招标代理机构）向所有潜在的投标人发出的一种广泛的通告。招标公告的目的是使所有潜在的投标人都具有公平的投标竞争的机会。招标人采用公开招标方式的，应当发布招标公告，邀请不特定的法人或者其他组织投标。依法必须进行招标的项目的招标公告，应当通过国家指定的报刊、信息网络或者其他媒介发布，在不同媒介发布的同一招标项目的招标公告的内容应当一致。投标邀请书是指采用邀请招标方式的招标人，向三家以上具备承担招标项目的能力、资信良好的特定的法人或者其他组织发出投标邀请书。

(1) 招标公告和投标邀请书的内容

按照《工程建设项目施工招标投标办法》的规定，招标公告或者投标邀请书应当至少载明下列内容：招标人的名称和地址；招标项目的内容、规模、资金来源；招标项目的实施地点和工期；获取招标文件或者资格预审文件的地点和时间；对招标文件或者资格预审文件收取的费用；对投标人的资质等级的要求。

(2) 公开招标项目招标公告的发布

为了规范招标公告发布行为，保证潜在投标人平等、便捷、准确地获取招标信息，国家发展和改革委员会、招标人及指定媒介应按《招标公告发布暂行办法》的规定对公开招标项目的招标公告进行发布。

国家发展和改革委员会根据国务院授权，指定发布依法必须招标项目招标公告的报纸、信息网络等媒介，并对招标公告发布活动进行监督。

依法必须公开招标项目的招标公告必须在指定媒介发布。招标公告的发布应当充分公开，任何单位和个人不得非法限制招标公告的发布地点和发布范围。招标人或其委托的招标代理机构发布招标公告，应当向指定媒介提供营业执照（或法人证书）、项目批准文件的复印件等证明文件。招标人或其委托的招标代理机构在两个以上媒介发布的同一招标项目的招标公告的内容应当相同。

指定媒介应与招标人或其委托的招标代理机构就招标公告的内容进行核实，经双方确认无误后在规定的时间内发布。指定媒介不得收取费用，但发布国际招标公告的除外。指定报刊在发布招标公告的同时，应将招标公告如实抄送指定网络。指定报刊和网络应当在收到招标公告文本之日起 7 日内发布招标公告，并应当采取快捷的发行渠道，及时向订户或用户传递。指定媒介发布的招标公告的内容与招标人或其委托的招标代理机构提供的招标公告文本不一致，并造成不良影响的，应当及时纠正，重新发布。

(3) 资格审查

资格审查分为资格预审和资格后审。

资格预审，是指在投标前对潜在投标人按照资格预审文件载明的标准和方法进行的资格审查。国有资金占控股或者主导地位的依法必须进行招标的项目，招标人应当组建资格审查委员会审查资格预审申请文件。资格审查委员会及其成员应当遵守《招标投标法》和《招投标法实施条例》有关评标委员会及其成员的规定。资格预审的目的是排除那些不合格的投标人，进而降低招标人的采购成本，提高招标工作的效率。

资格后审，是指在开标后由评标委员会按照招标文件规定的标准和方法对投标人的资格进行审查。招标人采用资格后审办法对投标人进行资格审查的，应当在开标后由评标委员会按照招标文件规定的标准和方法对投标人的资格进行审查。

资格预审的程序如下。

① 发布资格预审公告。资格预审公告是指招标人向潜在投标人发出的参加资格预审的广泛邀请。依法必须进行招标的项目进行资格预审的，其资格预审公告的发布，参照《招标公告发布暂行办法》执行。

资格预审公告至少应包括下述内容：招标人的名称和地址；招标项目名称；招标项目的数量和规模；交货期或者交工期；发售资格预审文件的时间、地点以及发放的办法；资格预审文件的售价；提交申请书的地点和截止时间以及评价申请书的时间表；资格预审文件送交地点、送交的份数以及使用的文字；等等。

② 发放资格预审文件。资格预审公告后，招标人向申请参加资格预审的申请人发放或者出售资格审查文件。招标人应当按招标公告或者投标邀请书规定的时间、地点出售资格预审文件。自资格预审文件出售之日起至停止出售之日止，最短不得少于 5 日。招标人应当合理确定提交资格预审申请文件的时间，依法必须进行招标的项目提交资格预审申请文件的时间，自资格预审文件停止发售之日起不得少于 5 日。资格预审文件一般应当包括资格预审申请书格式、申请人须知，以及需要投标申请人提供的企业资质、业绩、技术装备、财务状况和拟派出的项目经理与主要技术人员的简历、业绩等证明材料。

③ 资格预审文件的澄清和修改。

招标人可以对已发出的资格预审文件进行必要的澄清或者修改。澄清或者修改的内容可能影响资格预审申请文件编制的，招标人应当在提交资格预审申请文件截止时间至少 3 日前，以书面形式通知所有获取资格预审文件的潜在投标人；不足 3 日，招标人应当顺延提交资格预审申请文件的截止时间。

潜在投标人或者其他利害关系人对资格预审文件有异议的，应当在提交资格预审申请文件截止时间 2 日前提出。招标人应当自收到异议之日起 3 日内做出答复；做出答复前，应当暂停招标投标活动。

④ 对潜在投标人资格的审查和评定。招标人在规定时间内，按照资格预审文件中规定的标准和方法，对提交资格预审申请书的潜在投标人资格进行审查。

按照《工程建设项目施工招标投标办法》的规定，资格审查应主要审查潜在投标人或者投标人是否符合下列条件。

A. 具有独立订立合同的权利。

B. 具有履行合同的能力，包括专业、技术资格和能力，资金、设备和其他物质设施状况，管理能力，经验、信誉和相应的从业人员。

C. 没有处于被责令停业，投标资格被取消，财产被接管、冻结，破产状态。

D. 在最近 3 年内没有骗取中标和严重违约及重大工程质量问题。

E. 国家规定的其他资格条件。

资格审查时，招标人不得以不合理的条件限制、排斥潜在投标人或者投标人，不得对潜在投标人或者投标人实行歧视待遇。任何单位和个人不得以行政手段或者其他不合理方式限制投标人的数量。

⑤ 发出预审合格通知书。经资格预审后，招标人应当向资格预审合格的投标申请人发出资格预审合格通知书，告知获取招标文件的时间、地点和方法，并同时向资格预审不合格的投标申请人告知资格预审结果。在资格预审合格的投标申请人过多时，可以由招标人从中选择不少于 7 家资格预审合格的投标申请人。通过资格预审的申请人少于 3 个的，应当重新招标。

（4）编制和发售招标文件

① 招标文件的编制。根据我国《房屋建筑和市政基础设施工程施工招标投标管理办法》（2018 年 9 月 28 日住房和城乡建设部令第 43 号修正）的规定，工程施工招标应当具备下列条件：按照国家有关规定需要履行项目审批手续的，已经履行审批手续；工程资金或者资金来源已经落实；有满足施工招标需要的设计文件及其他技术资料；法律、法规、规章规定的其他条件。

招标文件应当包括投标须知（包括工程概况，招标范围，资格审查条件，工程资金来源或者落实情况，标段划分，工期要求，质量标准，现场踏勘和答疑安排，投标文件编制、提交、修改、撤回的要求，投标报价要求，投标有效期，开标的时间和地点，评标的方法和标准等）；招标工程的技术要求和设计文件；采用工程量清单招标的，应当提供工程量清单；投标函的格式及附录；拟签订合同的主要条款；要求投标人提交的其他材料。

国家对招标项目的技术、标准有规定的，招标人应当按照其规定在招标文件中提出相应要求。招标文件中规定的各项技术标准均不得要求或标明某一特定的专利、商标、名称、设计、原产地或生产供应者，不得含有倾向或者排斥潜在投标人的其他内容。如果必须引用某一生产供应者的技术标准才能准确或清楚地说明拟招标项目的技术标准时，则应当在参照后面加上“或相当于”的字样。

招标项目需要划分标段、确定工期的，招标人应当合理划分标段、确定工期，并在招标文件中载明。对工程技术上紧密相连、不可分割的单位工程不得分割标段。招标人不得以不合理的标段或工期限制或者排斥潜在投标人或者投标人。依法必须进行施工招标的项目，招标人不得利用划分标段规避招标。

对技术复杂或者无法精确拟定技术规格的项目，招标人可以分两阶段进行招标。第一阶段，投标人按照招标公告或者投标邀请书的要求提交不带报价的技术建议，招标人根据投标人提交的技术建议确定技术标准和要求，编制招标文件。第二阶段，招标人向在第一阶段提交技术建议的投标人提供招标文件，投标人按照招标文件的要求提交包括最终技术方案和投标报价的投标文件。招标人要求投标人提交投标保证金的，应当在第二阶段提出。

② 招标文件的发售与修改。招标文件一般发售给通过资格预审、获得投标资格的投标人。招标人应当按招标公告或者投标邀请书规定的时间、地点出售招标文件。自招标文件出售之日起至停止出售之日止，最短不得少于5日。招标人可以通过信息网络或者其他媒介发布招标文件，通过信息网络或者其他媒介发布的招标文件与书面招标文件具有同等法律效力，出现不一致时以书面招标文件为准。

对招标文件或者资格预审文件的收费应当限于补偿印刷、邮寄的成本支出，不得以营利为目的。投标人购买招标文件的费用，不论中标与否都不予退还。其中的设计文件，招标人可以酌收押金。对于开标后将设计文件退还的，招标人应当退还押金。除不可抗力原因外，招标人在发布招标公告、发出投标邀请书后或者售出招标文件或资格预审文件后不得终止招标。

投标人在收到招标文件后，应认真核对，核对无误后应以书面形式予以确认。招标人对已发出的招标文件进行必要的澄清或者修改的，应当在投标截止时间至少15日前，以书面形式通知所有获取招标文件的潜在投标人；不足15日的，招标人应当顺延提交投标文件的截止时间。该澄清或者修改的内容为招标文件的组成部分。潜在投标人或者其他利害关系人对招标文件有异议的，应当在投标截止时间10日前提出。招标人应当自收到异议之日起3日内做出答复；做出答复前，应当暂停招标投标活动。

招标人应当在招标文件中载明投标有效期。**投标有效期从提交投标文件的截止之日起算**。在原投标有效期结束前，出现特殊情况的，招标人可以书面形式要求所有投标人延长投标有效期。投标人同意延长的，不得要求或被允许修改其投标文件的实质性内容，但应当相应延长其投标保证金的有效期；投标人拒绝延长的，其投标失效，但投标人有权收回其投标保证金。因延长投标有效期造成投标人损失的，招标人应当给予补偿，但因不可抗力需要延长投标有效期的除外。招标人在招标文件中要求投标人提交投标保证金的，投标保证金除现金外，可以是银行出具的银行保函、保兑支票、银行汇票或现金支票。《工程建设项目施工招标投标办法》规定工程建设项目施工投标保证金不得超过招标项目估算价的2%，但最高不得超过80万元人民币。《房屋建筑和市政基础设施工程施工招标投标管理办法》(2018年修改版)规定，依法必须进行招标的房屋建筑和市政基础设施工程，投标保证金一般不得超过投标总价的2%，最高不得超过50万元。**投标保证金有效期应当与投标有效期一致。**

(5) 勘察现场

招标人根据招标项目的具体情况，可以组织潜在投标人踏勘项目现场。招标人组织投标人进行勘察现场的目的在于了解工程场地和周围环境情况，以获取投标人认为有必要的信息，便于编制投标书；同时投标人通过自己的实地考察确定投标的原则和策略，避免合同履行过程中投标人以不了解现场情况为由推卸应承担的合同责任。招标人应向投标人介绍有关现场的以下情况：施工现场是否达到招标文件规定的条件；施工现场的地理位置和地形、地貌；施工现场的地质、土质、地下水位、水文等情况；施工现场气候条件，如气温、湿度、风力、年雨雪量等；现场环境，如交通、饮水、污水排放、生活用电、通信等；工程在施工现场中的位置或布置；临时用地、临时设施搭建；等等。

潜在投标人依据招标人介绍情况做出的判断和决策，由投标人自行负责。招标人不得单独或者分别组织任何一个投标人进行现场踏勘。

为便于投标人提出问题并得到解答，勘察现场一般安排在投标预备会的前1～2天。投标人在勘察现场中如有疑问，应在投标预备会前以书面形式向招标人提出，但应给招标人留有解答时间。

(6) 召开投标预备会

对投标人在领取招标文件、图纸和有关技术资料及勘察现场提出的疑问，招标人应以书面形式进行解答，并将解答同时送达所有获得招标文件的投标人。或者通过投标预备会进行解答，并以会议记录形式同时送达所有获得招标文件的投标人。

投标预备会又称标前会议，召开投标预备会一般应注意以下事项。

① 投标预备会的目的在于澄清招标文件中的疑问，解答投标人对招标文件和勘察现场中所提出的疑问。

② 投标预备会在招标管理机构监督下，由招标单位组织并主持召开，在预备会上对招标文件和现场情况做介绍或解释，并解答投标单位提出的疑问问题，包括书面提出的和口头提出的询问。

③ 在投标预备会上还应对图纸进行交底和解释。

④ 投标预备会结束后，由招标人整理会议记录和解答内容，尽快以书面形式将问题及解答同时发送到所有获得招标文件的投标人。

⑤ 所有参加投标预备会的投标人应签到登记，以证明出席投标预备会。

⑥ 不论招标人以书面形式向投标人发放的任何资料文件，还是投标单位以书面形式提出的问题，均应以书面形式予以确认。

3. 投标

(1) 投标前的准备

① 投标人及其资格要求。投标人是响应招标、参加投标竞争的法人或者其他组织，不受地区或者部门的限制。响应招标，是指投标人应当对招标人在招标文件中提出的实质性要求和条件作出响应。自然人不能作为工程建设项目的投标人，依法招标的科研项目允许个人参加投标的，投标的个人适用《招标投标法》有关投标人的规定。与招标人存在利害关系可能影响招标公正性的法人、其他组织或者个人，不得参加投标。单位负责人为同一人或者存在控股、管理关系的不同单位，不得参加同一标段投标或者未划分标段的同一招标项目投标。

② 调查研究，收集投标信息和资料。

③ 建立投标机构。

④ 做出投标决策。

⑤ 准备相关的资料。

(2) 投标文件的编制与递交

① 投标人应当按照招标文件的要求编制投标文件，对招标文件提出的实质性要求和

条件做出响应。招标文件允许投标人提供备选标的，投标人可以按照招标文件的要求提交替代方案，并做出相应报价。招标人应当确定投标人编制投标文件所需要的合理时间；但是，依法必须进行招标的项目，自招标文件开始发出之日起至投标人提交投标文件截止之日止，最短不得少于20日。

② 投标文件的递交。我国《招标投标法》规定，投标人应当在招标文件要求提交投标文件的截止时间前，将投标文件密封送达投标地点。招标人收到投标文件后，应当签收保存，不得开启。投标人少于3个的，招标人应当重新招标。在招标文件要求提交投标文件的截止时间后送达的投标文件，招标人应当拒收。投标人在招标文件要求提交投标文件的截止时间前，可以补充、修改或者撤回已提交的投标文件，并书面通知招标人。补充、修改的内容为投标文件的组成部分。招标人已收取投标保证金的，应当自收到投标人书面撤回通知之日起5日内退还。投标截止后投标人撤销投标文件的，招标人可以不退还投标保证金。

(3) 联合体投标

① 联合体的资格条件。两个以上法人或者其他组织可以组成一个联合体，以一个投标人的身份共同投标。联合体各方均应当具备承担招标项目的相应能力；国家有关规定或者招标文件对投标人资格条件有规定的，联合体各方均应当具备规定的相应资格条件。由同一专业的单位组成的联合体，按照资质等级较低的单位确定资质等级。招标人不得强制投标人组成联合体共同投标，不得限制投标人之间的竞争。招标人接受联合体投标并进行资格预审的，联合体应当在提交资格预审申请文件前组成。资格预审后联合体增减、更换成员的，其投标无效。联合体各方在同一招标项目中以自己名义单独投标或者参加其他联合体投标的，相关投标均无效。

② 联合体各方的责任。联合体各方应当签订共同投标协议，明确约定各方拟承担的工作和责任，并将共同投标协议连同投标文件一并提交招标人。联合体中标的，联合体各方应当共同与招标人签订合同，就中标项目向招标人承担连带责任。

4. 开标

(1) 开标的时间和地点

我国《招标投标法》规定，开标应当在招标文件确定的提交投标文件截止时间的同一时间公开进行。开标地点应当为招标文件中预先确定的地点。招标人应当在招标文件中对开标地点做出明确、具体的规定，以便投标人及有关方面按照招标文件规定的开标时间到达开标地点。

(2) 开标会议的规定

开标由招标人或者招标代理人主持，邀请所有投标人参加。投标单位法定代表人或授权代表未参加开标会议的视为自动弃权。

(3) 开标程序和唱标的内容

① 开标时，由投标人或者其推选的代表检查投标文件的密封情况，也可以由招标人委托的公证机构检查并公证；经确认无误后，由工作人员当众拆封，宣读投标人名称、投标价格和投标文件的其他主要内容。招标人在招标文件要求提交投标文件的截止时间前收到的所有投标文件，开标时都应当当众予以拆封、宣读。

开标过程应当记录，并存档备查。

② 唱标顺序应按各投标单位报送投标文件时间先后的顺序进行。当众宣读有效标函的投标单位名称、投标价格、工期、质量、主要材料用量、修改或撤回通知、投标保证金、优惠条件，以及招标单位认为有必要的内容。

③ 开标过程应当记录，并存档备查。投标人对开标有异议的，应当在开标现场提出，招标人应当当场做出答复，并制作记录。

(4) 有关无效投标文件的规定

在开标时，投标文件出现下列情形之一的，应当作为无效投标文件，不得进入评标。

① 投标文件未按照招标文件的要求予以密封的。

② 投标文件中的投标函未加盖投标人的企业及企业法定代表人印章的，或者企业法定代表人委托代理人没有合法、有效的委托书（原件）及委托代理人印章的。

③ 投标文件的关键内容字迹模糊、无法辨认的。

④ 投标人未按照招标文件的要求提供投标保函或者投标保证金的。

⑤ 组成联合体投标的，投标文件未附联合体各方共同投标协议的。

5. 评标

评标是招投标过程中的核心环节。我国依据《招标投标法》《实施条例》以及《评标委员会和评标方法暂行规定》，对评标作出了以下规定。

(1) 评标的原则

评标活动应遵循公平、公正、科学、择优的原则，招标人应当采取必要的措施，保证评标在严格保密的情况下进行。评标是招标投标活动中一个十分重要的阶段，如果对评标过程不进行保密，则影响公正评标的不正当行为就有可能发生。

评标委员会成员名单一般应于开标前确定，而且该名单在中标结果确定前应当保密。

按照《招标投标法》第四十四条规定："评标委员会成员应当客观、公正地履行职务，遵守职业道德，对所提出的评审意见承担个人责任。评标委员会成员不得私下接触投标人，不得收受投标人的财物或者其他好处。评标委员会成员和参与评标的有关工作人员不得透露对投标文件的评审和比较、中标候选人的推荐情况以及与评标有关的其他情况。"

(2) 评标委员会的组建与对评标委员会成员的要求

① 评标委员会的组建。评标委员会由招标人负责组建，负责评标活动，向招标人推荐中标候选人或者根据招标人的授权直接确定中标人。

依法必须进行招标的项目，其评标委员会由招标人的代表和有关技术、经济等方面的专家组成，成员人数为 5 人以上单数，其中技术、经济等方面的专家不得少于成员总数的 2/3。

评标委员会的专家成员由招标人从国务院有关部门或者省、自治区、直辖市人民政府有关部门提供的专家名册或者招标代理机构的专家库内的相关专业的专家名单中确定；一般招标项目可以采取随机抽取方式，特殊招标项目可以由招标人直接确定。与投标人有利害关系的人不得进入相关项目的评标委员会；已经进入的应当更换。

评标委员会成员的名单在中标结果确定前应当保密。

② 对评标委员会成员的要求。评标委员会中的专家成员应符合下列条件：从事相关

专业领域工作满8年并具有高级职称或者同等专业水平；熟悉有关招标投标的法律、法规，并具有与招标项目相关的实践经验；能够认真、公正、诚实、廉洁地履行职责。

有下列情形之一的，不得担任评标委员会成员：投标人或者投标人主要负责人的近亲属；项目主管部门或者行政监督部门的人员；与投标人有经济利益关系，可能影响对投标公正评审的；曾因在招标、评标以及其他与招标投标有关活动中从事违法行为而受过行政处罚或刑事处罚的。

③ 评标委员会成员的基本行为要求。评标委员会成员应当客观、公正地履行职责，遵守职业道德，对所提出的评审意见承担个人责任。

评标委员会成员不得与任何投标人或者与招标结果有利害关系的人进行私下接触，不得收受投标人、中介人、其他利害关系人的财物或者其他好处。

评标委员会成员和与评标活动有关的工作人员不得透露对投标文件的评审和比较、中标候选人的推荐情况以及与评标有关的其他情况。

(3) 初步评审的内容

① 投标文件的排序。评标委员会应当按照投标报价的高低或者招标文件规定的其他方法对投标文件排序。以多种货币报价的，应当按照中国银行在开标日公布的汇率中间价换算成人民币。

② 投标文件的澄清和补正。评标委员会可以书面方式要求投标人对投标文件中含义不明确、对同类问题表述不一致或者有明显文字和计算错误的内容做必要的澄清、说明或者补正。澄清、说明或者补正应以书面方式进行并不得超出投标文件的范围或者改变投标文件的实质性内容。

投标文件中的大写金额和小写金额不一致的，以大写金额为准；总价金额与单价金额不一致的，以单价金额为准，但单价金额小数点有明显错误的除外；对不同文字文本投标文件的解释发生异议的，以中文文本为准。

③ 低于成本价的评审。在评标过程中，评标委员会发现投标人的报价明显低于其他投标报价或者在设有标底时明显低于标底，使得其投标报价可能低于其个别成本的，应当要求该投标人做出书面说明并提供相关证明材料。投标人不能合理说明或者不能提供相关证明材料的，由评标委员会认定该投标人以低于成本报价竞标，应当否决其投标。

④ 资格评审。投标人资格条件不符合国家有关规定和招标文件要求的，或者拒不按照要求对投标文件进行澄清、说明或者补正的，评标委员会可以否决其投标。在评标过程中，评标委员会发现投标人以他人的名义投标、串通投标、以行贿手段牟取中标或者以其他弄虚作假方式投标的，应当否决该投标人的投标。

⑤ 投标偏差评审。

评标委员会应当审查每一投标文件是否对招标文件提出的所有实质性要求和条件做出响应。未能在实质上响应的投标，应当予以否决。

评标委员会应当根据招标文件，审查并逐项列出投标文件的全部投标偏差。投标偏差分为重大偏差和细微偏差。

A. 重大偏差。属于重大偏差情况：没有按照招标文件要求提供投标担保或者所提供的投标担保有瑕疵；投标文件没有投标人授权代表签字和加盖公章；投标文件载明的招标项目完成期限超过招标文件规定的期限；明显不符合技术规范、技术标准的要求；投标文件载明的货物包装方式、检验标准和方法等不符合招标文件的要求；投标文件附有招标人不能接受的条件；不符合招标文件中规定的其他实质性要求。

B. 细微偏差。细微偏差是指投标文件在实质上响应招标文件要求，但在个别地方存在漏项或者提供了不完整的技术信息和数据等情况，并且补正这些遗漏或者不完整不会对其他投标人造成不公平的结果。细微偏差不影响投标文件的有效性。评标委员会应当书面要求存在细微偏差的投标人在评标结束前予以补正。拒不补正的，在详细评审时可以对细微偏差做不利于该投标人的量化，量化标准应当在招标文件中明确规定。

⑥ 有效投标过少的处理。

评标委员会根据以上规定否决不合格投标后，因有效投标不足3个使得投标明显缺乏竞争的，评标委员会可以否决全部投标。投标人少于3个或者所有投标被否决的，招标人在分析招标失败的原因并采取相应措施后，应当依法重新招标。

（4）详细评审

经初步评审合格的投标文件，评标委员会应当根据招标文件确定的评标标准和方法，对其技术部分和商务部分做进一步评审、比较。

评标方法包括经评审的最低投标价法、综合评估法或者法律、行政法规允许的其他评标方法。

① 经评审的最低投标价法。经评审的最低投标价法一般适用于具有通用技术、性能标准或者招标人对其技术、性能没有特殊要求的招标项目。

采用经评审的最低投标价法的，评标委员会应当根据招标文件中规定的评标价格调整方法，对所有投标人的投标报价以及投标文件的商务部分做必要的价格调整。采用经评审的最低投标价法的，中标人的投标应当符合招标文件规定的技术要求和标准，但评标委员会无须对投标文件的技术部分进行价格折算。根据经评审的最低投标价法完成详细评审后，评标委员会应当拟订一份“标价比较表”，连同书面评标报告提交招标人。“标价比较表”应当载明投标人的投标报价、对商务偏差的价格调整和说明及经评审的最终投标价。

② 综合评估法。不宜采用经评审的最低投标价法的招标项目，采用综合评估法进行评审。

根据综合评估法，最大限度地满足招标文件中规定的各项综合评价标准的投标，应当推荐为中标候选人。衡量投标文件是否最大限度地满足招标文件中规定的各项评价标准，可以采取折算为货币的方法、打分的方法或者其他方法。需量化的因素及其权重应当在招标文件中明确规定。

评标委员会对各个评审因素进行量化时，应当将量化指标建立在同一基础或者同一标准上，使各投标文件具有可比性。对技术部分和商务部分进行量化后，评标委员会应当对这两部分的量化结果进行加权，计算出每一投标的综合评估价或者综合评估分。

根据综合评估法完成评标后，评标委员会应当拟订一份“综合评估比较表”，连同书面评标报告提交招标人。“综合评估比较表”应当载明投标人的投标报价、所做的任何修正、对商务偏差的调整、对技术偏差的调整、对各评审因素的评估以及对每一投标的最终评审结果。

③ 其他评标方法。在法律、行政法规允许的范围内，招标人也可以采用其他评标方法。

（5）推荐中标人与编制评标报告

评标委员会完成评标后，应当向招标人提出书面评标报告，评标报告应当由评标委员会全体成员签字。对评标结论持有异议的评标委员会成员可以书面方式阐述其不同意见和理由。评标委员会成员拒绝在评标报告上签字且不陈述其不同意见和理由的，视为同意评标结论。评标委员会应当对此做出书面说明并记录在案。

评标报告一般包括以下内容。

① 基本情况和数据表。

② 评标委员会成员名单。

③ 开标记录。

④ 符合要求的投标一览表。

⑤ 否决投标情况说明。

⑥ 评标标准、评标方法或者评标因素一览表。

⑦ 经评审的价格或者评分比较一览表。

⑧ 经评审的投标人排序。

⑨ 推荐的中标候选人名单与签订合同前要处理的事宜。

⑩ 澄清、说明、补正事项纪要。

评标报告应阐明评标委员会对各投标文件的评审和比较意见，并按照招标文件中规定的评标方法，推荐不超过3名有排序的合格的中标候选人，并标明排序。

（6）评标中的其他问题

① 对于划分有多个单项合同的招标项目，招标文件允许投标人为获得整个项目合同而提出优惠的，评标委员会可以对投标人提出的优惠进行审查，以决定是否将招标项目作为一个整体合同授予中标人。将招标项目作为一个整体合同授予的，整体合同中标人的投标应当最有利于招标人。

② 关于投备选标的问题。根据招标文件的规定，允许投标人投备选标的，评标委员会可以对中标人所投的备选标进行评审，以决定是否采纳备选标。不符合中标条件的投标人的备选标不予考虑。

③ 关于评标的期限和延长投标有效期的处理。评标和定标应当在投标有效期内完成。不能在投标有效期内完成评标和定标的，招标人应当通知所有投标人延长投标有效期。拒绝延长投标有效期的投标人有权收回投标保证金。同意延长投标有效期的投标人应当相应延长其投标担保的有效期，但不得修改投标文件的实质性内容。因延长投标有效期造成投标人损失的，招标人应当给予补偿，但因不可抗力需延长投标有效期的除外。招标文件应当载明投标有效期。投标有效期从提交投标文件截止日起计算。

④ 关于所有投标被否决的处理。评标委员会经评审，认为所有投标都不符合招标文件要求，可以否决所有投标。因有效投标不足3个使得投标明显缺乏竞争的，评标委员会也可以否决全部投标。

所有投标被否决的，招标人应当按照《招标投标法》的规定重新招标。在重新招标前一定要分析所有投标都不符合招标文件要求的原因，有时候导致所有投标都不符合招标文件要求的原因，往往是招标文件的要求过高（不符合实际），投标人无法达到要求。在这种情况下，一般需要修改招标文件后再进行重新招标。

6. 定标

(1) 中标候选人的确定

招标人根据评标委员会提出的书面评标报告和推荐的中标候选人确定中标人。中标人的投标应当符合下列条件之一：能够最大限度满足招标文件中规定的各项综合评价标准；能够满足招标文件的实质性要求，并且经评审的投标价格最低，但是投标价格低于成本的除外。

国有资金占控股或者主导地位的依法必须进行招标的项目，招标人应当确定排名第一的中标候选人为中标人。排名第一的中标候选人放弃中标、因不可抗力不能履行合同、不按照招标文件要求提交履约保证金，或者被查实存在影响中标结果的违法行为等情形，不符合中标条件的，招标人可以按照评标委员会提出的中标候选人名单排序依次确定其他中标候选人为中标人，也可以重新招标。需要注意的是，在确定中标人之前，招标人不得与投标人就投标价格、投标方案等实质性内容进行谈判。经评标委员会论证，认定该投标人的报价低于其企业成本的，不能推荐为中标候选人或者中标人。

招标人也可以授权评标委员会直接确定中标人。

依法必须进行招标的项目，招标人应当自收到评标报告之日起 3 日内公示中标候选人，公示期不得少于 3 日。投标人或者其他利害关系人对依法必须进行招标的项目的评标结果有异议的，应当在中标候选人公示期间提出。招标人应当自收到异议之日起 3 日内做出答复；做出答复前，应当暂停招标投标活动。中标候选人的经营、财务状况发生较大变化或者存在违法行为，招标人认为可能影响其履约能力的，应当在发出中标通知书前由原评标委员会按照招标文件规定的标准和方法审查确认。

依法必须进行施工招标的工程，招标人应当自确定中标人之日起 15 日内，向工程所在地的县级以上地方人民政府建设行政主管部门提交施工招标投标情况的书面报告。建设行政主管部门自收到书面报告之日起 5 日内未通知招标人在招标投标活动中有违法行为的，招标人可以向中标人发出中标通知书，并将中标结果通知所有未中标的投标人。

(2) 发出中标通知书并订立书面合同

中标人确定后，招标人应当向中标人发出中标通知书。中标通知书对招标人和中标人具有法律效力。中标通知书发出后，招标人改变中标结果，或者中标人放弃中标项目的，应当承担法律责任。

招标人和中标人应当自中标通知书发出之日起 30 日内，按照招标文件和中标人的投标文件订立书面合同。招标人和中标人不得再行订立背离合同实质性内容的其他协议。住建部还规定，招标人无正当理由不与中标人签订合同，给中标人造成损失的，招标人应当给予赔偿。招标文件要求中标人提交履约保证金的，中标人应当提交。招标人应当同时向中标人提供工程款支付担保。中标人不与招标人订立合同的，投标保证金不予退还并取消其中标资格，给招标人造成的损失超过投标保证金数额的，应当对超过部分予以赔偿。

招标人最迟应当在书面合同签订后 5 日内向中标人和未中标的投标人退还投标保证金及银行同期存款利息。

中标人应当按照合同约定履行义务，完成中标项目。中标人不得向他人转让中标项目，也不得将中标项目肢解后分别向他人转让。中标人按照合同约定或者经招标人同意，可以将中标项目的部分非主体、非关键性工程分包给他人完成。接受分包的人应当具备相应的资格条件。中标人应当就分包项目向招标人负责，接受分包的人就分包项目承担连带责任。

6.1.2 招投标文件组成

1. 招标文件组成

(1) 招标文件的内容

《工程建设项目施工招标投标办法》规定招标文件应当包括下列内容。

① 招标公告或投标邀请书。

② 投标人须知。

③ 合同主要条款。

④ 投标文件格式。

⑤ 采用工程量清单招标的，应当提供工程量清单。

⑥ 技术条款。

⑦ 设计图纸。

⑧ 评标标准和方法。

⑨ 投标辅助材料。

招标人应当在招标文件中规定实质性要求和条件，并用醒目的方式标明。

(2) 招标文件编制的相关规定

根据《招标投标法》和住建部有关规定，施工招标文件编制中还应遵循如下规定。

① 说明评标原则和评标办法。招标文件应当明确规定评标时除价格以外的所有评标因素，以及如何将这些因素量化或者据以进行评估。招标人可以要求投标人在提交符合招标文件规定要求的投标文件外，提交备选投标方案，但应当在招标文件中做出说明，并提出相应的评审和比较办法。在评标过程中，不得改变招标文件中规定的评标标准、方法和中标条件。

② 投标价格中，一般结构不太复杂或工期在 12 个月以内的工程，可以采用固定价格，考虑一定的风险系数。结构较复杂或大型工程，工期在 12 个月以上的，应采用可调整价格。价格的调整方法及调整范围应当在招标文件中明确。

③ 在招标文件中应明确投标价格计算依据，主要有以下方面：工程计价类别；执行的概预算定额及费用定额；执行的人工、材料、机械设备政策性调整文件等；材料、设备计价方法及采购、运输、保管的责任；工程量清单。

④ 质量标准必须达到国家施工验收规范合格标准，对于要求质量达到优良标准时，应计取补偿费用，补偿费用的计算方法应按国家或地方有关文件规定执行，并在招标文件中明确。

⑤ 招标文件中的建设工期应当参照国家或地方颁发的工期定额来确定，如果要求的工期比工期定额缩短 20%以上（含 20%）的，应计算赶工措施费。赶工措施费如何计取

应在招标文件中明确。

⑥ 由于施工单位原因造成不能按合同工期竣工时，计取赶工措施费的须扣除，同时还应赔偿由于误工给建设单位带来的损失。其损失费用的计算方法或规定应在招标文件中明确。

⑦ 如果建设单位要求按合同工期提前竣工交付使用，应考虑计取提前工期奖，提前工期奖的计算方法应在招标文件中明确。

⑧ 招标文件中应明确投标准备时间，即从开始发放招标文件之日起，至投标截止时间的期限，最短不得少于20天。

⑨ 在招标文件中应明确投标保证金数额及支付方式。

⑩ 招标文件要求中标人提交履约保证金的，中标人应当按照招标文件的要求提交。履约保证金不得超过中标合同金额的10%。

⑪ 材料或设备采购、运输、保管的责任应在招标文件中明确，如建设单位提供材料或设备，应列明材料或设备名称、品种或型号、数量，以及提供日期和交货地点等；还应在招标文件中明确招标单位提供的材料或设备计价和结算退款的方法。

⑫ 关于工程量清单，招标单位按国家颁布的统一工程项目编码、统一工程项目名称、统一计量单位和统一的工程量计算规则，根据施工图纸计算工程量，提供给投标单位作为投标报价的基础。结算拨付工程款时以实际工程量为依据。

⑬ 合同协议条款的编写，招标单位在编制招标文件时，应根据《中华人民共和国民法典》《建设工程施工合同管理办法》的规定和工程具体情况确定"招标文件合同协议条款"内容。

⑭ 投标单位在收到招标文件后，若有问题需要澄清，应于收到招标文件后以书面形式向招标单位提出，招标单位将以书面形式或投标预备会的方式予以解答，答复将送给所有获得招标文件的投标单位。

2. 投标文件组成

(1) 投标文件的内容

根据《招标投标法》第二十七条、第三十条对投标文件的规定，投标人应当按照招标文件的要求编制投标文件，投标文件应当对招标文件提出的实质性要求和条件做出响应。

根据《工程建设项目施工招标投标办法》第三十六条规定，工程建设施工项目的投标文件的内容及构成如下。

① 投标函。

② 投标报价。

③ 施工组织设计。

④ 商务和技术偏差表。

投标人根据招标文件载明的项目实际情况，拟在中标后将中标项目的部分非主体、非关键性工作进行分包的，应当在投标文件中载明。

(2) 投标文件编制的相关规定

① 做好编制投标文件准备工作。投标单位领取招标文件、图纸和有关技术资料后，应仔细阅读"投标须知"，投标须知是投标单位投标时应注意和遵守的事项。另外，还须

认真阅读合同条件、规定格式、技术规范、工程量清单和图纸。如果投标单位的投标文件不符合招标文件的要求，责任由投标单位自负。实质上不响应招标文件要求的投标文件将被拒绝。投标单位应根据图纸核对招标单位在招标文件中提供的工程量清单中的工程项目和工程量；如发现项目或数量有误时应在收到招标文件 7 日内以书面形式向招标单位提出。

组织投标班子，确定参加投标文件编制人员，为编制好投标文件和投标报价，应收集现行定额标准、取费标准及各类标准图集。收集掌握有关法律、法规文件，以及材料和设备价格情况。

② 投标文件编制中，投标单位应依据招标文件和工程技术规范要求，并根据施工现场情况编制施工方案或施工组织设计。

投标单位应根据招标文件要求编制投标文件和计算投标报价，投标报价应按招标文件中规定的各种因素和依据进行计算；应仔细核对，以保证投标报价的准确无误。

按招标文件要求，投标单位提交的投标保证金，应随投标文件一并提交招标单位。

投标文件编制完成后应仔细整理、核对，按招标文件的规定进行密封和标记，并提供足够份数的投标文件副本。

③ 投标单位必须使用招标文件中提供的表格格式，但表格可以按同样格式扩展。

④ 投标文件在“前附表”所列的投标有效期日历日内有效。

⑤ 投标单位应提供不少于“前附表”规定数额的投标保证金，此投标保证金是投标文件的一个组成部分。对于未能按要求提交投标保证金的投标，招标单位将视为不响应投标而予以拒绝。

招标人最迟应当在书面合同签订后 5 日内向中标人和未中标的投标人退还投标保证金及银行同期存款利息。

如投标单位有下列情况，将被没收投标保证金：投标单位在投标有效期内撤回其投标文件；中标单位未能在规定期内提交履约保证金或签署合同协议。

⑥ 投标文件的份数和签署。投标单位按招标文件所提供的表格格式，编制一份投标文件“正本”和“前附表”所述份数的“副本”，由投标单位法定代表人亲自签署并加盖法人单位公章和法定代表人印鉴。

6.2 建设工程施工招标与标底的编制

6.2.1 标底编制的原则和依据

1. 标底的编制的原则

工程标底是招标人控制投资，确定招标工程造价的重要手段，在计算时要求科学合理、计算准确。标底应当参考建设行政主管部门制定的工程造价计价办法和计价依据，以及其他有关规定，根据市场价格信息，由招标单位或委托有相应资质的招标代理机构和工程造价咨询单位以及监理单位等中介组织进行编制。

招标人可根据项目特点决定是否编制标底。编制标底的，标底编制过程和标底在开标前必须保密。在标底的编制过程中，按照《工程建设项目施工招标投标办法》应该遵循以下原则。

① 招标项目编制标底的，应根据批准的初步设计、投资概算，依据有关计价办法，参照有关工程定额，结合市场供求状况，综合考虑投资、工期和质量等方面的因素合理确定。

② 标底由招标人自行编制或委托中介机构编制。

③ 一个工程只能编制一个标底。

④ 任何单位和个人不得强制招标人编制或报审标底，或干预其确定标底。

⑤ 招标项目可以不设标底，进行无标底招标。

⑥ 招标人设有最高投标限价的，应当在招标文件中明确最高投标限价或者最高投标限价的计算方法。

⑦ 招标人不得规定最低投标限价。

2. 标底编制的依据

标底编制的依据主要包括以下基本资料和文件。

① 国家的有关法律、法规，以及国务院和省、自治区、直辖市人民政府建设行政主管部门制定的有关工程造价的文件和规定。

② 工程招标文件中确定的计价依据和计价办法，招标文件的商务条款，包括合同条件中规定由工程承包方应承担义务而可能发生的费用，以及招标文件的澄清、答疑等补充文件和资料。在标底计算时，计算口径和取费内容必须与招标文件中有关取费等的要求一致。

③ 国家、行业、地方的工程建设标准，包括建设工程施工必须执行的建设技术标准、规范和规程。

④ 工程设计文件、图纸、技术说明及招标时的设计交底，按设计图纸确定的或招标人提供的工程量清单等相关基础资料。

⑤ 采用的施工组织设计、施工方案、施工技术措施等。

⑥ 工程施工现场地质、水文勘探资料，现场环境和条件及反映相应情况的相关资料。

⑦ 招标时的人工、材料、设备及机械台班等要素市场价格信息，以及国家或地方有关政策性调价文件的规定。

6.2.2 标底的编制方法

我国目前建设工程施工招标标底的编制，主要采用定额计价和工程量清单计价来编制。

1. 以定额计价法编制标底

定额计价法编制标底采用的是分部分项工程量的直接费单价（或称为工料单价法），仅仅包括人工、材料、机械费用。直接费单价又可以分为单价法和实物量法两种。

(1) 单价法

单价法是利用消耗量定额中各分项工程相应的定额单价来编制标底的方法。首先按施工图计算各分项工程的工程量，并乘以相应单价，汇总相加，得到单位工程的直接费；再加上按规定程序计算出来的间接费、利润和税金；最后还要加上材料调价系数和适当的不可预见费，汇总后即为标底的基础。

在单价法的实施中，也可以采用工程概算定额，对分项工程子目作适当的归并和综合，使标底的计算有所简化。采用概算定额编制标底，通常适用于初步设计或技术设计阶段进行招标的工程。在施工图阶段招标，也可按施工图计算工程量，按概算定额和单价计算直接费，既可提高计算结果的准确性，又可减少工作量，节省人力和时间。

(2) 实物量法

用实物量法编制标底，主要先计算出各分项工程的工程量，分别套取消耗量定额中的人工、材料、机械消耗指标，并按类相加，求出单位工程所需的各种人工、材料、机械台班的总消耗量（即实物量），然后分别乘以当时当地的人工、材料、机械台班市场单价，求出人工费、材料费、机械使用费，再汇总求和。对于间接费、利润和税金等费用的计算则根据当时当地建筑市场的供求情况给予具体确定。表 6-1 为实物量法计价程序的一种。

实物量法与单价法相似，最大的区别在于两者在计算人工费、材料费、机械使用费及汇总三者费用之和时方法不同。

① 实物量法计算人工、材料、机械使用费，是根据预算定额中的人工、材料、机械台班消耗量与当时当地人工、材料和机械台班单价相乘汇总得出。采用当时当地的实际价格，能较好地反映实际价格水平，工程造价准确度较高。从长远角度看，人工、材料、机械的实物消耗量应根据企业自身消耗水平来确定。

② 实物量法在计算其他各项费用，如间接费、利润、税金等时将间接费、利润等相对灵活的部分，根据建筑市场的供求情况，浮动确定。

因此，实物量法是与市场经济体制相适应的并以消耗量定额为依据的标底编制方法。

表 6-1　定额计价造价计算程序

序号	费用项目		计算方法
一	分部分项工程项目费		$\sum\left[\text{分部分项工程量}\times\begin{pmatrix}\text{人工费}+\text{材料费}+\\\text{机械费}+\text{综合费}\end{pmatrix}\right]$
1.1	其中	定额人工费	$\sum$(分部分项工程量×定额人工消耗量×定额人工单价)
1.2		定额机械费	$\sum$(分部分项工程量×定额机械消耗量×定额机械单价)
1.3		综合费	(1.1+1.2)×综合费费率
二	措施项目费		(1.1+1.2)×措施项目费费率
三	不可竞争费		3.1+3.2
3.1	安全文明施工费		(1.1+1.2)×安全文明施工费定额费率
3.2	工程排污费		按工程实际情况计列
四	其他项目费		4.1+4.2+4.3+4.4

续表

序号	费用项目		计算方法
4.1	其中	暂列金额	按工程量清单中列出的金额填写
4.2		专业工程暂估价	按工程量清单中列出的金额填写
4.3		计日工费	计日工单价×计日工数量
4.4		总承包服务费	按工程实际情况计列
五	税金		(一+二+三+四)×税率
六	工程造价		一+二+三+四+五

2. 以工程量清单计价法编制标底

工程量清单计价的单价按所综合的内容不同，可以划分为两种形式。

(1) FIDIC综合单价法

FIDIC综合单价即分部分项工程的完全单价，综合了直接费、间接费、利润、税金及工程的风险等全部费用。

用FIDIC综合单价编制标底，要根据统一的项目划分，按照统一的工程量计算规则计算工程量，形成工程量清单。然后估算分项工程综合单价，该单价是根据具体项目分别估算的。FIDIC综合单价确定以后，再与各部分分项工程量相乘得到合价，汇总之后即可得到标底。

(2) 清单规范综合单价法

这种方法是我国现行《建设工程工程量清单计价规范》(GB 50500—2013) 中规定的方法。清单规范综合单价是除规费、税金以外的全部费用，该单价综合了完成单位工程量或完成具体措施项目的人工费、材料费、机械使用费、企业管理费和利润，并考虑一定的风险因素。

用清单规范综合单价编制标底，要根据工程量清单(分部分项工程量清单、措施项目清单和其他项目清单)，然后估算各工程量清单综合单价，再与各工程量清单相乘得到合价，最后按规定计算规费和税金，汇总之后即可得到标底。单位工程清单规范综合单价法及计价步骤如表6-2所示。

表6-2 单位工程清单规范综合单价法及计价步骤

序号	费用项目		计算方法
一	分部分项工程项目费		$\sum\left[\text{分部分项工程量}\times\left(\begin{array}{l}\text{定额人工费}+\text{定额材料}\\\text{费}+\text{定额机械费}+\text{综合费}\end{array}\right)\right]$
1.1	其中	定额人工费	$\sum$(分部分项工程量×定额人工消耗量×定额人工单价)
1.2		定额机械费	$\sum$(分部分项工程量×定额机械消耗量×定额机械单价)
1.3		综合费	(1.1+1.2)×综合费费率
二	措施项目费		$\sum$(1.1+1.2)×措施项目费费率
三	不可竞争费		3.1+3.2

续表

序号	费用项目		计算方法
3.1	安全文明施工费		(1.1+1.2)×安全文明施工费定额费率
3.2	工程排污费		按工程实际情况计列
四	其他项目费		按工程实际情况计列
五	差价		5.1+5.2+5.3
5.1	其中	人工费价差	$\sum$(定额人工用量×人工单价价差)
5.2		材料费价差	$\sum$(定额材料用量×材料单价价差)
5.3		机械费价差	$\sum$(定额机械台班用量×机械台班单价价差)
六	税金		(一+二+三+四+五)×税率
七	工程造价		一+二+三+四+五+六

3. 编制标底需考虑的其他因素

编制一个合理、可靠的标底还必须考虑以下因素。

① 标底必须适应招标方的质量要求，优质优价，对高于国家施工及验收规范的质量因素有所反映。标底中对工程质量的反映，应按国家相关的施工及验收规范的要求作为合格的建筑产品，按国家规范来检查验收。但招标方往往还要提出要达到高于国家施工及验收规范的质量要求，为此，施工单位要付出比合格水平更多的费用。

② 标底必须适应目标工期的要求，对提前工期因素有所反映。应将目标工期对照工期定额，按提前天数给出必要的赶工费和奖励，并列入标底。

③ 标底必须适应建筑材料采购渠道和市场价格的变化，考虑材料差价因素，并将差价列入标底。

④ 标底必须合理考虑招标工程的自然地理条件和招标工程范围等因素。将地下工程及“三通一平”等招标工程范围内的费用正确地计入标底。由于自然条件导致的施工不利因素也应考虑计入标底。

⑤ 标底应根据招标文件或合同条件的规定，按规定的工程发承包模式，确定相应的计价方式，考虑相应的风险费用。

6.3 建设工程施工投标与报价

6.3.1 我国投标报价模式

我国工程造价改革的总体目标是形成以市场价格为主的价格体系，但目前尚处于过渡时期，总的来讲我国投标报价模式有定额计价模式和工程量清单计价模式。

1. 以定额计价模式投标报价

一般是采用消耗量定额来编制，即按照定额规定的分部分项工程子目逐项计算工程量，套用定额基价或根据市场价格确定直接费，然后再按规定的费用定额计取各项费用，最后汇总形成标价。

2. 以工程量清单计价模式投标报价

这是与市场经济相适应的投标报价方法，其完全由投标人完成由招标人提供的工程量清单所需的全部费用，包括分部分项工程费、措施项目费、其他项目费、规费和税金，也是国际通用的竞争性招标方式所要求的。一般是由业主或受业主委托的工程造价咨询机构，将拟建招标工程全部项目和内容按相关的计算规则计算出工程量，列在清单上作为招标文件的组成部分，供投标人逐项填报单价，计算出总价，作为投标报价，然后通过评标竞争，最终确定合同价。工程量清单报价由招标人给出工程量清单，投标者填报单价，单价应完全依据企业技术、管理水平等企业实力而定，以满足市场竞争的需要。

在实践中，一般来说，工程项目投标报价方面存在着以下几种基本模式，如表 6 - 3 所示。

表 6 - 3　我国投标报价的模式及报价编制步骤

定额计价模式投标标价		工程量清单计价模式投标标价	
单价法	实物量法	FIDIC 综合单价法	清单规范综合单价法
1. 计算工程量 2. 查套定额单价 3. 计算直接费 4. 计算取费 5. 确定投标报价书	1. 计算工程量 2. 查套定额消耗量 3. 套用市场价格 4. 计算直接费 5. 计算取费 6. 确定投标报价书	1. 计算各清单工程资源消耗量 2. 套用市场价格 3. 计算直接费 4. 分摊间接费 5. 计算利润、税金 6. 考虑风险，得到清单综合单价 7. 计算各清单费用 8. 确定投标报价书	1. 计算各清单工程资源消耗量 2. 套用企业定额及市场价格 3. 计算直接费 4. 计算管理费、利润并考虑风险得到清单综合单价 5. 计算各清单费用 6. 计算规费、税金 7. 确定投标报价书

6.3.2 工程投标报价的影响因素

工程投标报价前调查研究主要是对投标和中标后履行合同有影响的各种客观因素、业主和监理工程师的资信及工程项目的具体情况等进行深入细致的了解和分析。具体包括以下内容。

1. 政治和法律方面

投标人首先应当了解在招标投标活动中以及在合同履行过程中有可能涉及的法律，也应当了解与项目有关的政治形势、国家政策等，即国家对该项目采取的是鼓励政策还是限制政策。

2. 自然条件

自然条件包括工程所在地的地理位置和地形、地貌；气象状况，包括气温、湿度、主导风向、年降水量等；洪水、台风及其他自然灾害状况等。

3. 市场状况

投标人调查市场情况是一项非常艰巨的工作，其内容也非常多，主要包括建筑材料、施工机械设备、燃料、动力、水和生活用品的供应情况、价格水平、物价指数及今后的变化趋势和预测；劳务市场情况，如工人技术水平、工资水平、有关劳动保护和福利待遇的规定等；金融市场情况，如银行贷款的难易程度及银行贷款利率等。

对材料设备的市场情况尤需详细了解，主要包括原材料和设备的来源方式，购买的成本，来源国或厂家的供货情况；材料、设备购买时的运输、税收、保险等方面的规定、手续、费用；施工设备的租赁、维修费用；使用投标人本地原材料、设备的可能性及成本比较。

4. 工程项目方面的情况

工程项目方面的情况包括工作性质、规模、发包范围；工程的技术规模和对材料性能及工人技术水平的要求；总工期及分批竣工交付使用的要求；施工场地的地形、地质、地下水位、交通运输、给排水、供电、通信条件的情况；工程项目资金来源；对购买器材和雇佣工人有无限制条件；工程价款的支付方式、外汇所占比例；监理工程师的资历、职业道德和工作作风等。

5. 业主情况

业主情况包括业主的资信情况、履约态度、支付能力，在其他项目上有无拖欠工程款的情况，对实施的工程需求的迫切程度等。

6. 投标人自身情况

投标人对自己内部情况、资料也应当进行归纳管理。这类资料主要用于招标人要求的资格审查和本企业履行项目的可能性。

7. 竞争对手情况

掌握竞争对手的情况，是投标策略中的一个重要环节，也是投标人参加投标能否获胜的重要因素。投标人在制定投标策略时必须考虑竞争对手的情况。

6.3.3 投标报价策略与决策

投标策略是企业经营决策的重要组成部分，就是投标人选择和确定投标项目与制定投标行动方案的策略，是建设工程承包商为实现其生产经营目标，针对建设工程招标项目，寻求并实现最优化的投标方案的活动。

一般情况下，投标策略应包含以下三方面的内容。

① 投标机会策略，即针对工程项目招标，确定是否投标。

② 投标定位策略，若参加投标，投什么性质的标。

③ 投标方法策略，即采取什么方式、策略和技巧投标。

1. 投标报价决策

投标报价决策是指投标人召集算标人和决策人、高级咨询顾问人员共同研究，就报价计算结果和报价的静态、动态风险分析进行讨论，做出调整报价的最后决定。在报价决策中应当注意以下问题。

(1) 在可接受的最小预期利润和可接受的最大风险内做出决策

一般来说，报价决策并不仅限于具体的计算，而是应当由决策人与算标人员一起，对各种影响报价的因素进行恰当的分析，并做出果断的决策。除了对算标时提出的各种方案、费用系数等予以审定和进行必要的调整外，更重要的是决策人应从全局考虑期望的利润大小和承担风险的能力。

(2) 报价决策的依据

报价决策的主要依据应当是算标人员的计算书和分析指标。收集与分析类似工程的造价资料，同时尽可能获得所谓“标底价格”或竞争对手的“标价情报”等，以此作为参考。参加投标的单位要尽最大的努力去争取中标，但更为主要的是中标价格应当基本合理，不应导致亏损。以自己的报价计算为依据，考虑本企业的技术水平，进行科学分析，在此基础上做出恰当的报价决策，能够保证不会导致将来的亏损。

(3) 低报价不是得标的唯一因素

招标文件中一般明确申明“本标不一定授给最低报价者”，所以决策者可以提出某些合理的建议，或采用较好的施工方法，使业主能够降低成本、缩短工期，以达到战胜对手的目的。如果可能的话，还可以提出对业主优惠的支付条件等。总之，低报价是得标的重要因素，但不是唯一因素。

2. 报价技巧

报价技巧是指在投标报价中采用一定的手法或技巧使业主可以接受，而中标后又能获得更多的利润。常用的报价技巧主要有 6 种。

(1) 根据招标项目的不同特点采用不同报价

投标报价时，既要考虑自身的优势和劣势，也要分析招标项目的特点。按照工程项目的不同特点、类别、施工条件等来选择报价策略。

① 遇到如下情况报价可高些：施工条件差的工程；专业要求高的技术密集型工程，而本公司在这方面又有专长，声望也高；总造价低的小工程，以及自己不愿意做、又不方便不投标的工程；特殊的工程，如港口码头、地下开挖工程等；工期要求急的工程；投标对手少的工程；支付条件差的工程。

② 遇到如下工程报价可低一些：施工条件好的工程，工作简单、工程量大而一般公司都可以做的工程；本公司目前急于打入某一市场、某一地区，或在该地区面临工程结束，机械设备等无工地转移时；本公司在附近有工程，而本项目又可以利用该工程的设备、劳务，或有条件短期内突击完成的工程；投标对手多，竞争激烈的工程；非急需工程；支付条件好的工程。

（2）不平衡报价法

这种方法是指一个工程项目总报价基本确定后，通过调整内部各个项目的报价，以期既不提高总报价、不影响中标，又能在结算时得到更理想的经济效益。一般可以考虑在以下几种情况采用不平衡报价。

① 能够早日结账的项目（如基础工程、土方开挖、桩基工程等）可适当提高报价。

② 预计今后工程量会增加的项目，单价适当提高，这样在最终结算时可多赚钱；将工程量可能减少的项目单价降低，工程结算时损失不大。

③ 设计图纸不明确，估计修改后工程量要增加的，可以提高单价；而工程内容解释不清楚的，则可把单价适当报低，待澄清后再要求提价。

④ 暂定项目，又叫任意项目或选择项目，对这类项目要具体分析。因为这类项目要在开工后再由业主研究决定是否实施，以及由哪家承包商实施。如果工程不分标，由一家承包商施工，则其中肯定要做的单价可高些，不一定做的则应低一些。如果工程分标，该暂定项目也可能由其他承包商施工时，则不宜报高价，以免抬高报价。

采用不平衡报价一定要建立在对工程量表中工程量仔细核对分析的基础上，特别是对报低单价的项目，如执行时工程量增多将造成承包商的重大损失；不平衡报价过多和过于明显，可能会引起业主的反对，甚至导致废标。

【例 6-1】 某承包商参与某一工程的投标，工程分 3 个部分施工：桩基工程、主体结构工程、设备安装工程。3 项工程的工期分别为：4 个月、12 个月、8 个月。贷款月利率为 1%，初步考虑各部分工程每月完成的工程量相同且能按月及时收到工程款（不考虑工程款结算所需时间），为了既不影响中标，又能在中标后取得较好的收益，决定采用不平衡报价法，对原估价做出适当的调整，具体数据如表 6-4 所示。运用动态分析法，计算不平衡报价法所获得的利益。复利系数如表 6-5 所示。

表 6-4 不平衡报价法对原估价调整对比分析表 单位：万元

名称	桩基工程	主体结构工程	设备安装工程	总价
调整前（投标估价）	1350	7500	4200	13050
调整后（正式估价）	1470	7800	3780	13050

表 6-5 复利系数表

n	4	8	12	16
$(P/A, 1\%, n)$	39020	7.6517	11.2551	14.7179
$(P/F, 1\%, n)$	0.9610	0.9235	0.8874	0.8528

解：计算单价调整前的工程款现值。

桩基工程每月工程款 $A_1=1350/4=337.5$（万元）

主体结构工程每月工程款 $A_2=7500/8=937.5$（万元）

设备安装工程每月工程款 $A_3=4200/12=350$（万元）

则单价调整前的工程款现值如下。

PV（前）$=A_1(P/A, 1\%, 4)+A_2(P/A, 1\%, 12)(P/A, 1\%, 4)+A_3(P/A,$

1%，8）（P/A，1%，16）

=337.5×3.9020+937.5×11.2551×0.9610+350×7.6517×0.8528

=13740.95（万元）

计算单价调整后的工程款现值。

桩基工程每月工程款 A_1'×=1470/4=367.5（万元）

主体结构工程每月工程款 A_2'×=7800/8=975（万元）

设备安装工程每月工程款 A_3'=3780/12=315（万元）

PV（后）=A_1'×（P/A，1%，4）+A_2'（P/A，1%，12）（P/A，1%，4）

+A_3'（P/A，1%，8）（P/A，1%，16）

=367.5×3.9020+975×11.2551×0.9610+315×7.6517×0.8528

=14035.22（万元）

则有：

NPV（后）−NPV（前）=14035.22−13740.95=294.27（万元）

采用不平衡报价法后，该投标单位所得工程款的现值比原估价增加了294.27万元。

（3）多方案报价法

对于一些招标文件，如果发现工程范围不很明确，条款不清楚或很不公正，或技术规范要求过于苛刻，则要在充分估计投标风险的基础上，按多方案报价法处理。即是按原招标文件报一个价，然后再提出，如果某某条款做某些变动报价即可降低多少，由此可报出一个较低的价。这样可降低总造价，吸引业主。

（4）增加建议方案

有时招标文件中规定，可以增加一个建议方案，即可以修改原设计方案，提出投标者的方案。投标者这时应抓住机会，组织一批有经验的工程师，对原招标文件的设计和施工方案仔细研究，提出更为合理的方案以吸引业主，促成自己的方案中标。这种新建议方案可以降低总造价或缩短工期，或使工程运用更为合理。但要注意对原方案也一定要报价。建议方案不要写得太具体，要保留方案的技术关键，防止业主将此方案交给其他承包商。同时要强调的是，建议方案一定要比较成熟，有很好的操作性。

（5）分包商报价的采用

由于现代工程的综合性和复杂性，总承包商不可能将全部工程内容完全独家包揽，特别是有些专业性较强的工程内容，须分包给其他专业工程公司施工，还有些招标项目，业主规定某些工程内容必须由他指定的几家分包商承担。因此，总承包商通常还应在投标前先取得分包商的报价，并增加总承包商摊入的一定的管理费，而后作为自己投标总价的一个组成部分一并列入报价单中。应当注意，分包商在投标前可能同意接受总承包商压低其报价的要求，但等到总承包商得标后，他们常以种种理由要求提高分包价格，这将使总承包商处于十分被动的地位。解决的办法是，总承包商在投标前找两三家分包商分别报价，而后选择其中一家信誉较好、实力较强和报价合理的分包商签订协议，同意该分包商作为本分包工程的唯一合作者，并将分包商的姓名列到投标文件中，但要求该分包商相应地提交投标保函。这种把分包商的利益同投标人捆在一起的做法，不但可以防止分包商事后反悔和涨价，还可能迫使分包商报出较合理的价格，以便共同争取得标。

(6) 无利润算标

缺乏竞争优势的承包商，在不得已的情况下，只好在算标中根本不考虑利润去夺标。这种办法一般是处于以下条件时采用。

① 有可能在得标后，将大部分工程分包给索价较低的一些分包商。

② 对于分期建设的项目，先以低价获得首期工程，而后赢得机会创造第二期工程中的竞争优势，并在以后的实施中赚得利润。

③ 较长时间内，承包商没有在建工程项目，如果再不得标，就难以维持生存。因此，虽然本工程无利可图，只要有一定的管理费维持公司的日常运转，就可以设法渡过暂时的困难，以图将来东山再起。

6.4 设备、材料招标与投标报价

6.4.1 设备、材料采购方式

设备、材料采购是建设工程施工中的重要工作之一。采购货物质量的好坏和价格的高低，对项目的投资效益影响极大。《招标投标法》规定，在中华人民共和国境内进行下列工程建设项目包括项目的勘察、设计、施工、监理以及与工程建设有关的重要设备、材料等的采购，必须进行招标。

① 大型基础设施、公用事业等关系社会公共利益、公众安全的项目。

② 全部或者部分使用国有资金投资或者国家融资的项目。

③ 使用国际组织或者外国政府贷款、援助资金的项目。

前款所列项目的具体范围和规模标准，由国务院发展改革部门会同国务院有关部门制订，报国务院批准。

法律或者国务院对必须进行招标的其他项目的范围有规定的，依照其规定。

1. 公开招标(即国际竞争性招标、国内竞争性招标)

设备、材料采购的公开招标是由招标单位通过报刊、广播、电视等公开发表招标广告，在尽量大的范围内征集供应商。公开招标对于设备、材料采购，能够引起最大范围内的竞争。其主要优点如下。

① 可以使符合资格的供应商能够在公平竞争条件下，以合适的价格获得供货机会。

② 可以使设备、材料采购者以合理价格获得所需的设备和材料。

③ 可以促进供应商进行技术改造，以降低成本，提高质量。

④ 可以基本防止徇私舞弊的产生，有利于采购的公平和公正。

设备、材料采购的公开招标一般组织方式严密，涉及环节众多，所需工作时间较长，故成本较高。因此，一些紧急需要或价值较小的设备和材料的采购则不适宜这种方式。

设备、材料采购的公开招标在国际上又称为国际竞争性招标和国内竞争性招标。

国际竞争性招标就是公开地广泛地征集投标者，引起投标者之间的充分竞争，从而使项目法人能以较低的价格和较高的质量获得设备或材料。我国政府和世界银行商定，凡工业项目采购额在100万美元以上的，均需采用国际竞争性招标。通过这种招标方式，一般可以使买主以有利的价格采购到需要的设备、材料，可引进国外先进的设备、技术和管理经验，并且可以保证所有合格的投标人都有参加投标的机会，保证采购工作公开而客观地进行。

国内竞争性招标适合于合同金额小，工程地点分散且施工时间拖得很长，劳动密集型生产或国内获得货物的价格低于国际市场价格，行政与财务上不适于采用国际竞争性招标等情况。国内竞争性招标亦要求具有充分的竞争性，程序公开，对所有的投标人一视同仁，并且根据事先公布的评选标准，授予最符合标准且标价最低的投标人。

2. 邀请招标（即有限国际竞争性招标、有限国内竞争性招标）

设备、材料采购的邀请招标是由招标单位向具备设备、材料制造或供应能力的单位直接发出投标邀请书，并且受邀参加投标的单位不得少于3家。这种方式也称为有限竞争性招标，是一种不需公开刊登广告而直接邀请供应商进行国际（国内）竞争性投标的采购方法。它适用于合同金额不大，或所需特定货物的供应商数目有限，或需要尽早地交货等情况。

有的工业项目，合同价值很大，也较为复杂，在国际上只有为数不多的几家潜在投标人，并且准备投标的费用很大，这样也可以直接邀请来自三四个国家的合格公司进行投标，以节省时间。但这样可能遗漏合格的有竞争力的供应商，为此应该从尽可能多的供应商中征求投标，评标方法参照国际竞争性招标，但国内或地区性优惠待遇不适用。

采用设备、材料采购邀请招标的条件如下。

① 招标单位对拟采购的设备在世界上（或国内）的制造商的分布情况比较清楚，并且制造厂家有限，又可以满足竞争态势的需要。

② 已经掌握拟采购设备的供应商或制造商及其他代理商的有关情况，对他们的履约能力、资信状况等已经了解。

③ 建设项目工期较短，不允许拿出更多时间进行设备采购，因而采用邀请招标。

④ 还有一些不宜进行公开采购的事项，如国防工程、保密工程、军事技术等。

3. 其他方式

① 设备、材料采购有时也通过询价方式选定设备、材料供应商。一般是通过对国内外几家供货商的报价进行比较后，选择其中一家签订供货合同，这种方式一般仅适用于现货采购或价值较小的标准规格产品。

② 在设备、材料采购时，有时也采用非竞争性采购方式——直接订购方式。这种采购方式一般适用于如下情况：增购与现有采购合同类似货物而且使用的合同价格也较低廉；保证设备或零配件标准化，以便适应现有设备需要；所需设备设计比较简单或属于专卖性质的；要求从指定的供货商采购关键性货物以保证质量；在特殊情况下急需采购的某些材料、小型工具或设备。

6.4.2 设备、材料采购的评标原则及主要方法

1. 设备、材料采购评标的原则与要求

根据有关规定，设备、材料采购评标定标应遵循下列原则及要求。

① 招标单位应当组织评标委员会（或评标小组）负责评标定标工作。评标委员会应当由专家、设备需方、招标单位及有关部门的代表组成，与投标单位有直接经济关系（财务隶属关系或股份关系）的单位人员不得参加评标委员会。

② 评标前，应当制定评标程序、方法、标准及评标纪律。评标应当依据招标文件的规定及投标文件所提供的内容评议并确定中标单位。在评标过程中，应当平等、公正地对待所有投标者，招标单位不得任意修改招标文件的内容或提出其他附加条件作为中标条件，不得以最低报价作为中标的唯一标准。

③ 招标设备标底应当由招标单位会同设备需方及有关单位共同协商确定。设备标底价格应当以招标当年现行价格为基础，生产周期长的设备应考虑价格变化因素。

④ 设备招标的评标工作一般不超过 10 天，大型项目设备招标的评标工作最多不超过 30 天。

⑤ 评标过程中，如有必要可请投标单位对其投标内容做澄清解释。澄清时不得对投标内容做实质性修改。澄清解释的内容必要时可做书面纪要，经投标单位授权代表签字后，作为投标文件的组成部分。

⑥ 评标过程中有关评标情况不得向投标人或与招标工作无关的人员透露。凡招标申请公证的，评标过程应当在公证部门的监督下进行。

⑦ 评标定标以后，招标单位应当尽快向中标单位发出中标通知，同时通知其他未中标单位。

另外，设备、材料采购应以最合理价格采购为原则，即评标时不仅要看其报价的高低，还要考虑货物运抵现场过程中可能支付的所有费用，以及设备在评审预定的寿命期内可能投入的运营、维修和管理的费用等。

2. 设备、材料采购评标的主要方法

设备、材料采购评标中可采用综合评标价法、全寿命费用评标价法、最低投标价法和百分评定法。

(1) 综合评标价法

综合评标价法是指以设备投标价为基础，将评定各要素按预定的方法换算成相应的价格，在原投标价上增加或扣减该值而形成评标价格。评标价格最低的投标书为最优。采购机组、车辆等大型设备时，较多采用这种方法。评标时，除投标价格以外还需考察的因素和折算的主要方法，一般包括以下几个方面：运输费用、交货期、付款条件、零配件和售后服务、设备性能、生产能力。将以上各项评审价格加到投标价上后，累计金额即为该标书的评标价。

(2) 全寿命费用评标价法

采购生产线、成套设备、车辆等运行期内各种后续费用（备件、油料及燃料、维修等）较高的货物时，可采用以设备全寿命费用为基础评标价法。评标时应首先确定一个统一的设备评审寿命期，然后再根据各投标书的实际情况，在投标价上加上该年限运行期内所发生的各项费用，再减去寿命期末设备的残值。计算各项费用和残值时，都应按招标文件中规定的贴现率折算成净现值。

这种方法是在综合评标价法的基础上，进一步加上一定运行年限内的费用作为评审价格。这些以贴现值计算的费用包括：估算寿命期内所需的燃料消耗费；估算寿命期内所需备件及维修费用；备件费可按投标人在技术规范附件中提供的担保数字，或过去已用过可做参考的类似设备实际消耗数据为基础，以运行时间来计算；估算寿命期末的残值。

（3）最低投标价法

采购技术规格简单的初级商品、原材料、半成品及其他技术规格简单的货物，由于其性能质量相同或容易比较其质量级别，可把价格作为唯一尺度，将合同授予报价最低的投标者。

（4）百分评定法

这一方法是按照预先确定的评分标准，分别对各设备投标书的报价和各种服务进行评审打分，得分最高者中标。一般评审打分的要素包括：投标价格；运输费、保险费和其他费用；投标书中所报的交货期限；偏离招标文件规定的付款条件；备件价格和售后服务；设备的性能、质量、生产能力；技术服务和培训；其他。

评审要素确定后，应依据采购标的物的性质、特点，以及各要素对采购方总投资的影响程度来具体划分权重和评分标准。

百分评定法的好处是简便易行，评标考虑因素全面，可以将难以用金额表示的各项要素量化后进行比较，从中选出最好的投标书。其缺点是各评标人独立给分，对评标人的水平和知识面要求高，否则主观随意性较大。

6.4.3 设备、材料采购合同价的确定

在国内设备、材料采购招投标中的中标单位在接到中标通知后，应当在规定时间内由招标单位组织与设备需方签订合同，进一步确定合同价款。一般来说，国内设备材料采购合同价款就是评标后的中标价，但需要在合同签订中由双方确认。按照《招标投标法》四十五条规定，中标通知书对招标人和中标人具有法律效力。中标通知书发出后，招标人改变中标结果，或者中标人放弃中标项目，应当依法承担法律责任。投标单位中标后，如果撤回投标文件拒签合同，可认定违约，应当向招标单位和设备需方赔偿经济损失，赔偿金额不超过中标金额的2%。可将投标单位的投标保证金作为违约赔偿金。中标通知书发出后，设备需方如拒签合同，应当向招标单位和中标单位赔偿经济损失，赔偿金额为中标金额的2%，由招标单位负责处理。合同生效以后，双方都应当严格执行，不得随意调价或变更合同内容；如果发生纠纷，双方都应当按照《中华人民共和国民法典》和国家有关规定解决。中标人不履行与招标人订立的合同的，履约保证金不予退还，给招标人造成的损失超过履约保证金数额的，还应当对超过部分予以赔偿；没有提交履约保证金的，应当对招标人的损失承担赔偿责任。若中标人不按照与招标人订立的合同履行义务，情节严重的，取消其2～5年内参加招标项目的投标资格并予以公告，直至由工商行政管理机关吊销营业执照。《中华人民共和国民法典》中明确规定，招标公告是要约邀请。也就是说，招标实际上是邀请投标人对其提出要约（即报价），属于要约邀请。合同生效以后，接受委托的招标单位可向中标单位收取少量服务费，金额一般不超过中标设备金额的1.5%。

设备、材料的国际采购合同中，合同价款的确定应与中标价相一致，其具体价格条款应包括单价、总价及与价格有关的运输、保险费、仓储费、装卸费、各种捐税、手续费、风险责任的转移等内容。由于设备、材料价格的构成不同，价格条件也各有不同。设备、

材料国际采购合同中常用的价格条件有离岸价格（FOB）、到岸价格（CIF）、成本加运费价格（CNF）。这些内容需要在合同签订过程中认真磋商、最终确认。

6.5 建设工程电子招标与投标

6.5.1 电子招标与投标的概念及意义

1. 电子招标与投标的概念

电子招标与投标（简称“电子招投标”）是一种以计算机、网络等信息技术为平台的新型招投标的方法，其主要是通过网络信息的平台，推出在线招投标、在线评标、在线监督等业务，并对招投标业务信息进行相关梳理，从优选组，从而实现低成本、规范化、高效率、透明、安全的招投标工作。推行招投标全程电子化，建立完善的建设工程电子招投标的交易平台，是招投标的发展新趋势。按照《电子招标投标办法》第二条规定，电子招标投标活动是指以数据电文形式，依托电子招标投标系统完成的全部或者部分招标投标交易、公共服务和行政监督活动。数据电文形式与纸质形式的招标投标活动具有同等法律效力。

2. 电子招标与投标的意义

电子招投标交易平台按照标准统一、互联互通、公开透明、安全高效的原则，以及市场化、专业化、集约化方向建设和运营。在电子招投标管理平台上，建设工程招标相关答疑、公告、中标等不会存在周期长等问题，而可以直接给予在线回复或者及时公布相关信息。与此同时，电子招投标中的每个细节内容都得以及时公开，使招投标双方的相关管理部门都能对招投标事宜实时进行合法与有效的掌握与监督，使招投标的整个过程更加公平、公正、透明，从而提高招投标的竞争性与参与度。

招标投标活动中的下列数据电文应当按照《中华人民共和国电子签名法》和招标文件的要求进行电子签名并进行电子存档。

① 资格预审公告、招标公告或者投标邀请书。

② 资格预审文件、招标文件及其澄清、补充和修改。

③ 资格预审申请文件、投标文件及其澄清和说明。

④ 资格审查报告、评标报告。

⑤ 资格预审结果通知书和中标通知书。

⑥ 合同。

⑦ 国家规定的其他文件。

6.5.2 建立完善的电子招投标管理平台

建设工程招投标在对电子招投标系统进行应用的过程中，一定要严格按照相关机制的规定内容来实施，同时还应该不断加大对各种现代化科技技术的运用，加大对招投标过程的监管。只有一套完善的电子招投标管理体系才能更好地推动整个建设工程在实际招投标过程中更加顺利的推进，取得更好的效果。除此之外，电子招投标服务平台还可以为项目的具体实施过程提供更加科学和完整的技术保证，服务平台在建设工程应用过程中最为显著的特点便是利用这个平台可以实现对相关信息的有效集成，同时还可以具有针对性地对信息进行更新，投标方也可以利用该平台对自己所需要的信息进行快速的搜索、分享与加载。

在建设工程中应用电子招投标系统之前，还应该不断建立健全相关的招投标法律法规，并将这些内容和信息系统进行有效的融合，从而为电子招投标系统的实际应用提供一个有效的理论技术支持，更好地确保了整个系统的有效实施。其在具体应用过程中具有非常明显的使用优势，主要体现在其可以很好地提升建设工程招投标工作的稳定性和高效性。在建设工程中大力应用电子招投标系统，其主要目的就是可以使得整个系统当中的每一个子系统都可以在项目管理过程中实现有效的运行，相互之间也可以起到一定的促进作用，更好地确保整个系统可以更加安全稳定的运行，进一步促进招投标工作的顺利推进。在这种情况下，对于电子招投标形式的应用一定要借助一定的现代化科学技术，为整个活动提供更加高效的管理。总的来说，电子招投标的实行，不但使得市场新秩序更加稳健，更可以促进市场经济的长效发展。

6.5.3 电子招投标系统在建设工程招投标中存在的问题

1. 标准统一问题

电子招投标系统开发由于缺乏统一可行的技术标准，互不协调兼容，且造成各系统使用者需通过多次购买同一个技术服务去兼容各个不同的系统和管理平台，造成系统使用成本高昂，提高了各招投标主体的进入门槛。

2. 安全性问题

主体身份识别与数字签名缺乏权威机构的鉴定认证，敏感信息容易被黑客盗取、删除、修改，由此造成商业机密的泄露，给招投标企业带来巨大损失，影响招投标工作的顺利进行。

3. 功能性问题

各电子招投标系统尚处于开发初期，缺乏统一规划协调，造成目前各电子招投标系统功能不尽完善，且与各服务管理平台信息技术没有统一标准，信息数据没有规范接口和共享服务平台，由此造成电子招投标信息和功能相互分离、断裂的局面，无法实现电子招投标全流程功能的协调整合和市场信息资源的开放共享，也就无法充分发挥电子招投标系统整体的真正优势。

4. 普及性问题

宣传推广不力造成实际使用率较低，由于当前推行纸质招投标和电子招投标双轨运行机制，电子招投标的方便和快捷并未深入人心，一部分人认为电子招投标技术复杂，风险性高，不愿意参加电子招投标。

5. 垄断性问题

目前，“中国采购与招标网”是政府部门指定的唯一招标公告网络发布媒体。该网对使用者设置了很多权限，如设置了招标公告信息获取的诸多障碍，对发布招标公告信息和获取招标公告信息进行了诸多条件限制。招标公告网络发布媒体的垄断，使电子招投标的前期工作不能有效地进行，阻碍了电子招投标的快速发展。

6. 制度性问题

电子招投标缺乏完善的相关配套法律、法规。电子招投标全过程缺少法律依据保证，监管责任分配混乱。由于系统开发商对数据接口进行公开开放，系统数据保密性和安全性得不到保障，由此造成的后果的法律责任无人承担，缺乏相关制度保证电子招投标的安全性和可靠性。2015 年 8 月 19 日，国家认证认可监督管理委员会、国家发展改革委等部门联合出台了《电子招标投标系统检测认证管理办法（试行）》，以期建设起一个公平的公共资源交易服务平台。

本章小结

本章首先梳理了建设项目工程的招标、投标、开标、评标、定标的具体内容，招投标文件编制的内容及相关规定，标底编制的依据和定额计价、工程量清单计价这两种标底编制的方法及影响因素。进一步概述了我国投标报价的模式工程、投标报价的影响因素、报价决策以及设备、材料招标与投标的采购方式、评标原则和主要方法等，探讨了电子招投标的概念、意义以及现阶段存在的主要问题等。

习题

一、单项选择题

1. 国家大型工程项目的施工选择施工单位，一般采用的方式有（　　）。

A. 公开招标　　B. 邀请招标　　C. 议标　　D. 直接委托

2. 下列排序符合《招标投标法》规定的招标程序的是（　　）。

a. 发布招标公告　　b. 资质预审查

c. 接受投标书　　d. 开标、评标

A. abcd　　B. acdb　　C. bacd　　D. acbd

3. 在投标报价程序中，在调查研究，收集信息资料后，应当（　　）。

A. 对是否参加投标做出决定　　B. 确定投标方案

C. 办理资格审查　　D. 进行投标计价

4. 对于投标文件存在的下列偏差，评标委员会应书面要求投标人在评标结束前予以补正的情形是（　　）。

A. 未按照招标文件规定的格式填写，内容不全的

B. 所提供的投标担保有瑕疵的

C. 投标人的名称与资格预审时不一致的

D. 实质上响应招标文件要求，但个别地方存在漏项的细微偏差

5. 关于投标有效期，下列说法中正确的是（　　）。

A. 投标有效期延长通知送达投标人时，该投标人的投标保证金随即延长

B. 投标人同意延长投标有效期的，不得修改投标文件的实质性内容

C. 投标有效期内，投标文件对招标人和投标人均具有合同约束力

D. 投标有效期内撤回投标文件，投标保证金应予退还

二、多项选择题

1. 在开标时如果发现招标文件出现（　　），应按无效投标文件处理。

A. 未按招标文件的要求予以密封　B. 投标函未加盖投标人的企业公章

C. 联合体投标未附联合体协议书　D. 明显不符合技术标准要求

E. 完成期限超过招标文件规定的期限

2. 按照《招标投标法》的要求，招标人如果自行办理招标事宜，应具备的条件包括（　　）。

A. 有编制招标文件的能力　B. 已发布招标公告

C. 具有开标场地　D. 有组织评标的能力

E. 已委托公证机关公证

3. 影响国际工程投标报价决策的因素主要有（　　）。

A. 评标人员组成　B. 成本估算的准确性

C. 竞争程度　D. 市场条件

E. 期望利润

4. 不属于施工投标文件的内容有（　　）。

A. 投标保证金　B. 评标方法　C. 投标函

D. 授权委托书　E. 拟签订合同的主要条款

5. 招标项目开标后发现投标文件存在下列问题，可以继续评标的情况包括（　　）。

A. 没有按照招标文件要求提供投标担保

B. 报价金额的大小写不一致

C. 总价金额和单价与工程量乘积之和的金额不一致

D. 货物包装方式高于招标文件的要求

E. 货物检验标准低于招标文件的要求

三、简答题

1. 简述建设工程招投标的程序。
2. 招标文件和投标文件分别有哪些内容？
3. 简述标底编制的原则和依据。
4. 标底的编制方法有哪些？
5. 目前我国投标报价的模式有哪些？各有什么特点？
6. 简述工程投标报价的影响因素。
7. 简述工程投标报价的策略。
8. 简述设备、材料的采购方式。
9. 简述电子招投标的概念及目前存在的问题。

【在线答题】

第7章 建设项目施工阶段造价管理

教学提示

建设项目施工阶段工程造价管理的主要工作是工程变更和索赔的管理以及工程的计量和工程价款的结算。本章主要介绍了建设项目实施过程中变更、索赔的管理及工程价款的结算、投资偏差分析与投资控制方法。

教学要求

通过本章的学习，学生应了解建设项目施工阶段全过程工程造价管理的特点、类型以及不同工程情况的处理方法；掌握工程变更及其产生的原因、工程索赔的处理程序、工程价款的结算方式方法；能够结合工程实际，熟练地进行工程变更价款的计算、索赔费用的计算、工程竣工结算、资金使用计划的编制及投资偏差分析。

由于工程项目的建设周期长，涉及的经济、法律关系复杂，受自然条件和客观因素的影响大，变更与索赔等影响投资控制事件的发生在所难免，使得建设项目造价管理变得复杂，因此施工阶段造价管理是施工管理的核心工作之一。

7.1 工程变更控制与合同价款调整

7.1.1 工程变更的概念及产生的原因

【《建设工程施工合同（示范文本）》】

工程变更包括工程量的变更、工程项目的变更（如发包人提出增加或者删减原项目内容）、进度计划的变更、施工条件的变更等。如果按照变更的原因划分，变更的种类可以分为：发包人变更指令（包括发包人对工程有了新的要求、发包人修改项目计划、发包人削减预算、发包人对项目进度有了新的要求等）；由于设计错误，必须对设计图纸做修改；由于新技术和新知识的产生，有必要改变原设计方案或实施计划；工程环境的变化；法律、法规或者政府对建设项目有了新的要求、新的规定等。所有这些变更最终往往表现为设计变更，因为我国要求严格按图施工所以如果变更影响了原来的设计，则首先应当变更原设计。考虑设计变更在工程变更中的重要性，往往将工程变更分为设计变更和其他变更两大类。

在工程项目的实施过程中，主要有来自业主对项目要求的修改、设计方由于业主要求的变化或施工现场环境变化、施工技术的要求等产生的设计变更。在施工过程中如果发生设计变更，将对施工进度产生很大的影响。因此，应尽量减少设计变更，如果必须对设计进行变更，必须严格按照国家的规定和合同约定的程序进行。

合同履行中其他变更如发包人要求变更工程质量标准或发生其他实质性变更，应由双方协商解决。

上述诸多的工程变更，一方面是由于主观原因造成，如业主的要求变化、勘测设计工作粗糙，导致在施工过程中发现许多招标文件中没有考虑或者估算不准确的工程量，因而不得不改变施工项目或增减工程量；另一方面是由于客观原因造成，如发生不可预见的事故、自然或社会原因引起的停工或工期拖延等，而导致工程变更。

7.1.2 工程变更的处理程序

1. 工程变更的确认

由于工程变更会带来工程造价和施工工期的变化，为了有效地控制造价，无论任何一方提出工程变更，均需工程师确认并签发工程变更指令。当工程变更发生时，要求工程师及时处理并且确认其合理性。一般过程是：提出工程变更→分析变更对项目目标的影响→分析有关的合同条款、会议和通信记录→初步确定处理变更所需要的费用、时间和质量要求→确认工程变更。重大设计变更处置流程如图 7－1 所示。

2. 工程变更的处理原则

① 必须明确工程设计文件，经过审批的文件不能任意变更。若需要变更，要根据变更分级按照规定逐级上报经过审批后才能进行变更。

② 工程变更须符合需要、标准及工程规范，做到切实有序开展、节约工程成本、保证工程质量与进度的同时，还要兼顾各方利益，确保变更有效。

③ 工程变更须依次进行，不能细化分解为多次、多项小额的变更计划。

④ 提出变更申请时，要上交完整变更计划，计划中标明变更原因、原始记录、变更设计图纸、变更工程造价计划书等。

⑤ 工程变更需要现场监理严格把关，根据测量数据、资料进行审查、论证工程变更的必要性，并且需要做好工程变更的核实、计量与评估工作，做到公平、合理，符合规定程序后方可受理。

⑥ 工程变更批准要求在 7～15 天内进行批复，严格按照此时间规定，避免出现影响工程进度的情况。

⑦ 工程变更得到批准后，监理根据复批文件下达工程变更的指令，承包人按照变更指令及变更文件要求进行施工，除此以外，还要相应地减少或增加工程变更费用。

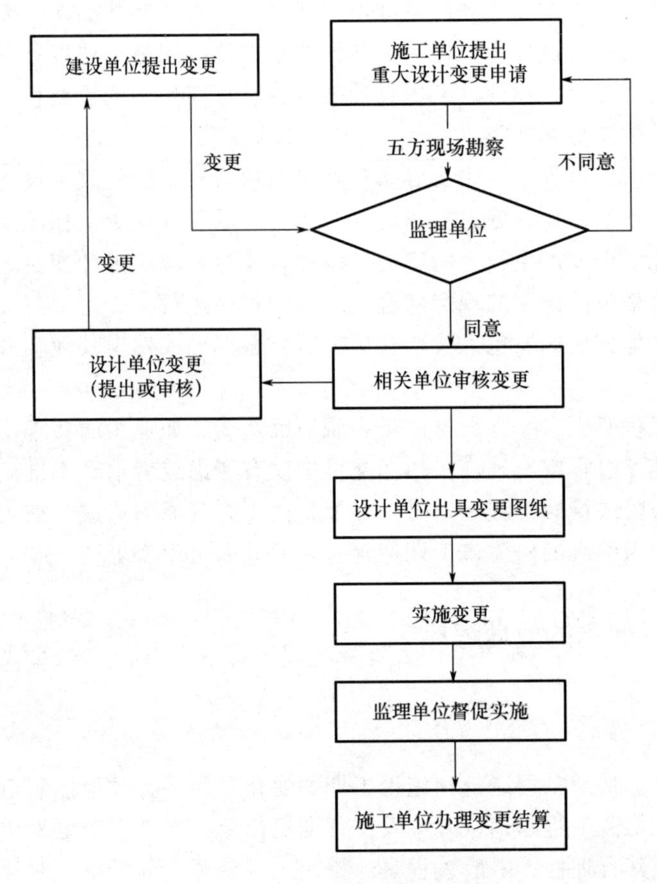

图 7-1 重大设计变更处置流程

3. 工程变更的处理程序

(1) 监理人指示变更的处理程序

监理人指示变更包括直接指示变更和通过与承包人协商后确定变更两种情况，相应的处理程序有所不同。

① 直接指示变更的处理程序。这种变更属于必须实施的变更，不必征求承包人意见。监理人在征得发包人同意后可直接发出变更指令，要求承包人完成变更工作。

② 与承包人协商后确定变更的处理程序。这种变更属于可能发生的变更，需与承包人协商后再确定是否实施变更。处理程序如下：监理人首先向承包人发出变更意向书，说明变更的具体内容、完成变更的时间要求等，并附必要的图纸和相关资料。承包人收到监理人的变更意向书后，决定是否同意实施变更。承包人如同意，则向监理人提出书面变更建议，包括提交拟实施变更工作的计划、措施、竣工时间等内容的实施方案以及费用和(或) 工期要求。监理人对变更建议进行审查，可行时发出变更指令，不可行时监理人与承包人和发包人协商后确定撤销、改变或不改变变更意向书。承包人如不同意实施变更，应立即通知监理人，说明原因并附详细依据。发包人不同意变更的，监理人无权擅自发出变更指令。

（2）承包人申请变更的处理程序

① 承包人建议变更的处理程序。承包人认为设计图纸、技术要求以及其他方面存在可能降低合同价格、缩短工期或者提高工程运行效益时，可向监理人提出合理化建议，说明建议的内容和理由，以及实施该建议对合同价格和工期的影响，并附必要的设计文件。监理人收到合理化建议后，应在合同约定的期限内（一般为7天）提出审查意见，并与发包人协商是否采纳承包人提出的合理化建议。承包人提出的合理化建议获得发包人同意并构成变更的，监理人向承包人发出变更指令。该建议使发包人获得了降低工程造价、缩短工期、提高工程运行效益等实际利益，发包人应按专用合同条款中的约定给予奖励。

② 承包人要求变更的处理程序。承包人认为设计图纸和其他文件存在提高工程质量标准、增加工作内容、工程的位置或尺寸发生变化等属于变更范围的情形时，可向监理人提出要求变更的建议，包括明确要求变更的依据，并附必要的图纸和说明。监理人收到承包人要求变更的建议后应提出审查意见，并与发包人共同研究，确认存在变更的，由监理人在合同约定期限内向承包人发出变更指令。经监理人与发包人研究后不同意作为变更的，由监理人书面答复承包人。

（3）项目监理机构处理承包人申请变更的程序

① 总监理工程师组织专业监理工程师审查承包人提出的工程变更申请，提出审查意见。对涉及工程设计文件修改的工程变更，应由发包人转交原设计人修改工程设计文件。必要时，项目监理机构应组织发包人、设计人、承包人等单位召开专题会议，论证工程设计文件的修改方案。

② 总监理工程师根据实际情况、工程变更文件和其他相关资料，在专业监理工程师对工程变更引起的工程量增减、费用变化以及对工期的影响分析的基础上，对工程变更费用及工期影响做出评估。

③ 总监理工程师组织发包人、承包人等共同协商确定工程变更费用及工期变化，会签工程变更单。

④ 项目监理机构根据批准的工程变更文件监督承包人实施工程变更。

7.1.3 工程变更价款的计算

1. 变更后合同价款的计算方法

在工程设计变更确定后14天内，设计变更涉及工程价款调整的，由承包人向发包人提出，经发包人审核同意后调整合同价款。变更合同价款按照下列方法进行计算。

① 合同中已有适用于变更工程的价格，按合同已有的价格计算变更合同价款。

② 合同中只有类似于变更工程的价格，可以参照此价格确定变更合同价款。

③ 合同中没有适用或类似于变更工程的价格，由承包人提出适当的变更价格，经双方确认后执行。

如果双方不能达成一致的，可提请工程所在地的工程造价管理机构进行咨询或按合同约定的争议或纠纷处理程序办理。

2. 工程变更后合同价款的确定程序

设计变更发生后，承包人在工程设计变更确定后 14 天内，应提出变更工程价款的报告，经工程师确认后调整合同价款。若承包人未提出变更工程价款报告，则发包人可根据所掌握的资料决定是否调整合同价款和调整的具体金额。重大工程变更涉及工程价款变更报告和确认的时限由发承包双方协商确定。

工程师应在收到变更工程价款报告之日起 14 天内，予以确认或提出协商意见。自变更价款报告送达之日起 14 天内，工程师未确认也未提出协商意见，则视该工程变更价款报告已被确认。

确认增加或减少的工程变更价款作为追加或减少合同价款与工程进度款同期支付。

7.1.4 FIDIC 合同条件下的工程变更

1. 工程变更的范围

FIDIC 组织编写了很多合同条件，我们在本书中所说的 FIDIC 合同条件均指由其编写的红皮书《土木工程施工合同条件》(第四版)。

FIDIC 合同条件授予工程师很大的工程变更权利。工程师可以根据施工进展的实际情况，在认为有必要对工程或其中任何部分的形式、质量或数量做出变更时，有权发出工程变更指令，指示承包商进行下述任何工作。

① 增加或减少合同中所包括的任何工作的数量。

② 省略合同中所包括的任何工作（被省略的工作由业主或其他承包商实施者除外）。

③ 改变合同中所包括的任何工作的性质、质量或类型。

④ 改变工程任何部分的标高、基线、位置和尺寸。

⑤ 实施工程竣工所必需的任何种类的附加工作。

⑥ 改变工程任何部分的规定施工顺序或时间安排。

当工程师决定更改由图纸所表现的工程以及更改作为投标基础的其他合同文件时，工程师指示承包商进行变更。没有工程师的指示，承包商不得作任何变更。当工程量的增减不是由上述变更指令造成的，而是由于工程量超出或少于工程量表中所规定者，则不必发出增加或减少工程量的指示。

在特殊情况下，由于承包商的违约或毁约或对此负有责任，使工程师必须发出变更指令时，费用由承包商承担。

2. 变更程序

颁发工程接收证书前的任何时间，工程师可以通过发布变更指令或以要求承包商递交建议书的任何一种方式提出变更。

(1) 指示变更

工程师在业主授权范围内根据施工现场的实际情况，在确属需要时有权发布变更指令。指示的内容应包括详细的变更内容、变更工程量、变更项目的施工技术要求和有关部门文件图纸，以及变更处理的原则。

（2）要求承包商递交建议书后再确定的变更其程序

① 工程师将计划变更事项通知承包商，并要求其递交实施变更的建议书。

② 承包商应尽快予以答复。一种情况可能是通知工程师由于受到某些非自身原因的限制而无法执行此项变更，如无法得到变更所需的物资等，工程师应根据实际情况和工程的需要再次发出取消、确认或修改变更指令的通知。另一种情况是承包商依据工程师的指示递交实施此项变更的说明，内容包括：将要实施的工作的说明书以及该工作实施的进度计划；承包商依据合同规定对进度计划和竣工时间做出任何必要修改的建议，提出工期顺延要求；承包商对变更估价的建议，提出变更费用要求。

③ 工程师做出是否变更的决定，应尽快通知承包商说明批准与否或提出意见。

④ 承包商在等待答复期间，不应延误任何工作。

⑤ 工程师发出每一项实施变更的指示，应要求承包商记录支出的费用。

⑥ 承包商提出的变更建议书，只是作为工程师决定是否实施变更的参考。除了工程师做出指示或批准以总价方式支付的情况外，每一项变更应依据计量工程量进行估价和支付。

3. 工程变更估价

① 如果工程师认为适当，应以合同中规定的费率或价格进行估价。

② 如果合同中未包括适用于该变更工作的费率或价格，则应在合理范围内使用合同中的费率或价格作为估价基础。如做不到这一点，工程师与业主和承包商适当协商之后，工程师和承包商应商定一个合适的费率或价格。当双方意见不一致时，由工程师确定其认为合适的费率或价格，并通知承包商，同时将一份副本呈交业主，并以此费率或价格计算变更工程价款，与工程进度款同期支付。

③ 如果工程师认为由于工作变更，合同中包括的任何工程项目的费率或价格已变得不合理或不适用时，则在工程师与业主和承包商适当协商之后，工程师和承包商应共同确定一个合适的费率或价格。当双方意见不一致时，由工程师确定其认为合适的费率或价格，并通知承包商，同时将一份副本呈交业主。并以此费率或价格计算变更工程价款并与工程进度款同期支付。

在工程师的工程变更指令发出之日起 14 天内，以及变更工作开始之前，承包商应向工程师发出索取额外付款或变更费率或价格的意向通知，或者是由工程师将其变更费率或价格的意向通知承包商，否则不应进行变更工程估价。

4. 变更超过 15％

由于变更工作以及对工程量表中开列的估算工程量进行实测后所作的一切调整（不包括暂定金额、计日工以及由于法规、法令、法律等变化而调整的费用），使合同价格的增加或减少值合计超过有效合同价（指不包括暂定金额及计日工补贴的合同价格）的 15％，经工程师与业主和承包商协商后，应在原合同价格中减去或加上承包商与工程师议定的一笔款额。如双方未能达成一致意见，由工程师在考虑合同中承包商的现场费用和总管理费后予以确定，并相应地通知承包商，同时将一份副本呈交业主。这笔款额仅以加上或减去超出有效合同价格 15％的款额为基础。

5. 计日工

如果工程师认为必要或可取时，可以发出指示，规定在计日工的基础上实施任何变更工作。对这类变更工作，应按合同中包括的计日工作表中所定项目和承包商在其投标书所确定的费率和价格向承包商付款。

承包商应向工程师提供可能需要的证实所付款额的收据或其他凭证，并在订购材料之前，向工程师提交订货报价单，并请其批准。

在该工程持续进行过程中，承包商应每天向工程师提交受雇从事该工作的所有工人的姓名、工种、工时的清单，一式两份，以及所有该项工程所用和所需的材料及承包商设备的种类和数量报表（不包括根据此类计日工作表中规定的附加百分比中包括的承包商设备)，一式两份。

在每月末，承包商应向工程师送交一份上述以外所用的劳务、材料和承包商设备的标价报表，否则承包商无权获得任何款项。

6. 按照计日工作实施的变更

对于一些小的或附带性的工作，工程师可以指示按计日工作实施变更。这时，工作应当按照包括在合同中的计日工作计划表进行估价。

在为工作订购货物前，承包商应向工程师提交报价单。当申请支付时，承包商应向工程师提交各种货物的发票、凭证，以及账单或收据。除计日工作计划表中规定不应支付的任何项目外，承包商应当向工程师提交每日的精确报表，一式两份，报表应当包括前一工作日中使用的各项资源的详细资料。

7.2 工程索赔管理与索赔费用的确定

7.2.1 工程索赔的概念及产生的原因

1. 基本概念

工程索赔是指在工程承包合同履行中，当事人一方由于另一方未履行合同所规定的义务或出现应当由对方承担的风险而遭受损失时，向另一方提出经济补偿或时间补偿要求的行为。由于施工现场条件、气候条件的变化，物价变化，施工进度变化，合同条款、规范、标准文件和施工图纸的差异、延误等因素的影响，使得工程承包中不可避免地出现索赔。

索赔属于经济补偿行为，索赔工作是承包、发包双方之间经常发生的管理业务。在实际工作中，“索赔”是双向的，我国《建设工程施工合同（示范文本）》（GF-2017-0201)（以下简称《示范文本》）中的索赔既包括承包人向发包人的索赔，也包括发包人向承包人的索赔（在本书中除特殊说明之外，“索赔”均指承包人向发包人的索赔)。在工程实践中，发包人索赔数量少，而且处理简单方便，一般可以通过扣拨工程款、冲账、扣保证金等实现对承包人的索赔；而承包人对发包人的索赔则比较困难。通常情况下，索赔可以概括为以下3个方面的内容。

① 一方违约使另一方蒙受损失，受损方向违约方提出赔偿损失的要求。

② 施工中发生应由业主承担的特殊风险或遇到不利自然条件等情况，使承包人蒙受损失而向业主提出补偿损失要求。

③ 承包商应获得的正当利益，由于没能及时得到工程师的确认和业主应给予的支付，而以正式函件向业主索赔。

2. 工程索赔的分类

工程索赔按照不同的标准可以有不同的分类。

(1) 按索赔的依据分

① 合同中明示的索赔，是指索赔涉及的内容在该工程项目的合同文件中有文字依据，发包人或承包人可以据此提出索赔要求，并取得经济补偿。这些在合同文件中有明文规定的合同条款，称为明示条款。一般明示条款引起的工程索赔不大容易发生争议。

② 合同中默示的索赔，是指索赔涉及的内容虽然在工程项目的合同条款中没有专门的文字叙述，但可以根据该合同的某些条款的含义，推论出承包人有索赔权。这种有经济补偿含义的条款，在合同管理工作中被称为“默示条款”或称为“隐含条款”。默示条款是一个广泛的合同概念，它包含合同明示条款中没有写入，但符合双方签订合同时设想的愿望和当时环境条件的一切条款。这些默示条款，或者从明示条款所表述的设想愿望中引申出来；或者从合同双方在法律上的合同关系引申出来，经合同双方协商一致；或者被法律和法规所指明，都成为合同文件的有效条款，要求合同双方遵照执行。这种索赔要求，同样有法律效力，有权得到相应的经济补偿。例如，合同一旦签订，双方应该互相配合，以保证合同的执行，任何一方不得因其行为而妨碍合同的执行。其中“互相配合”就是一个默示条款。

(2) 按索赔要求和目的分

① 工期索赔，是指由于非承包人的原因而导致施工进程延误，要求业主批准顺延合同工期的索赔。工期索赔使原来规定的合同竣工日期顺延，从而避免了因不能按时完工，被发包人追究拖期违约责任和违约罚金的发生。一旦获得批准合同工期顺延，承包人不仅免除了承担拖期违约赔偿费的严重风险，而且可能因提前工期而得到奖励，最终会反映在经济利益上。

② 费用索赔，是指由于非承包人责任而导致承包人开支增加，要求业主对超出计划成本的附加开支给予补偿，以挽回不应由承包人承担的经济损失。费用索赔的目的是要求经济补偿，通常表现为要求调整合同价格。

(3) 按索赔事件的起因分

① 工期延误索赔，是指因发包人未按合同规定提供施工条件，如未及时交付设计图纸、技术资料、施工现场、道路等；或因发包人指令工程暂停或不可抗力事件等原因造成工程中断，或工程进度放慢，使工期拖延的，承包人对此提出索赔。

② 工程变更索赔，是指由于发包人或工程师指令修改施工图设计、增加或减少工程量、增加附加工程、修改实施计划、变更施工顺序等，造成工期延长和费用增加，承包人对此提出的索赔。

③ 加速施工索赔，是指由于发包人或工程师要求缩短工期，指令承包人加快施工速度，而引起承包人人力、财力、物力的额外开支、工效降低等而提出的索赔。

④ 工程被迫终止的索赔，是指由于某种原因，如发包人或承包人违约、不可抗力事件的影响造成工程非正常终止，无责任的受害方因其蒙受经济损失而向对方提出的索赔。

⑤ 意外风险和不可预见因素索赔，是指在工程施工期间，因人力不可抗拒的自然灾害以及一个有经验的承包人通常不能合理预见的不利施工条件或外界障碍，如出现未预见到的溶洞、淤泥、地下水、地质断层、地下障碍物等引起的索赔。

⑥ 其他索赔，是指如因汇率变化、货币贬值、物价和工资上涨、政策或法令变化、业主推迟支付工程款等原因引起的索赔。

(4) 按索赔的处理方式分

① 单项索赔，是指一事一索赔的方式，即在工程实施过程中每一件事项索赔发生后，立即进行索赔，要求单项解决支付。单项索赔一般原因简单，责任单一，解决比较容易，它避免了多项索赔的相互影响和制约。

② 总索赔，又称为一揽子索赔或综合索赔。即对整个工程项目实施中所发生的数起索赔事项，在工程竣工前，综合在一起进行的索赔。这种索赔由于许多干扰事件混杂在一起，使得原因和责任分析困难，不太容易索赔成功，应注意尽量避免采用。

3. 索赔产生的原因

在现代承包工程中，索赔经常发生，而且索赔额很大。主要是由于以下几方面的原因造成的。

(1) 设计方面

在工程施工阶段发生设计与实际间的差异等原因导致的工程项目在工期、人工、材料等方面的索赔。

(2) 不依法履行施工合同

承发包双方在履行施工合同的过程中往往因一些意见分歧和经济利益驱动等人为因素，不严格执行合同文件而引起的施工索赔。

【例 7-1】 发包人违约导致的索赔。

在某世界银行贷款的项目中，采用 FIDIC 合同条件，合同规定发包人为承包人提供三级路面标准的现场公路。由于发包人选定的工程局在修路中存在问题，现场交通道路在相当一段时间内未达到合同标准。承包人的车辆只能在路面块石垫层上行驶，造成轮胎严重超常磨损，承包人提出索赔。工程师批准了对 208 条轮胎及其他零配件的费用补偿，共计 1900 万日元。

(3) 意外风险和不可预见因素

在施工过程中，发生了如地震、台风、流沙泥、地质断层、天然溶洞、沉陷和地下构筑物等引起的施工索赔。

【例 7-2】 不利自然条件导致的索赔。

某港口工程在施工过程中，承包人在某一部位遇到了比合同标明的更多、更加坚硬的岩石，开挖工作变得更加困难，工期拖延了 6 个月。这种情况就是承包人遇到了与原合同规定不同的、无法预料的不利自然条件，工程师应给予证明，发包人应当给予工期延长及相应的额外费用补偿。

(4) 施工合同方面

在施工过程中，由于双方在签订施工合同时未能充分考虑和明确各种因素对工程建设的影响，致使施工合同在履行中出现一些矛盾，从而引起施工索赔。

(5) 工程项目建设承发包管理模式变化

当前的建筑市场，工程项目建设的承发包有总包、分包、指定分包、劳务承包、设备材料供应承包等一系列的承包方式，使工程项目建设的承发包变得复杂，管理模式难度增大。当任何一个承包合同不能顺利履行或管理不善时，都会引发在工期、质量、工程量和经济等方面的索赔。

7.2.2 工程索赔处理程序

1. 工程索赔的处理原则

在实际工作中，工程索赔按照下列原则处理。

(1) 索赔必须以合同为依据

不论是当事人不完成合同工作，还是风险事件的发生，能否索赔要看是否能在合同中找到相应的依据。工程师必须以完全独立的身份，站在客观、公正的立场上，依据合同和事实公平地对索赔进行处理。需要注意的是在不同的合同条件下，索赔依据很可能是不同的。如因为不可抗力导致的索赔，在《示范文本》条件下，承包人机械设备损坏的损失，是由承包人承担的，不能向发包人索赔；但在 FIDIC 合同条件下，不可抗力事件一般都列为业主承担的风险，损失都应当由业主承担。根据我国的有关规定，合同文件应能够互相解释、互为说明，除合同另有约定外，其组成和解释的顺序如下：本合同协议书、中标通知书、投标文件、本合同专用条款、本合同通用条款、标准、规范及有关技术文件、图纸、工程量清单及工程报价或预算书。

(2) 及时、合理地处理索赔，以完整、真实的索赔证据为基础

索赔事件发生后，要及时提出索赔，索赔的处理也应当及时。若索赔处理得不及时，对双方都会产生不利的影响，如承包人的合理索赔长期得不到解决，积累的结果会导致其资金周转困难，同时还会使承包人放慢施工速度从而影响整个工程的进度。处理索赔还必须注意索赔的合理性，既要考虑国家的有关政策规定，也应考虑工程的实际情况。如：承包人提出对人工窝工费按照人工单价计算损失、机械停工费按照机械台班单价计算损失显然是不合理的。

(3) 加强事前控制，减少索赔

在工程实施过程中，工程师应当加强事前控制，尽量减少工程索赔。这就要求在工程管理中，尽量将工作做在前面，减少索赔事件的发生。工程师在管理中应对可能引起的索赔有所预测，及时采取补救措施，避免过多索赔事件发生，使工程能顺利地进行，降低工程投资，缩短施工工期。

2.《示范文本》规定的工程索赔程序

当合同当事人一方向另一方提出索赔时，要有正当的索赔理由，且有索赔事件发生时

的有效证据。根据合同约定，承包人认为有权得到追加付款和（或）延长工期的，应按以下程序向发包人提出索赔。

① 承包人应在知道或应当知道索赔事件发生后 28 天内，向监理人递交索赔意向通知书，并说明发生索赔事件的事由；承包人未在前述 28 天内发出索赔意向通知书的，丧失要求追加付款和（或）延长工期的权利。

② 承包人应在发出索赔意向通知书后 28 天内，向监理人正式递交索赔报告；索赔报告应详细说明索赔理由以及要求追加的付款金额和（或）延长的工期，并附必要的记录和证明材料。

③ 索赔事件具有持续影响的，承包人应按合理时间间隔继续递交延续索赔通知，说明持续影响的实际情况和记录，列出累计的追加付款金额和（或）工期延长天数。

④ 在索赔事件影响结束后 28 天内，承包人应向监理人递交最终索赔报告，说明最终要求索赔的追加付款金额和（或）延长的工期，并附必要的记录和证明材料。

对承包人索赔的处理如下。

① 监理人应在收到索赔报告后 14 天内完成审查并报送发包人。监理人对索赔报告存在异议的，有权要求承包人提交全部原始记录副本。

② 发包人应在监理人收到索赔报告或有关索赔的进一步证明材料后的 28 天内，由监理人向承包人出具经发包人签认的索赔处理结果。发包人逾期答复的，则视为认可承包人的索赔要求。

③ 承包人接受索赔处理结果的，索赔款项在当期进度款中进行支付；承包人不接受索赔处理结果的，按照合同争议解决的相关约定处理。

缺陷责任期内，由承包人原因造成的缺陷，承包人应负责维修，并承担鉴定及维修费用。如承包人不维修也不承担费用，发包人可按合同约定从保证金或银行保函中扣除，费用超出保证金额的，发包人可按合同约定向承包人进行索赔。发包人根据合同约定认为有权得到赔付金额和（或）延长缺陷责任期的，监理人应向承包人发出通知并附有详细的证明。

① 发包人应在知道或应当知道索赔事件发生后 28 天内通过监理人向承包人提出索赔意向通知书，发包人未在前述 28 天内发出索赔意向通知书的，丧失要求赔付金额和（或）延长缺陷责任期的权利。

② 发包人应在发出索赔意向通知书后 28 天内，通过监理人向承包人正式递交索赔报告。

监理人对发包人索赔的处理如下。

① 承包人收到发包人提交的索赔报告后，应及时审查索赔报告的内容、查验发包人证明材料。

② 承包人应在收到索赔报告或有关索赔的进一步证明材料后 28 天内，将索赔处理结果答复发包人。如果承包人未在上述期限内做出答复的，则视为对发包人索赔要求的认可。

③ 承包人接受索赔处理结果的，发包人可从应支付给承包人的合同价款中扣除赔付的金额或延长缺陷责任期；发包人不接受索赔处理结果的，按合同约定的争议解决约定处理。

3.《示范文本》规定的工程索赔期限

① 承包人按竣工结算审核的相关约定接收竣工付款证书后，应被视为已无权再提出在工程接收证书颁发前所发生的任何索赔。

② 承包人按照最终结清的相关程序提交的最终结清申请单中，只限于提出工程接收证书颁发后发生的索赔。提出索赔的期限自接受最终结清证书时终止。

4. FIDIC合同条件规定的工程索赔程序

FIDIC合同条件对承包商的索赔程序做出了以下规定。

(1) 索赔通知

如果承包商根据FIDIC合同条件或其他有关规定（如根据有关合同法），认为有权得到竣工时间的任何延长和（或）任何追加付款，承包人应当在引起索赔事件发生之后的28天内向工程师发出索赔通知，同时将一份副本呈交业主。

(2) 同期记录

当索赔事件发生时，承包商要做好同期记录。这些记录可以用作索赔的证据。工程师在收到索赔通知后，应对此类记录进行审查，并可指示承包人继续保持合理的同期记录。这种记录可用作已发出的索赔通知的补充材料。

(3) 索赔证明

在索赔通知书发出后28天内，或在工程师同意的合理时间内，承包商要向工程师递交一份说明索赔款额及提出索赔的依据等的详细材料。当据以索赔的事件具有连续影响时，上述报告被认为是临时详细报告，承包商要按工程师要求的时间间隔发出进一步的临时详细报告，给出索赔的累计总额及进一步提出索赔的依据。在索赔事件所产生的影响结束后28天内向工程师发出一份最终详细报告。

(4) 未能遵守

如果承包商在寻求任何索赔时未能遵守上述三项的任何规定时，则其有权得到不超过工程师或任何仲裁人或几位仲裁人通过同期记录核实估价的索赔总额。

(5) 索赔支付

在工程师与业主和承包商协商之后，如果工程师认为承包商提供的细节资料足以证明其全部（或部分）索赔要求时，索赔款（全部或部分）应与工程款同期支付。

7.2.3 工程索赔管理

1. 工程索赔证据管理

任何索赔事件的确立，都必须有正当合理的索赔理由。而对正当索赔理由的说明必须具有证据，索赔证据应真实、全面、及时、相互关联和具有法律效力等。因此对承包商而言，要索赔成功，对索赔证据的管理十分重要。常见的索赔证据如下。

① 招标文件。它是工程项目合同文件的基础，包括通用条件、专用条件、施工技术规程、工程图纸、工程量表、工程范围说明、现场水文地质资料等文本，都是工程成本的基础资料。

② 投标报价文件。在投标报价文件中，施工方对各主要工种的施工单价进行了分析计算，对各主要工程量的施工效率和进度进行了分析，对施工所需的设备和材料列出了数量和价值，对施工过程中各阶段所需的资金数额提出了要求等等。所有这些文件，在中标及签订施工协议书以后，都成为正式合同文件的组成部分，也成为施工索赔的基本依据。

③ 施工协议书及其附属文件。在签订施工协议书以前的合同双方对于中标价格、施工计划合同条件等问题的讨论纪要文件中，如果对招标文件中的某个合同条款做了修改或解释，则这个纪要就是将来索赔计价的依据。

④ 来往信件。如工程师（或业主方）的工程变更指令、口头变更确认函、加速施工指令、施工单价变更通知、对施工方问题的书面回答等，这些信函（包括电传、传真资料）都具有与合同文件同等的效力，是结算和索赔的依据资料。

⑤ 会议记录。如标前会议纪要、施工协调会议纪要、施工进度变更会议纪要、施工技术讨论会议纪要、索赔会议纪要等等。对于重要的会议纪要，要建立审阅制度，即由作纪要的一方写好纪要稿后，送交对方传阅核签，如有不同意见，可在纪要稿上修改，也可规定一个核签期限，如纪要稿送出后 7 日内不返回核签意见，即认为同意。这对会议纪要稿的合法性是很有必要的。

⑥ 施工进度计划和实际施工进度记录。包括总进度计划、开工后工程师批准的详细的进度计划、每月进度修改计划、实际施工进度记录、月进度报表等。这不仅是工程的施工顺序、各工序的持续时间，还包括劳动力、管理人员、施工机械设备、现场设施的安排计划和实际情况，材料的采购订货、运输、使用计划和实际情况等。

⑦ 施工现场记录。主要包括施工日志、施工检查记录、工时记录、质量检查记录、技术鉴定记录、工地的交接记录、设备或材料使用记录、工程照片、录像等等。对于重要记录，如质量检查、验收记录，还应有发包方代表的签名。

⑧ 工程财务记录。如工程进度款每月支付申请表，工人劳动计时卡和工资单，设备、材料和零配件采购单、付款收据，工程开支月报等等。

⑨ 现场气象记录。许多的工期拖延索赔与气象条件有关。施工现场应注意记录和收集气象资料，如每月降水量、风力、气温、河水位、河水流量、洪水位、基坑地下水状况等等（例如因连续降水而导致工期延误的工期索赔时，为了判断是季节性降水还是不可抗力，必要时可向当地气象局调取气象资料）。

⑩ 市场信息资料。对于大中型土建工程，一般工期长达数年，对物价变动等报道资料，应系统地收集整理，这对于工程款的调价计算是必不可少的，对索赔亦同等重要。如工程所在国官方出版的物价报道、外汇兑换率行情、工人工资调整等。

⑪ 政策法令文件。如货币汇兑限制指令、调整工资的决定、税收变更指令等。

⑫ 重大新闻报道记录。如罢工、动乱、地震以及其他重大灾害等。

总之，索赔一定要有证据，证据是索赔报告的重要组成部分，若证据不足或没有证据，则索赔不能成立。施工索赔是利用经济杠杆进行项目管理的有效手段，对承包人、发包人和监理工程师来说，处理索赔问题水平的高低，反映了他们对工程项目管理水平的高低。由于索赔是合同管理的重要环节，也是挽回成本损失的重要手段，所以随着建筑市场的建立和发展，它将成为项目管理中越来越重要的问题。

2. 索赔报告的编写

索赔报告是向对方提出索赔要求的书面文件，是承包人对索赔事件的处理结果，也是业主审议承包人索赔请求的主要依据。它的具体内容将随着索赔事件的性质和特点而有所不同。索赔报告应充满说服力、合情合理、有理有据、逻辑性强，能说服工程师、业主、调解人、仲裁人，同时应该是具有法律效力的正规书面文件。一个完整的索赔报告应包括以下四个方面的内容。

(1) 总论

总论主要包括：序言；索赔事件概述；索赔要求；索赔报告编写及审核人员名单。

总论部分应该是叙述客观事实，合理引用合同规定，说明要求赔偿金额及工期。所以首先应言简意赅地论述索赔事件的发生时间与过程；施工单位为该索赔事件所付出的努力和附加开支；施工单位的具体索赔要求。最后，附上索赔报告编写组主要人员及审核人员的名单，注明有关人员的职称、职务及施工经验，以表示该索赔报告的严肃性和权威性。需要注意的是对索赔事件的叙述必须清楚、明确，责任分析应准确，不可用含混的字眼及自我批评式的语言，否则会丧失自己在索赔中的有利地位。

(2) 索赔理由

索赔理由主要是说明承包人具有的索赔权利，主要来自该工程项目的合同文件，并参照有关法律规定。该部分中施工单位可以直接引用合同中的具体条款，说明自己理应获得经济补偿或工期延长，这是索赔能否成立的关键。

索赔理由因各个索赔事件的特点而有所不同。通常是按照索赔事件的发生、发展、处理和最终解决的过程编写，并明确全文引用有关的合同条款或合同变更和补充协议条文，使业主和工程师能历史地、全面地、逻辑地了解索赔事件的始末，并充分认识该项索赔的合理、合法性。一般来说应包括以下内容：索赔事件的发生经过；递交索赔意向书的时间、地点、人员；索赔事件的处理过程；索赔要求的合同根据；所附的证据资料等。

(3) 索赔计算

承包人的索赔要求都会表现为一定的具体索赔款额，计算时，施工单位必须阐明索赔款的要求总额；各项索赔款的计算过程，如额外开支的人工费、材料费、管理费和利润损失；阐明各项额外开支的计算依据及证据资料，同时施工单位还应注意采用合适的计价方法。至于计算时采用哪一种计价方法，应根据索赔事件的特点及自己所掌握的证据资料等因素来选择。其次，还应注意每项索赔款的合理性和相应的证据资料的名称及编号。

索赔计算的目的，是以具体的计算方法和计算过程，说明自己应得到经济补偿的款额或延长时间。如果说索赔理由的任务是解决索赔能否成立，则索赔计算就是要决定应得到多少索赔款额和工期补偿。前者是定性的，后者是定量的，所以计算要合理、准确，切忌采用笼统的计价方法和不实的额外开支款额。

(4) 证据

证据包括该索赔事件所涉及的一切证据资料，以及对这些证据的详细说明。证据是索赔报告的重要组成部分，没有翔实可靠的证据，索赔是不能成功的。应注意引用确凿和有效力的证据。对重要的证据资料最好附以文字证明或确认件。例如，有关的纪录、协议、纪要必须是双方签署的；工程中的重大事件、特殊情况的纪录、统计必须由工程师签证认可。

3. 索赔费用的计算

(1) 索赔费用的组成

索赔费用的主要组成部分，与建设工程施工承包合同价的组成部分相似。按照我国现行规定，建筑安装工程合同价一般包括直接费、间接费、计划利润和税金。而国际惯例是将建筑安装工程合同价分为直接费、间接费、利润三部分。详见图7－2。

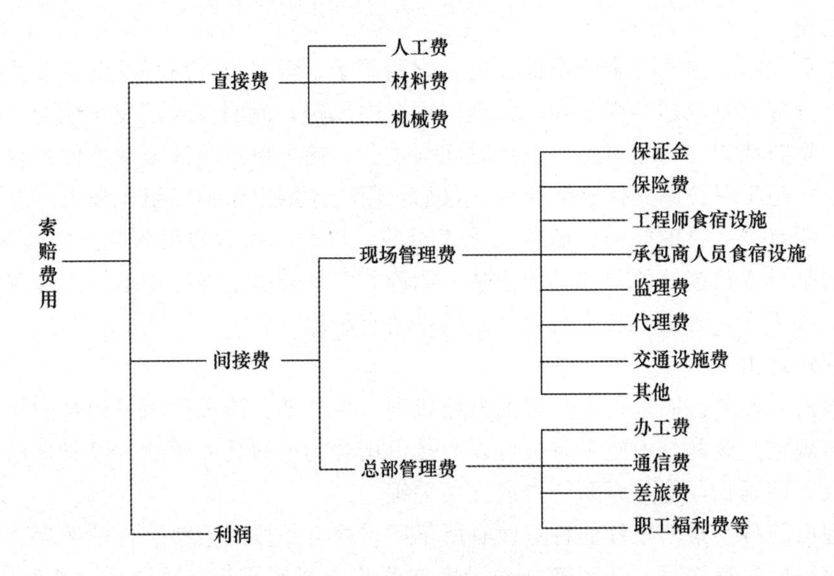

图7－2 索赔费用的组成

从原则上说，凡是承包人有索赔权的工程成本的增加，都可以列入索赔的费用。但是，对于不同原因引起的索赔，索赔费用的内容将有所不同。按照国际惯例，索赔费用主要包括以下项目。

① 人工费。人工费包括增加工作内容的人工费、停工损失和工作效率降低的损失费等累计，其中增加工作内容的人工费应按照计日工费计算，而停工损失费和工作效率降低的损失费按窝工费计算，窝工费标准双方应在合同中约定。

② 材料费。材料费索赔额应按照材料单价及材料的消耗量计算，并考虑调值系数。

③ 机械费。可采用机械台班单价、机械折旧费、机械设备租赁费等几种形式。当工作内容增加引起机械费索赔时，机械费的标准按照机械台班单价计算。因窝工引起的机械费索赔，当施工机械属于施工企业自有时，按照机械折旧费计算索赔费用；当施工机械是施工企业从外部租赁时，索赔费用的标准按照机械租赁费计算。

④ 保函手续费。工程延期时，保函手续费相应增加：取消部分工程且发包人与承包人达成提前竣工协议时，承包人的保函金额相应折减，则计入合同价内的保函手续费也应扣减。应注意保函费用随时间增加而增加，但费率不变。

⑤ 延迟付款利息。发包人未按约定时间进行付款的，应按银行同期贷款利率支付迟延付款的利息。

⑥ 利润。一般来说。由于工程变更范围的变更、文件有缺陷或技术性错误、业主

未按约定提供现场等引起的索赔，承包人可以列入利润。索赔利润的款项计算是与原报价单中的利润百分比保持一致，即在成本的基础上增加报价单中的利润率，作为该项索赔款的利润。而对于工程延误的索赔，工程师很难同意在费用索赔中加进利润损失。

⑦ 管理费。分为现场管理费和总部管理费两部分，由于二者的计算方法不一样，所以在审核过程中应区别对待。

在不同的索赔事件中，可以索赔的费用是不同的。如在FIDIC合同条件中，不同的索赔事件导致的索赔内容不同，大致有以下区别，见表7-1。

表7-1 可以合理补偿承包人索赔的条款表

序号	条款号	主要内容	可补偿内容		
			工期	费用	利润
1	1.9	延误发放图纸	√	√	√
2	2.1	移交施工现场延误	√	√	√
3	4.7	承包商根据工程师提供的错误数据导致放线错误	√	√	√
4	4.12	不可预见的外界条件	√	√	
5	4.24	施工过程中遇到文物和古迹	√	√	
6	7.4	非承包商原因检验导致施工的延误	√	√	√
7	8.4 (a)	变更导致竣工时间的延长	√		
8	(c)	异常不利的气候条件	√		
9	(d)	由于传染病或其他政府行为导致工期的延误	√		
10	(e)	业主或其他承包商的干扰	√		
11	8.5	公共当局引起的延误	√		
12	10.2	业主提前占用工程		√	√
13	10.3	对竣工检验的干扰	√	√	√
14	13.7	后续法规引起的调整	√	√	
15	18.1	业主办理的保险未能从保险公司获得补偿部分		√	
16	19.4	不可抗力事件造成的损害	√	√	

(2) 索赔费用计算方法

常用的索赔费用计算方法有分项法、总费用法、修正总费用法等。

① 分项法。分项法是按照每个索赔事件所引起损失的费用项目分别分析计算索赔值，然后将各费用项目的索赔值汇总，得到总索赔费用值。这种方法的索赔费用主要包括该项工程实施中所发生的额外人工费、材料费、机械费、间接费和利润等。索赔的依据是承包人为某项索赔事件所支付的实际开支，所以施工过程中对第一手资料的收集整理就显得非常重要。计算时注意不要遗漏费用项目。

② 总费用法。总费用法又称总成本法，是指当发生多起索赔事件后，重新计算出该

工程的实际总费用，再从中减去投标报价时的估算总费用，得出索赔值。具体计算公式为

索赔金额=实际总费用—投资报价估算总费用　　(7-1)

此方法适用于施工中受到严重干扰，使多个索赔事件混杂在一起，导致难以准确地进行分项纪录和收集资料，也不容易分项计算出具体的损失费用的索赔。需要注意的是承包人投标报价必须是合理的，能反映实际情况的，同时还必须出具翔实的证据，证明其索赔金额的合理性。

③ 修正总费用法。这种方法是对总费用法的改进，即在总费用计算的原则上，去掉一些不确定和不合理的可能性因素，对总费用进行相应的调整和修改，使其更加合理。修正时只计算受影响时段内的某项工作所受影响的损失，能相当准确地反映出实际增加的费用。计算公式为

索赔金额=某项工作调整后实际总费用—该项工作的报价总费用　　(7-2)

4. 工期索赔的计算

在工程项目施工中，由于各种未能预见因素的影响，使承包人不能在合同规定的工期内完成工程，造成工期延长。

工期延长对合同双方都会造成损失：业主由于工程不能及时交付使用，投入生产，而失去盈利的机会；承包人因工期延长要增加支付现场工人的工资、机械停置费和其他附加费用开支等，最终还可能要支付合同规定的误期违约金。

工期索赔的计算主要有网络图分析法和比例分析法两种。

(1) 网络图分析法

这种方法是利用施工进度计划的网络图，分析索赔事件对其关键线路的影响。如果延误的工作为关键工作，则总延误的时间为批准顺延的工期；如果延误的工作为非关键工作，当该工作由于延误超过时差限制而成为关键工作时，可以批准延误时间与时差的差值；若该工作延误后仍为非关键工作，则不存在工期索赔问题。

(2) 比例分析法

在实际工程中，干扰事件常常仅影响某些单项工程、单位工程，或分部分项工程的工期，要分析它们对总工期的影响，可以采用较简单的比例分析法。计算公式为

对于已知部分工程的延期时间：

$$\text{工期索赔值}=\frac{\text{受干扰部分工程的合同价格}}{\text{原合同价格}}\times\text{该受干扰部分工期延期时间}\qquad(7-3)$$

对于已知额外增加的工程量价格：

$$\text{工期索赔值}=\frac{\text{额外增加的工程量价格}}{\text{原合同价格}}\times\text{原合同总工期}\qquad(7-4)$$

比例分析法计算简单、方便，不需要做太复杂的网络分析，但有时不符合实际情况，不太合理。所以比例分析法不适用于加速施工、变更施工顺序、删减工程量或分部工程等事件的索赔。

【例7-3】 某工程原合同总价3000万元，总工期为15个月，现业主指令增加某项附属工程，工程价150万元。试计算承包商应得到的工期索赔。

解： 工期索赔值为：150/3000×15=0.75（月）

7.3 建设工程价款的调整与结算

7.3.1 工程价款的结算

1. 工程价款结算意义

【《建设工程价款结算暂行办法》】

竣工阶段工程造价控制是建设项目全过程造价控制的最后有关环节，是全面考核建设工作，审查投资使用合理性，检查工程造价控制情况和投资成果转入生产或使用的标志性阶段。竣工阶段的工作主要有工程价款结算和竣工决算。所谓工程价款结算是指施工企业在工程实施过程中，按照承包合同中规定的内容完成全部的工程量，经验收质量合格，并按照有关的程序向建设单位（业主）收取工程价款的一项经济活动。

工程价款结算的重大意义主要表现在以下几个方面。

（1）工程价款结算是反映工程进度的主要指标

在施工过程中，工程价款结算的依据之一就是按照已完成的工程量进行结算，即承包商完成的工程量越多，所应结算的工程价款就越多。在工程管理中，根据累计已结算的工程价款占合同总价款的比例，近似地了解整个工程的进度情况，以利于控制工程进度。

（2）工程价款结算是加速资金周转的重要环节

及时地结算工程价款，对承包商而言，有利于偿还债务，也有利于资金的回笼，降低企业运营成本。加速资金周转，可以提高资金使用的有效性。

（3）工程价款结算是考核经济效益的重要指标

对于承包商来说，只有按期如数地结算工程价款，才能降低经营风险，获得应得的利润，从而取得良好的经济效益。

2. 工程预付款及其计算方法

目前我国工程承发包中，一般都实行包工包料，这就需要承包商有一定数量的备料周转金。预付款就成为施工企业为该承包工程项目储备主要材料、结构构件所需的流动资金。一般在工程承包合同条款中，会有明文规定发包方在开工前拨付给承包方一定限额的工程预付备料款。凡是没有签订合同或不具备施工条件的工程，发包人不得预付工程款。

（1）预付款限额

按照财政部、建设部关于《建设工程价款结算暂行办法》（财建〔2004〕369号）的规定：包工包料的工程预付款按合同约定拨付，原则上预付的比例不低于合同金额的10%，不高于合同金额的30%，对重大工程项目，按年度工程计划逐年预付。计价执行《建设工程工程量清单计价规范》（GB 50500—2013）的工程，实体性消耗和非实体性消耗部分应在合同中分别约定预付款比例。

（2）预付款时限

在具备施工条件的前提下，发包人应在双方签订合同后的一个月内或不迟于约定的开工日期前7天内预付工程款，发包人不按约定预付工程款，承包人可以在预付时间到期后

10天内向发包人发出要求预付的通知，发包人收到通知后仍不按要求预付工程款的，承包人可在发出通知14天后停止施工，发包人应从约定应付之日起向承包人支付应付款利息（利率按同期银行贷款利率计），并承担违约责任。

工程预付款仅用于承包人支付施工开始时与本工程有关的动员费用。如承包人滥用此款，发包人有权立即收回。在承包人向发包人提交金额等于预付款数额（发包人认可的银行开出）的银行保函后，发包人应在规定的时间按规定的金额向承包人支付预付款，在发包人全部扣回预付款之前，该银行保函将一直有效。当预付款被发包人扣回时，银行保函金额相应递减。

（3）预付款限额的计算

预付款限额由3个因素决定：主要材料（包括外购构件）占工程造价的比重；材料储备期；施工工期。

对于施工企业常年应备的预付款限额，可按下式计算

$$\text{预付款限额}=\frac{\text{年度承包工程总值}\times\text{主要材料所占比重}}{\text{年度施工日历天数}}\times\text{材料储备天数} \tag{7-5}$$

一般建筑工程主要材料不应超过当年建筑安装工作量（包括水、电、暖）的30%，安装工程不超过年安装工作量的10%；材料所占比重较多的安装工程按年计划产值的15%左右拨付。

实际工作中，预付款的数额，可以根据各工程类型、合同工期、承包方式和供应体制等不同条件确定。例如，工业项目中钢结构和管道安装占比重较大的工程，其主要材料所占比重比一般安装工程要高，因而预付款数额也要相应提高；材料由施工单位自行购买的比由建设单位供应的要高。

对于只包定额工日（不包材料定额，一切材料由建设单位供给）的工程项目，则可以不预付工程款。

（4）预付款的抵扣方式

发包方拨付给承包方的预付款属于预支性质，那么在工程实施中，随着工程所需主要材料储备的逐渐减少，应以抵充工程价款的方式陆续扣回。扣款的方式如下。

可以从未施工工程尚需要的主要材料及构件的价值相当于备料款数额时起扣，从每次结算工程价款中，按材料比重扣抵工程价款，竣工前全部扣清。其基本表达公式为

$$T=P-\frac{M}{N} \tag{7-6}$$

式中：T——起扣点，即预付款开始扣回时的累计完成工作量金额；

P——承包工程价款总额；

M——预付款的限额；

N——主材比重。

预付的工程款也可以在承包方完成金额累计达到合同总价的一定比例后，由承包人开始向发包方还款，发包人从每次应付给的金额中，扣回工程预付款，发包人至少在合同规定的完工期前三个月将工程预付款的总计金额按逐次分摊的办法扣回。当发包人一次付给承包方的余额少于规定扣回的金额时，其差额应该转入下一次支付中作为债务结转。

在实际工程管理中，情况比较复杂，有些工程工期较短，就无须分期扣回。有些工程工

期较长，如跨年度施工，预付备料款可以不扣或少扣，并于次年按应预付款调整，多退少补。具体地说，跨年度工程，如预计次年承包工程价值大于或相当于当年承包工程价值时，可以不扣回当年的预付备料款；如小于当年承包工程价值时，应按实际承包工程价值进行调整，在当年扣回部分预付备料款，并将未扣回部分转入次年，直到竣工年度，再按上述办法扣回。

采取何种方式扣回预付的工程款，必须在合同中约定，并在工程进度款中进行抵扣。

3. 工程进度款结算

根据财政部、建设部关于《建设工程价款结算暂行办法》（财建〔2004〕369号），工程进度款结算与支付应当符合下列规定。

(1) 工程进度款结算方式

① 按月结算与支付。即实行按月支付进度款，竣工后清算的办法。合同工期在两个年度以上的工程，在年终进行工程盘点，办理年度结算。

② 分段结算与支付。即当年开工、当年不能竣工的工程按照工程形象进度，划分不同阶段支付工程进度款。具体划分在合同中明确。

(2) 工程量计算

① 承包人应当按照合同约定的方法和时间，向发包人提交已完工程量的报告。发包人接到报告后14天内核实已完工程量，并在核实前1天通知承包人，承包人应提供条件并派人参加核实，承包人收到通知后不参加核实，以发包人核实的工程量作为工程价款支付的依据。发包人不按约定时间通知承包人，致使承包人未能参加核实，核实结果无效。

② 发包人收到承包人报告后14天内未核实完工程量，从第15天起，承包人报告的工程量即视为被确认，作为工程价款支付的依据，双方合同另有约定的，按合同执行。

③ 对承包人超出设计图纸（含设计变更）范围和因承包人原因造成返工的工程量，发包人不予计量。

(3) 工程进度款支付

① 根据确定的工程计量结果，承包人向发包人提出支付工程进度款申请，14天内，发包人应按不低于工程价款的60%，不高于工程价款的90%向承包人支付工程进度款。按约定时间发包人应扣回的预付款，与工程进度款同期结算抵扣。

② 发包人超过约定的支付时间不支付工程进度款，承包人应及时向发包人发出要求付款的通知，发包人收到承包人通知后仍不能按要求付款，可与承包人协商签订延期付款协议，经承包人同意后可延期支付，协议应明确延期支付的时间和从工程计量结果确认后第15天起计算应付款的利息（利率按同期银行贷款利率计）。

③ 发包人不按合同约定支付工程进度款，双方又未达成延期付款协议，导致施工无法进行，承包人可停止施工，由发包人承担违约责任。

4. 工程保留金的预留

按规定，工程项目总造价中应预留出一定比例的尾留款作为质量保修费用（又称保留金），待工程项目保修期结束后最后拨付。

发包人收到承包人递交的竣工结算报告及完整的结算资料后，应按《建设工程价款结算暂行办法》规定的期限（合同约定有期限的，从其约定）进行核实，给予确认或者提出修改意见。发包人根据确认的竣工结算报告向承包人支付工程竣工结算价款，保留5%左右的质量保证（保修）金，待工程交付使用一年质保期到期后清算（合同另有约定的，从其约定)，质保期内如有返修，发生费用应在质量保证（保修）金内扣除。

5. 其他费用的支付

(1) 安全施工费用

承包人应按质量要求、安全及消防管理有关规定组织施工，采取严格的安全防护措施，承担由于自身的安全措施不力造成的事故责任和因此发生的费用。非承包人责任造成安全事故，由责任方承担责任和因此发生的费用。

发生重大伤亡及其他安全事故，承包人应按有关规定立即上报有关部门并通知工程师，同时按政府有关部门要求处理，发生的费用由事故责任方承担。

承包人在动力设备、输电线路、地下管道、密封防震车间、易燃易爆地段以及临街交通要道附近施工时，施工开始前应向工程师提出安全保护措施方案，经工程师认可后实施，防护措施费用由发包人承担。

实施爆破作业，在放射性、毒害性环境中施工（含存储、运输、使用）及使用毒害性、腐蚀性物品施工时，承包人应在施工前14天以书面形式通知工程师，并提出相应的安全保护措施方案，经工程师认可后实施。安全保护措施费用由发包人承担。

(2) 专利技术及特殊工艺涉及的费用

发包人要求使用专利技术或特殊工艺，必须负责办理相应的申报手续，承担申报、试验、使用等费用。承包人按发包人要求使用，负责试验等有关工作。承包人提出使用专利技术或特殊工艺，报工程师认可后实施。承包人负责办理申报手续并承担有关费用。

(3) 文物和地下障碍物涉及的费用

在施工中发现古墓、古建筑遗址等文物及化石或其他有考古、地质研究等价值的物品时，承包人应立即保护好现场并于4小时内以书面形式通知工程师，工程师应于收到书面通知后24小时内报告当地文物管理部门，承发包双方应按文物管理部门的要求采取妥善保护措施。发包人承担由此发生的费用，延误的工期相应顺延。

如施工中发现古墓、古建筑遗址等文物及化石或其他有考古、地质研究等价值的物品，隐瞒不报致使文物遭受破坏的，责任方、责任人将依法承担相应责任。

施工中发现影响施工的地下障碍物时，承包人应于8小时内以书面形式通知工程师，同时提出处置方案，工程师收到处置方案后8小时内予以认可或提出修正方案。发包人承担由此发生的费用，延误的工期相应顺延。

(4) 索赔费用

发承包人未能按合同约定履行自己的各项义务或发生错误，给另一方造成经济损失的，由受损方按合同约定提出索赔，索赔金额按合同约定支付。

(5) 合同以外零星项目工程价款结算

发包人要求承包人完成合同以外零星项目，承包人应在接受发包人要求的7天内就用工数量和单价、机械台班数量和单价、使用材料和金额等向发包人提出施工签证，发包人签证后施工，如发包人未签证，承包人施工后发生争议的，责任由承包人自负。

6. 竣工结算及其审查

竣工结算是指承包人按照合同规定的内容全部完成所承包的工程，经验收质量合格，并符合合同要求之后，双方应按照约定的合同价款及合同价款调整内容以及索赔事项，进行最终工程价款结算。

(1) 竣工结算方式

竣工结算分为单位工程竣工结算、单项工程竣工结算和建设项目竣工总结算。

(2) 工程竣工结算编审

① 单位工程竣工结算由承包人编制，发包人审查；实行总承包的工程，由具体承包人编制，在总包人审查的基础上，发包人审查。

② 单项工程竣工结算或建设项目竣工总结算由总（承）包人编制，发包人可直接进行审查，也可以委托具有相应资质的工程造价咨询机构进行审查。政府投资项目，由同级财政部门审查。单项工程竣工结算或建设项目竣工总结算经发、承包人签字盖章后生效。

③ 承包人应在合同约定期限内完成项目竣工结算编制工作，未在规定期限内完成的并且提不出正当理由延期的，责任自负。

(3) 工程竣工结算审查期限

单项工程竣工后，承包人应在提交竣工验收报告的同时，向发包人递交竣工结算报告及完整的结算资料，发包人应按以下规定期限进行审查（核对）并提出审查意见，见表7-2。建设项目竣工总结算在最后一个单项工程竣工结算审查确认后15天内汇总，送发包人后30天内审查完成。

表7-2 工程竣工结算审查期限

工程竣工结算报告金额	审查时间
500万元以下	从接到竣工结算报告和完整的竣工结算资料之日起20天
500万元～2000万元	从接到竣工结算报告和完整的竣工结算资料之日起30天
2000万元以上～5000万元	从接到竣工结算报告和完整的竣工结算资料之日起45天
5000万元以上	从接到竣工结算报告和完整的竣工结算资料之日起60天

(4) 工程竣工价款结算

发包人收到承包人递交的竣工结算报告及完整的结算资料后，应根据《建设工程价款结算暂行办法》规定的期限（合同约定有期限的，从其约定）进行核实，给予确认或者提出修改意见。发包人根据确认的竣工结算报告向承包人支付工程竣工结算价款，保留5%左右的质量保证（保修）金，待工程交付使用1年质保期到期后清算（合同另有约定的，从其约定），质保期内如有返修，发生费用应在质量保证（保修）金内扣除。

发包人收到竣工结算报告及完整的结算资料后，在本办法规定或合同约定期限内，对结算报告及资料没有提出意见，则视同认可。

承包人如未在规定时间内提供完整的工程竣工结算资料，经发包人催促后14天内仍未提供或没有明确答复，发包人有权根据已有资料进行审查，责任由承包人自负。

根据确认的竣工结算报告，承包人向发包人申请支付工程竣工结算款。发包人应在收到申请后15天内支付结算款，到期没有支付的应承担相应的违约责任。承包人可以催告发包人支付结算价款，如达成延期支付协议，发包人应按同期银行贷款利率支付拖欠工程价款的利息。如未达成延期支付协议，承包人可以与发包人协商将该工程折价，或申请人民法院将该工程依法拍卖，承包人就该工程折价或者拍卖的价款优先受偿。

在实际工作中，当年开工、当年竣工的工程，只需办理一次性结算。跨年度的工程，在年终办理一次年终结算，将未完工程结转到下一年度，此时竣工结算等于各年度结算的总和。办理工程价款竣工结算的一般公式为

竣工结算工程款＝预算（或概算或合同价款）＋施工过程中预算（或合同价款调整数额）－预付及已结算工程价款－保证（保修）金　　(7－7)

（5）工程竣工结算的审查

工程竣工结算是反映工程项目的实际价格，最终体现工程造价系统控制的效果。要有效控制工程项目竣工结算价，严格审查是竣工结算阶段的一项重要工作。经审查核定的工程竣工结算是核定建设工程造价的依据，也是建设项目验收后编制竣工决算和核定新增固定资产价值的依据。因此，建设单位、监理公司以及审计部门等，都十分重视竣工结算的审核把关。

① 核对合同条款。应核对竣工工程内容是否符合合同条件要求，竣工验收是否合格，只有按合同要求完成全部工程并验收合格才能列入竣工结算。还应按合同约定的结算方法、计价定额、主材价格、取费标准和优惠条款等，对工程竣工结算进行审核，若发现不符合合同约定或有漏洞的，应请建设单位与施工单位认真研究，明确结算要求。

② 检查隐蔽验收记录。所有隐蔽工程均需进行验收，并检查是否有工程师的签证确认；审核时应该对隐蔽工程施工记录和验收签证，做到手续完整，工程量与竣工图一致方可列入竣工结算。

③ 落实设计变更签证。设计修改变更应由原设计单位出具设计变更通知单和修改图纸，设计、校审人员签字并加盖公章，经建设单位和监理工程师审查同意、签证；重大设计变更应经原审批部门审批，否则不应列入竣工结算。

④ 按图核实工程量。应依据竣工图、设计变更单和现场签证等进行核算，并按国家统一规定的计算规则计算工程量。

⑤ 核实单价。结算单价应按现行的计价原则和计价方法确定，不得违背。

⑥ 各项费用计取。建筑安装工程的取费标准应按合同要求或项目建设期间与计价定额配套使用的建筑安装工程费定额及有关规定执行，要审核各项费率、价格指数或换算系数的使用是否正确，价差调整计算是否符合要求，还要核实特殊费用和计算程序。更要注意各项费用的计取基数，如安装工程各项取费是以人工费为基数，这里人工费是定额人工费与人工费调整部分之和。

⑦ 检查各种计算误差。工程竣工结算子目多、篇幅大，往往有计算误差应认真核算，防止因计算误差多计或少算。

实践证明，通过对工程项目结算的审查，一般情况下，经审查的工程结算较编制的工程结算的工程造价资金相差在10%左右，有的高达20%，对于控制投入、节约资金起到很重要的作用。

【例7－4】 业主与承包商就某项工程签订了施工合同，合同中含有两个子项工程，估算工程量A项为2500m^3，B项为3600m^3，经协商A项合同价为200元/m^3，B项合同价为180元/m^3。合同还规定：开工前业主应向承包商支付合同价20%的预付款；业主自第一个月起，从承包商的工程款中，按5%的比例扣留保修金；当子项工程实际工程量超过

估算工程量10%时，可进行调价，调整系数为0.9；根据市场情况规定价格调整系数平均按1.2计算；工程师签发月度付款最低金额为30万元；预付款在最后两个月扣除，每月扣50%。承包商每月实际完成并经工程师签证确认的工程量如表7-3所示。

表7-3 某工程每月实际完成并经工程师签证确认的工程量 单位：m^3

月份	1月	2月	3月	4月
A项	500	800	850	650
B项	700	900	950	700

求：预付款、从第二个月起每月工程量价款、工程师应签证的工程款、实际签发的付款凭证金额各是多少？

解：预付款为：(2500×200＋3600×180)×20%＝22.96（万元）

第一个月工程量价款为：500×200＋700×180＝22.60（万元）

应签证的工程款为：22.60×1.2×(1－5%)＝25.764（万元）

由于合同规定工程师签发的最低金额为30万元，故本月工程师不予签发付款凭证。

第二个月工程量价款为：800×200＋900×180＝32.20（万元）

应签证的工程款为：32.20×1.2×(1－5%)＝36.708（万元）

本月工程师实际签发的付款凭证金额为：25.764＋36.708＝62.472（万元）

第三个月工程量价款为：850×200＋950×180＝34.10（万元）

应签证的工程款为：34.10×1.2×(1－5%)＝38.874（万元）

应扣预付款为：22.96×50%＝11.48（万元）

应付款为：38.874－11.48＝27.394（万元）

因本月应付款金额小于30万元，所以工程师不予签发付款凭证。

第四个月A项工程累计完成工程量2800m^3，比原来估算工程量（2500m^3）超出300m^3，已超过估算工程量的10%，超出部分其单价应进行调整，超过估算工程量10%的工程量为：2800－2500×(1＋10%)＝50m^3

超出部分工程量单价为：200×0.9＝180元/m^3

A项工程工程量价款为：(650－50)×200＋50×180＝12.90（万元）

B项工程累计完成工程量3250m^3，比原来估算工程量（3600m^3）减少350m^3，不超过估算工程量的10%，其单价不予调整。

应签证的工程款为：700×180＝12.60（万元）

本月完成A、B两项工程量价款为：12.90＋12.60＝25.50（万元）

应签证的工程款为：25.50×1.2×(1－5%)＝29.07（万元）

本月工程师实际签证的工程款为：27.394＋29.07－22.96×50%＝44.984（万元）

7.3.2 FIDIC合同条件下工程价款的结算方法

FIDIC合同条件对工程价款的支付（主要包括工程预付款、工程进度款、保留金及竣工结算）做出了以下的规定。

1. 工程预付款结算

在投标书附件中约定预付款的支付，必须先提交履约保函，承包人提交的履约保函和预付款保函获认可后，工程师开具预付款证书。业主收到工程师开具的预付款证书后28天内支付预付款。若业主收到工程师预付款证书后28天内未支付，承包人可以提前28天通知业主和工程师，减缓施工速度或暂停施工，还有权提前14天发出通知，终止合同。整个工程移交证书颁发后或承包人不能偿付债务、宣告破产、停业清理、解体及合同终止时业主收回全部预付款。业主承担违约责任是按投标书附件中规定的利率，从应付之日起支付全部未付款额的利息。

2. 工程进度款结算

承包人每个月末提交月报表，工程师收到后28天内开具支付证书，业主按月支付。若月支付净额小于投标书附件规定的最小限额，工程师不必开具支付证书。业主收到工程师支付证书后28天内未支付，承包人可以提前28天通知业主和工程师，减缓速度或暂停施工，还有权提前14天发出通知，终止合同。业主违约则按投标书附件中规定的利率，从应付日起支付全部未付款额的利息。

3. 保留金及竣工结算

全部工程基本完工并通过竣工检验后，承包人发出通知书，并提交在缺陷责任期及时完成剩余工作的书面保证。通知书发出后21天内，工程师颁发移交证书。工程师颁发移交证书后84天内，承包人提交竣工报表。颁发移交证书后进入缺陷责任期，缺陷责任期满后28天内工程师颁发缺陷责任证书。颁发缺陷责任证书后56天内，承包人提交最终报表和结算清单，工程师收到后28天内发出最终支付证书。业主收到最终支付证书56天内最终付款。工程移交证书开具后，即可移交工程。业主收到最终支付证书56天后再超过28天不支付，承包人有权追究业主违约责任，按投标书附件中规定的利率，从应付日起支付全部未付款额的利息。若在合同中约定预扣保留金，应在竣工计价或竣工前业主已接受整个工程后的下次计价中支付一半保留金，颁发缺陷证书时再支付另一半保留金。

7.3.3 工程价款价差调整的方法

在社会经济发展过程中，物价水平是动态的、经常不断变化的，有时上涨、有时下降。工程项目管理中合同周期较长的项目，随着时间的推移，经常要受到物价浮动等多种因素的影响，其中主要是人工费、材料费、施工机具费、运费等动态影响。我国现行的工程价款的结算中，对价格波动等动态因素考虑不足，导致承包人（或业主）遭受损失。这就有必要在工程价款结算中把多种动态因素纳入结算过程中认真加以计算，使工程价款结算能够基本上反映工程项目的实际消耗费用。从而维护合同双方的正当权益。

工程价款价差调整的主要方法有工程造价指数调整法、实际价格调整法、调价文件计算法、调值公式法等。

1. 工程造价指数调整法

这种方法是发包方和承包方采用当时的预算（或概算）定额单价计算出承包合同价，

待工程竣工时，根据合理的工期及当地工程造价管理部门所公布的该月度（或季度）的工程造价指数，对原承包合同价予以调整，重点调整那些由于实际人工费、材料费、施工机具费等费用上涨及工程变更因素造成的价差，并对承包方给以调价补偿。

【例7-5】 某建筑公司承建某市一职工宿舍楼（框架结构），工程合同价款1200万元，2018年1月签订合同并开工，2019年10月竣工，如根据工程造价指数调整法予以动态结算，求价差调整额应为多少？

解： 经查得宿舍楼（框架结构）2018年1月的造价指数为100.25，2019年10月的造价指数为100.35，计算如下：

工程合同价×竣工时工程造价指数÷签订合同时工程造价指数

=1200×100.35÷100.25=1201.197（万元）

1201.197 — 1200=1.197（万元）

此工程价差调整额为1.197万元。

2. 实际价格调整法

由于建筑材料市场采购的范围越来越大，有些地区还规定对钢材、木材、水泥等三材的价格采取按实际价格结算的方法。工程承包方可凭发票按实报销。这种方法方便而准确。但由于是实报实销，因而承包方对降低成本不感兴趣，为了避免副作用，地方主管部门需要定期发布最高限价，合同文件中应规定建设单位或工程师有权要求承包方选择更廉价的供应来源。

3. 调价文件计算法

这种方法是承发包双方采取按当时的预算价格承包，在合同工期内，按照工程造价管理部门调价文件的规定，进行抽料补差（在同一价格期内按所完成的材料用量乘以价差）。有的地方定期发布主要材料供应价格和管理价格，对这一时期的工程进行抽料补差。

4. 调值公式法

根据国际惯例，对建设项目工程价款的动态结算，一般是采用此方法。实际工作中，绝大多数国际工程项目，甲乙双方在签订合同时就明确列出这一调值公式，并以此作为价差调整的计算依据。

建筑安装工程费价格调值公式一般包括固定部分、材料部分和人工部分。但当建筑安装工程的规模和复杂性增大时，公式也变得更为复杂。调值公式一般为

$$P=P_0\left(a_0+a_1\frac{A}{A_0}+a_2\frac{B}{B_0}+a_3\frac{C}{C_0}+a_4\frac{D}{D_0}\right) \tag{7-8}$$

式中：P——调值后合同价款或工程实际结算款；

P_0——合同价款中工程预算进度款；

a_0——固定要素，代表合同支付中不能调整的部分占合同总价中的比重；

a_1、a_2、a_3、a_4——各项费用（如：人工费用、钢材费用、水泥费用、运输费用等）在合同总价中所占比重$a_0+a_1+a_2+a_3+a_4=1$；

A_0、B_0、C_0、D_0——投标截止日期前28天为基准日期与a_1、a_2、a_3、a_4对应的各项费用的基期价格指数或价格；

A、B、C、D——在工程结算月份与 a_1、a_2、a_3、a_4 对应的各项费用的基期价格指数或价格。

运用调值公式（7－8）进行工程价款价差调整时应注意以下事项。

① 固定要素的取值范围通常在0.15～0.35左右。从式（7－8）可以看出固定要素与调价余额成反比关系。固定要素相当微小的变化，会引起实际调价时很大的费用变动，所以，承包方在调值公式中采用的固定要素取值要尽可能偏小。

② 按一般国际惯例，调值公式中有关的各项费用，只选择用量大、价格高且具有代表性的一些典型人工费和材料费，通常是大宗的钢材、木材、水泥、砂石料、沥青等，并用它们的价格指数变化综合代表材料费的价格变化，以便尽量与实际情况接近。

③ 在许多招标文件中要求承包方，在投标中提出各部分成本的比重系数，并在价格分析中予以论证。但也有的是由发包方（业主）在招标文件中即规定一个允许范围，由投标人在此范围内选定。例如，鲁布革水电站工程的标书即对外币支付项目各费用比重系数范围做了如下规定：外籍人员工资0.10～0.20；水泥0.10～0.16；钢材0.09～0.13；设备0.35～0.48；海上运输0.04～0.08，固定系数0.17。并规定允许投标人根据其施工方法在上述范围内选用具体系数。

④ 确定每个品种的系数和固定要素系数，品种的系数要根据该品种价格对总造价的影响程度而定。各品种系数之和加上固定要素系数应等于1。

⑤ 各项费用的调整应与合同条款规定相吻合。如，签订合同时，承发包双方一般应商定调整的有关费用和因素，以及物价波动到何种程度才进行调整。在国际工程中，一般在±5%以上才进行调整。如有的合同规定，在应调整金额不超过合同原价的5%时，由承包方自己承担；在原合同价的5%～20%时，承包方负担10%，发包方（业主）负担90%；当超过20%时，则必须另行签订附加条款。

⑥ 调整时还要注意地点与时点。地点一般指工程所在地或指定的某地市场价格。时点指的是某月某日的市场价格。这里要确定两个时点价格，即签订合同期内某个时点的市场价格（基础价格）和每次支付前的一定时间的时点价格。这两个时点就是计算调值的依据。

【例7－6】 某市某土建工程，合同规定结算款为110万元，合同原始报价日期为2018年3月，工程于2019年5月建成交付使用。根据表7－4所列工程人工费、材料费构成比例以及有关造价指数，计算工程实际结算款。

表7－4 某土建工程人工费、材料费构成比例以及有关造价指数表

比 例	项 目							
	人工费	钢材	水泥	集料	一级红砖	砂	木材	不调值费用
	46%	**12%**	**10%**	**5%**	**5%**	**3%**	**4%**	**15%**
2018年3月指数	100.0	101.2	102.2	94.4	101.1	93.5	95.4	—
2019年5月指数	112.1	97.8	110.9	96.8	97.3	90.2	118.7	—

解： 实际结算价款为：

110×(0.15＋0.46×112.1÷100.0＋0.12×97.8÷101.2＋0.10×110.9÷102.2＋

0.05×96.8÷94.4+0.05×97.3÷101.1+0.03×90.2÷93.5+0.04×118.7÷95.4)≈110×1.066≈117.26（万元）

所以，通过调整，2019年5月实际结算的工程价款为117.26万元，比原合同价多结7.26万元。

7.3.4 设备、工器具和材料价款的结算方法

1. 国内设备、工器具和材料价款的支付与结算

（1）结算的原则

按照我国现行规定，银行、单位和个人办理结算都必须遵守以下原则：一是恪守信用，及时付款；二是谁的钱进谁的账，由谁支配；三是银行不垫款。

建设单位对订购的设备、工器具，一般不预付定金，只对制造期在半年以上的大型专用设备和船舶的价款，按合同分期付款。如上海市对大型机械设备结算进度规定为：当设备开始制造时，收取20%货款；设备制造进行60%时，收取40%货款；设备制造完毕托运时，再收取40%货款。有的合同规定，设备购置方扣留5%的质量保证金，待设备运抵现场验收合格或质量保证期届满时再返还质量保证金。

建设单位收到设备工器具后，要按合同规定及时结算付款，不应无故拖欠。如果因资金不足而延期付款，要支付一定的赔偿金。

（2）结算的方式

建筑安装工程承发包双方的材料往来，可以按以下方式结算。

① 由承包人自行采购建筑材料的，发包单位可以在双方签订工程承包合同后按年度工作量的一定比例向承包单位预付备料资金。备料款的预付额度，建筑工程一般不应超过当年建筑（包括水、电、暖、卫等）工作量的30%，大量采用预制构件以及工期在6个月以内的工程，可以适当增加；安装工程一般不应超过当年安装工程量的10%，安装材料用量较大的工程，可以适当增加。预付的备料款，可从竣工前未完工程所需材料价值相当于预付备料款额度时起，在工程价款结算时按材料款占结算价款的比重陆续抵扣；也可按有关文件规定办理。

② 按工程承包合同规定，由承包人包工包料的，则由承包人负责购货付款，并按规定向发包人收取备料款。

③ 按工程承包合同规定，由发包人供应材料的，其材料可按材料预算价格转给承包人。材料价款在结算工程款时陆续抵扣。这部分材料，承包人不应收取备料款。

凡是没有签订工程承包合同和不具备施工条件的工程，发包人不得预付备料款，不准以备料款为名转移资金。承包人收取备料款后两个月仍不开工或发包人无故不按合同规定付给备料款的，开户银行可以根据双方工程承包合同的约定分别从有关单位账户中收回或付出备料款。

2. 进口设备、工器具和材料价款的支付与结算

进口设备分为标准机械设备和专制机械设备两类。标准机械设备是指通用性广泛、供应商（厂）有现货，可以立即提交的货物。专制机械设备是指根据业主提交的定制设备图

纸专门为该业主制造的设备。

(1) 标准机械设备的结算

标准机械设备的结算大都使用国际贸易中广泛使用的不可撤销的信用证。这种信用证在合同生效之后一定日期内由买方委托银行开出，经买方认可的卖方所在地银行为议付银行。以卖方为收款人的不可撤销的信用证，其金额与合同总额相等。

① 标准机械设备首次合同付款。当采购货物已装船，卖方提交下列文件和单证后，即可支付合同总价的90%。

A. 由卖方所在国的有关当局颁发的允许卖方出口合同货物的出口许可证，或不需要出口许可证的证明文件。

B. 由卖方委托买方认可的银行出具的以买方为受益人的不可撤销保函。担保金额与首次支付金额相等。

C. 装船的海运提单。

D. 商业发票副本。

E. 由制造厂(商)出具的质量证书副本。

F. 详细的装箱单副本。

G. 向买方信用证的出证银行开出以买方为受益人的即期汇票。

H. 相当于合同总价形式的发票。

② 最终合同付款。机械设备在保证期截止时，卖方提交下列单证后支付合同总价的尾款，一般为合同总价的10%。

A. 说明所有货物无损、无遗留问题、完全符合技术规范要求的证明书。

B. 向出证银行开出以买方为受益人的即期汇票。

C. 商业发票副本。

③ 合同付款货币。买方以卖方在投标书标价中说明的一种或几种货币，和卖方在投标书中说明在执行合同中所需的一种或几种货币比例进行支付。

付款时间：每次付款在卖方所提供的单证符合规定之后，买方须从卖方提出日期的一定期限内(一般45天内)将相应的货款付给卖方。

(2) 专制机械设备的结算

专制机械设备的结算一般分为三个阶段，即预付款、阶段付款和最终付款。

① 预付款。一般专制机械设备的采购，在合同签订后开始制造前，由买方向卖方提供合同总价的10%～20%的预付款。

预付款一般在提出下列文件和单证后进行支付。

A. 由卖方委托银行出具以买方为受益人的不可撤销的保函，担保金额与预付款货币金额相等。

B. 相当于合同总价形式的发票。

C. 商业发票。

D. 由卖方委托的银行向买方的指定银行开具由买方承兑的即期汇票。

② 阶段付款。按照合同条款，当机械制造开始加工到一定阶段，可按设备合同价一定的百分比进行付款。阶段的划分是当机械设备加工制造到关键部位时进行一次付款，到货物装船买方收货验收后再付一次款。每次付款都应在合同条款中做较详细的规定。

机械设备制造阶段付款的一般条件如下。

A. 当制造工序达到合同规定的阶段时，制造厂应以电传或信件通知业主。

B. 开具经双方确认完成工作量的证明书。

C. 提交以买方为受益人的所完成部分保险发票。

D. 提交商业发票副本。

E. 机械设备装运付款，包括成批订货分批装运的付款，应由卖方提供下列文件和单证。

F. 有关运输部门的收据。

G. 交运合同货物相应金额的商业发票副本。

H. 详细的装箱单副本。

I. 由制造厂（商）出具的质量和数量证书副本。

J. 原产国证书副本。

K. 货物到达买方验收合格后，当事双方签发的合同货物验收合格证书副本。

③ 最终付款。指在保证期结束时的付款，付款时应提交商业发票副本，以及全部设备完好无损，所有待修缺陷及待办的问题，均已按技术规范说明圆满解决后的合格证副本。

（3）利用出口信贷方式支付进口设备、工器具和材料价款

对进口设备、工器具和材料价款的支付，我国还经常利用出口信贷的形式。出口信贷根据借款的对象分为卖方信贷和买方信贷。

① 卖方信贷。是卖方将产品赊销给买方，规定买方在一定时期内延期或分期付款。卖方通过向本国银行申请出口信贷，来填补占用的资金。其过程如图 7－3 所示。

采用卖方信贷进行设备材料结算时，一般是在签订合同后先预付 10%定金，在最后一批货物装船后再付 10%，在货物运抵目的地，验收后付 5%，待质量保证期届满时再付 5%，剩余的 70%贷款应在全部交货后规定的若干年内一次或分期付清。

② 买方信贷。买方信贷有两种形式：一种是由产品出口国银行把出口信贷直接贷给买方，买卖双方以即期现汇成交，其过程如图 7－4 所示。

例如，在进口设备材料时，买卖双方签订贸易协议后，买方先付 15%左右的定金，其余贷款由卖方银行贷给，再由买方按现汇付款条件支付给卖方。此后，买方分期向卖方银行偿还贷款本息。

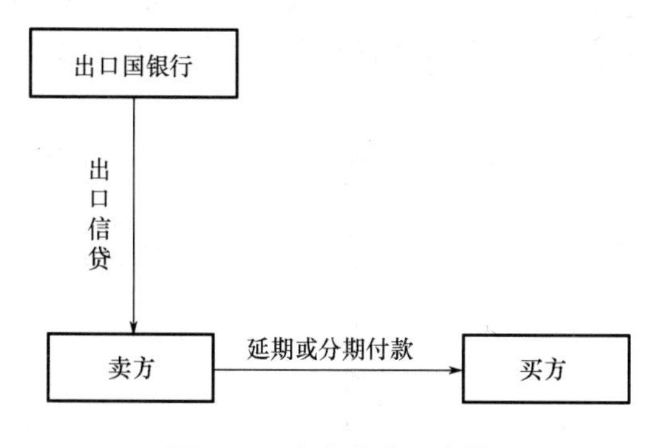

图 7－3 卖方信贷示意图

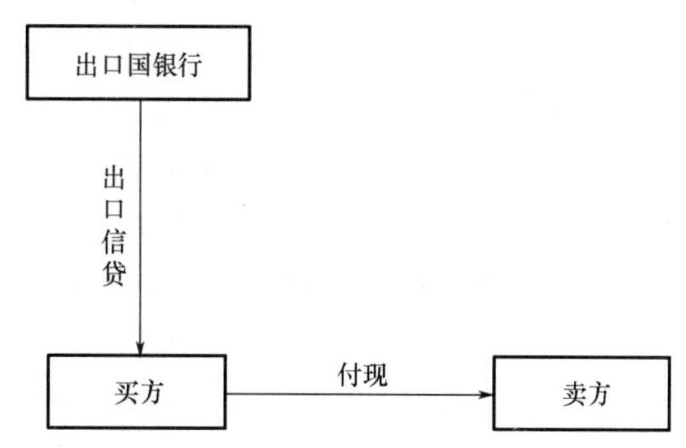

图 7－4 买方信贷（出口国银行直接贷款给买方）示意图

另一种是由出口国银行把出口信贷贷给进口国银行，再由进口国银行转贷给买方，买方用现汇支付借款，进口国银行分期向出口国银行偿还借款本息，其过程如图 7－5 所示。

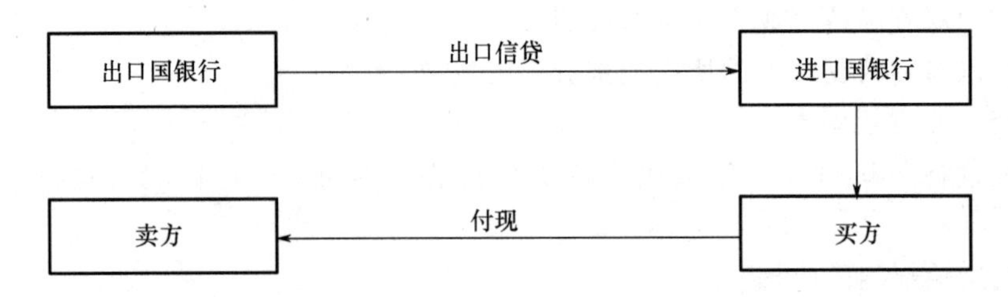

图 7－5　买方信贷（出口国银行借款给进口国银行）示意图

3. 设备、工器具和材料价款的动态结算

设备、工器具和材料价款的动态结算主要是依据国际上流行的货物及设备价格调值公式来计算，即

$$P_1=P_0\left(a+b\cdot M_1/M_0+c\cdot L_1/L_0\right) \tag{7-9}$$

式中：P_1——应付给供货人的价格或结算款；

P_0——合同价格（基价）；

M_0——原料的基期物价指数，取投标截止日期前 28 天的指数；

L_0——特定行业人工成本的基本指数，取投标截止日期前 28 天的指数；

M_1——在合同执行时原料的物价指数；

L_1——在合同执行时特定行业人工成本的指数；

a——管理费用和利润占合同的百分比，这一比例是不可调整的，称为“固定成分”；

b——原料成本占合同价的百分比；

c——人工成本占合同价的百分比。

公式中 $a+b+c=1$，其中：

a 的数值可因货物性质的不同而不同，一般占合同的 5%～15%；

b 是通过设备、工器具制造中消耗的主要材料的物价指数进行调整的。如果主要材料是钢材，但也需要铜螺丝、轴承和涂料等，那么也仅以钢材的物价指数来代表所有材料的综合物价指数；如果有两三种主要材料，其价格对成品的总成本都是关键因素，则可把材料物价指数再细分成两三个子成本；

c 是根据整个行业的物价指数调整的（如机床行业）。在极少数情况下，将人工成本 c 分解成两三个部分，通过不同的指数来进行调整。

对于有多种主要材料和成分构成的成套设备合同，则可采用更为详细的公式进行逐项的计算调整。例如，某电气设备采购合同中规定的调价公式如下

$$P_1=P_0\left(a+b\cdot M_{S_1}/M_{S_0}+c\cdot M_{C_1}/M_{C_0}+d\cdot M_{P_1}/M_{P_0}+e\cdot L_{E_1}/L_{E_0}+f\cdot L_{P_1}/L_{P_0}\right) \tag{7-10}$$

式中：M_{S_1}、M_{C_1}、M_{P_1}——分别为钢板、电解铜和塑料绝缘材料的结算期的价格或物价指数；

M_{S_0}、M_{C_0}、M_{P_0}——分别为钢板、电解铜和塑料绝缘材料的基期的价格或物价指数；

L_{E_1}、L_{P_1}——分别为结算期电气工业、塑料工业的人工费用指数；

L_{E_0}、L_{P_0}——分别为基期电气工业、塑料工业的人工费用指数；

a——固定成本在合同价格中所占的百分比；

b、c、d——分别为钢板、电解铜和塑料绝缘材料的成本在合同价格中所占的百分比；

e、f——分别为电气工业、塑料工业的人工费用的成本在合同价格中所占的百分比。

7.4 投资偏差分析与投资控制

由于工程项目的开发和建设是一项综合性的经济活动，建设周期长、规模大、投资额大、涉及面广。建设产品的形成过程可以分为相互关联、相互作用的多个阶段。前期阶段的资金投入与策划直接影响到后期工作的进程与效果，资金的不断投入过程也就是工程造价的逐步实现过程。施工阶段工程造价的计价与控制与其前期阶段的众多影响因素相关。施工阶段投入的资金最直接，效果最明显。联合国工业发展组织为发展中国家提供的可行性研究资料中将基本建设周期分为投资前期、投资时期和生产时期，工程进展不同阶段和投入资金关系可以用图 7－6 表示。

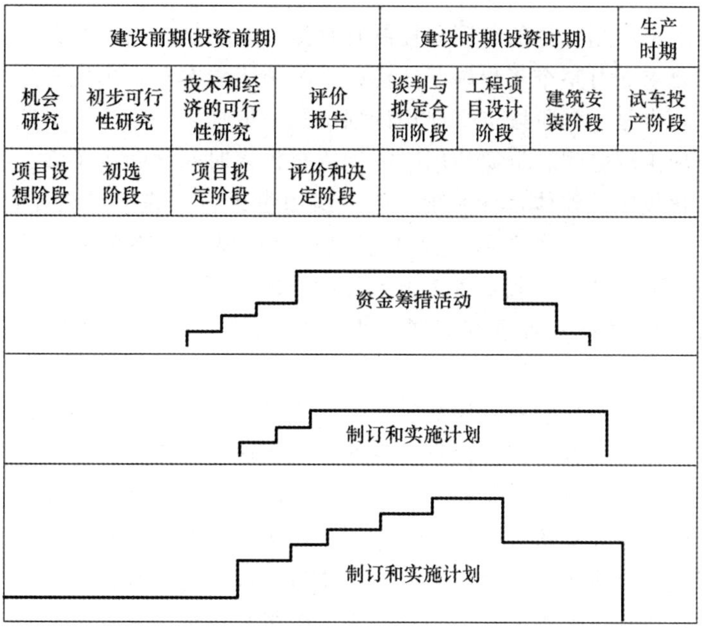
建设前期(投资前期)
建设时期(投资时期)
生产时期
机会研究
初步可行性研究
技术和经济的可行性研究
评价报告
谈判与拟定合同阶段
工程项目设计阶段
建筑安装阶段
试车投产阶段
项目设想阶段
初选阶段
项目拟定阶段
评价和决定阶段
资金筹措活动
制订和实施计划
制订和实施计划

图 7－6 工程进展不同阶段和投入资金关系示意图

建设项目的可行性研究是指在项目决策前，通过对项目有关的社会、经济、技术等各方面条件进行调查、研究、分析，对各种可能的建设方案和工艺技术进行分析、比较和论证，并对项目实施后的经济、社会、环境效益进行预测和评价，考察项目技术上的先进性和适用性，经济上的盈利性和合理性，建设的可能性和可行性。建设项目的可行性研究报告是确定建设项目的依据，筹措项目建设资金的依据，编制设计文件的依据，施工组织、工程进度安排及竣工验收的依据，项目后评价的依据。研究报告的内容一般包括：总论，产品的市场分析和拟建规模，资源、原材料、燃料及公用设施情况，外部环境条件，项目实施条件，项目设计方案，企业组织、劳动定员和人员培训，项目施工计划和进度要求，投资估算和资金筹措，项目经济评价，项目结论与建议等。

建设项目设计是指在建设项目开始施工之前，设计人员根据已批准的可行性研究报告，为实现拟建项目的技术、经济等方面的要求，提供建筑、安装和设备制造等所需要的规划、图纸、数据等技术文件的工作。建设项目设计是整个工程建设的主导，是组织项目施工的主要依据。建设项目设计包括：准备工作、初步设计、技术设计、施工图设计、设计交底和配合施工等项内容。设计方案直接关系到投资的使用计划，特别是施工单位要根据设计单位的意图和设计文件的解释，根据现场进展情况及时解决设计文件中的实际问题，进行设计变更和工程量调整，这直接影响施工阶段工程造价的计价与资金使用计划。

施工图设计是组织施工的直接依据，也是设计工作和施工工作的桥梁。一些专家认为，虽然工程设计费占全部工程寿命费用的比例不到1%，但对施工阶段的造价控制起着关键作用。施工图预算是由设计单位在施工图设计完成后，根据施工图纸、现行预算定额、费用定额，以及所在地区设备、材料、人工费、机械台班费等预算价格编制的确定工程造价的文件，是设计阶段控制工程造价的重要环节，对于实施招投标的工程，它是编制标底的参考依据。

与施工阶段资金使用计划的编制与控制有直接关系的是施工组织设计，其任务是实现建设计划和实际要求。对整个工程施工选择科学的施工方案和合理安排施工进度，是施工过程控制的依据，也是施工阶段资金使用计划编制的依据之一。施工组织设计能够协调施工单位之间、单项工程之间、资源使用时间和资金投入时间之间的关系，有利于实现保证工期、质量、优化投资的整体目标实现。施工组织设计包括施工组织规划设计、总设计，单位工程和分项工程施工组织设计。施工组织总设计要从战略全局出发，抓重点、抓难点、抓关键环节与薄弱环节，既要考虑施工总进度的合理安排，确保施工的连续性、节奏性、均衡性，又要考虑投入资金和各类资源在施工的不同阶段的需求量、控制量和调节量。

投资控制的目的是确保投资目标的实现，施工阶段投资控制目标是通过编制资金使用计划来确定的。要结合工程特点，确定合理的施工程序与进度，科学地选择施工机械，优化人力资源管理。采用先进的施工技术、方法与手段实现资金使用与控制目标的优化。资金使用目标的确定既要考虑资金来源（例如，政府拨款、金融机构贷款、合作单位相关资金、自有资金等）的实现方式和时间限制，又要按照施工进度计划的细化与分解，将资金使用计划和实际工程进度调整有机地结合起来。施工总进度计划要求严格，涉及面广，其基本要求是：保证拟建工程项目在规定期限内按时或提前完成，节约施工费用，降低工程造价。影响总进度计划的因素为项目工程量、建设总工期、单位工程工期、施工程序与条件、资金资源和需要与供给的能力与条件。总进度计划成为确定资金使用计划与控制目标，编制资源需要与调度计划的最为直接的重要依据。施工进度与资金使用计划关系见图7-7。

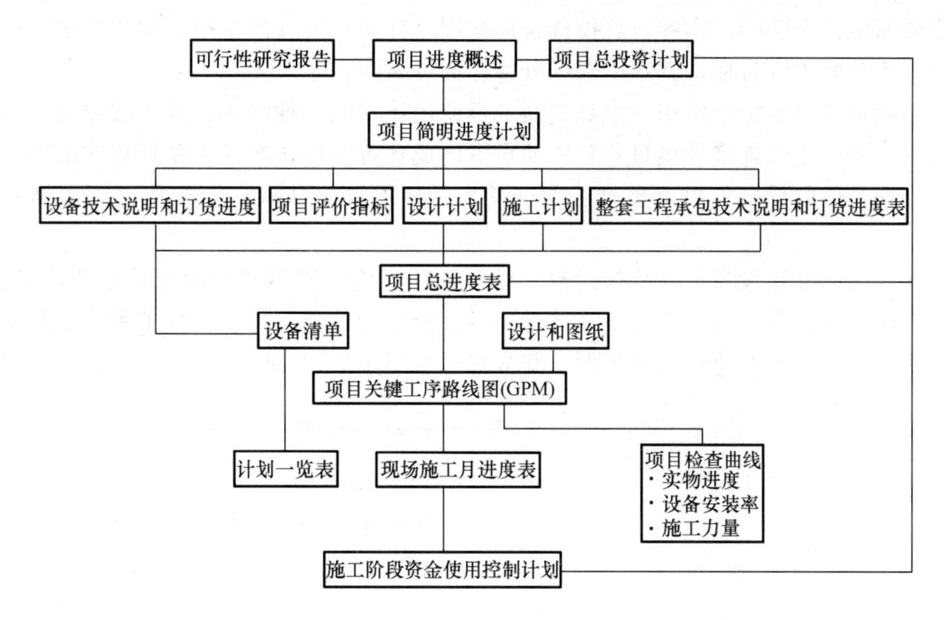

图7-7 施工进度与资金使用计划关系

7.4.1 资金使用计划的编制

施工阶段资金使用计划的编制与控制在整个工程造价管理中处于重要而独特的地位，它对工程造价的重要影响表现在以下几个方面。

① 通过编制资金使用计划，合理确定施工阶段工程造价目标值，使工程造价的控制有所依据，并为资金的筹集与协调打下基础。定期地进行工程项目投资的实际值与目标值的比较，通过比较发现并找出偏差，分析产生偏差的原因，并采取有效措施加以控制，以保证投资控制目标的实现。

② 通过资金使用计划的科学编制，对未来工程项目的资金使用和进度控制有所预测，消除不必要的资金浪费和进度失控，能够避免在今后工程项目中，由于缺乏依据而轻率判断所造成的损失，增加自觉性，使现有资金充分地发挥作用。

③ 在建设项目的实施过程中，通过资金使用计划的严格执行，可以有效地控制工程造价上升，最大限度地节约投资，提高投资效益。

对脱离实际的工程造价目标值和资金使用计划，应在科学评估的前提下，允许修订和修改，使工程造价更加趋于合理水平，从而保障建设单位和承包商各自的合法利益。

施工阶段资金使用计划的编制可以按项目编制，按项目的过程编制，也可以按时间进度编制。

1. 按项目编制资金使用计划

大型建设项目往往由多个单项工程组成，每个单项工程又是由多个单位工程组成，而单位工程总是由若干个分部分项工程组成。因此可以把工程项目总投资分解在每一个子项目，进而做到合理分配，编制时必须对工程项目进行合理划分，划分的粗细程度根据工程实际需要而定。在实际工作中，总投资目标按项目分解只能分到单项工程或单位工程，如果再进一步分解投资目标，就难以保证分目标的可靠性。

按不同项目编制资金使用计划是编制资金使用计划的一种常用方式。按照项目分解项目总投资，有助于检查建设项目各阶段的投资构成是否完整，有无重复计算或缺项；有助于检查各项具体的投资支出对象是否明确落实；还有助于从数字上校核分解的结果有无错误。

例如：某学校建设项目的分解过程，就是该项目施工阶段资金使用计划的编制依据。为了满足建设项目分解管理的需要，建设项目可分解为单项工程、单位工程、分部工程和分项工程，以一个学校建设项目为例，其分解可参照图 7-8 所示。

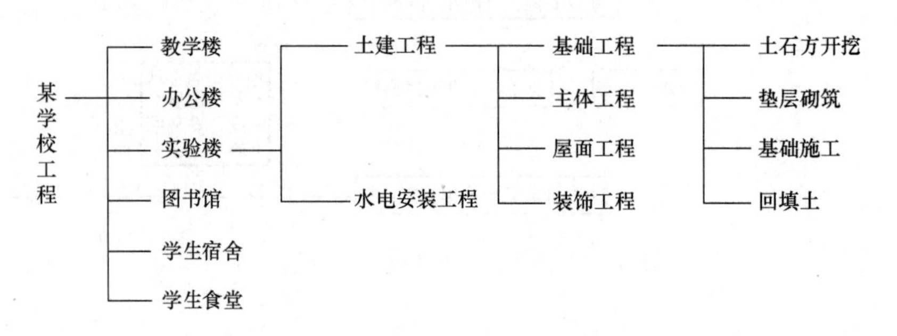

图 7-8　某学校工程项目分解图

2. 按项目的过程编制资金使用计划

设备工程包括设备的设计、制造、储存、运输及安装调试等一系列过程及相应的活动。因此，可以将设备工程投资分解到设备工程的不同阶段，如图 7-9 所示。

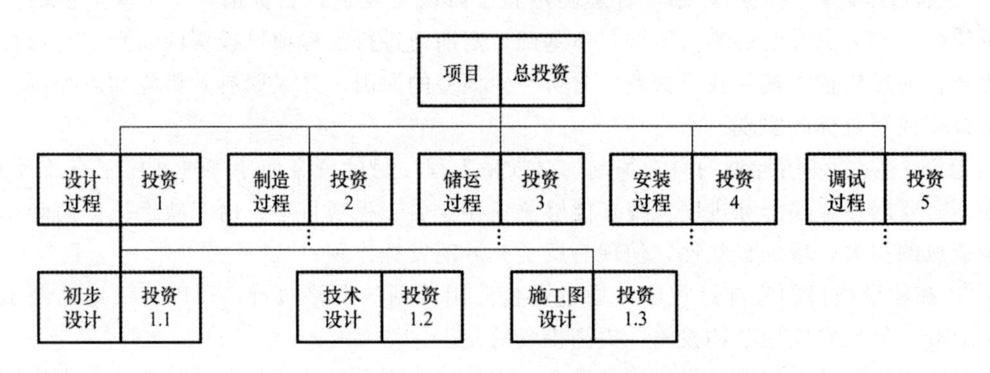

图 7-9　按项目的过程编制资金使用计划示意图

3. 按时间进度编制资金使用计划

工程项目的投资总是分阶段、分期支出的，资金应用是否合理与资金时间安排有着密切的关系。为了编制资金使用计划，并据此筹措资金，尽可能减少资金占用和利息支付，有必要将项目总投资目标按使用时间进行分解，进一步确定分目标值。

按时间进度编制资金使用计划，通常可通过对控制项目进度的网络图做进一步扩充而得到。利用网络图控制投资，即要求在拟定工程项目的执行计划时，一方面确定完成某项施工活动所需的时间，另一方面也要确定完成这一工作的合理的支出预算。

资金使用计划可以采用资金需要量曲线、时间-投资累计曲线（S形曲线）与香蕉图的形式，其对应数据的产生依据是施工计划网络图中的时间参数（工序最早开工时间、工序最早完工时间、工序最迟开工时间、工序最迟完工时间、计划总工期等）的计算结果与对应阶段资金使用要求。利用已确定的网络计划，可计算各项活动的最早及最迟开工时间，获得项目进度计划的甘特图。在甘特图的基础上便可编制按时间进度划分的投资支出预算，进而绘制（S形曲线）。S形曲线的绘制步骤如下。

① 确定工程进度计划，编制进度计划的甘特图。

② 根据每单位时间内完成的实物工程量或投入的人力、物力和财力，计算单位时间（月或旬）的投资，如表7-5所示。

表7-5 按月编制的资金使用计划表

时间/月	1	2	3	4	5	6	7	8	9	10	11	12
投资/万元	100	200	300	500	600	800	800	700	600	400	300	200

③ 计算规定时间 t 计划累计完成投资额，计算公式如下

$$Q_t = \sum_{n=1}^{t} q_n \tag{7-11}$$

式中：Q_t——某时间 t 计划累计完成投资额；

q_n——单位时间 n 的计划完成投资额；

t——规定的计划时间。

④ 按各规定时间的 Q_t 值，绘制S形曲线，如图7-10所示。

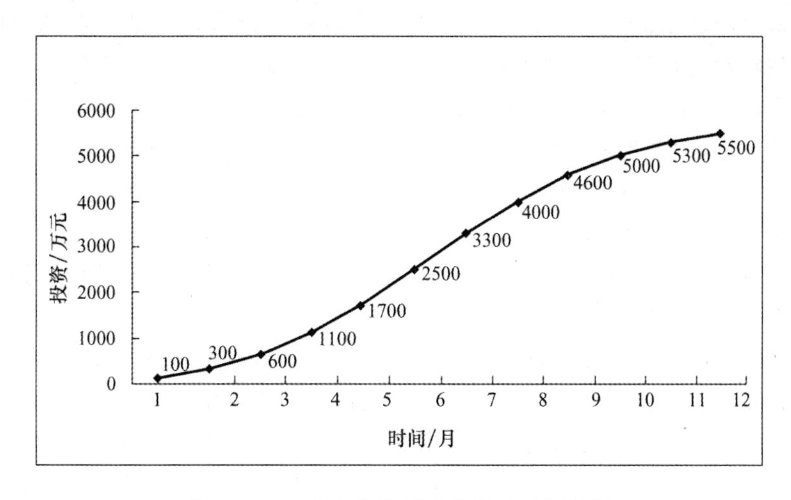

图7-10 时间-投资累计曲线（S形曲线）

每一条S形曲线都是对应某一特定的工程进度计划。进度计划的非关键路线中存在许多有时差的工序或工作，因而S形曲线必然包括在由全部活动都按最早开工时间开始和全部活动都按最迟开工时间开始的曲线所组成的“香蕉图”内，见图7-11。建设单位可根

据编制的投资支出预算来合理安排资金，同时建设单位也可以根据筹措的建设资金来调整S形曲线，即通过调整非关键路线上的工序项目最早或最迟开工时间，力争将实际的投资支出控制在预算的范围内。

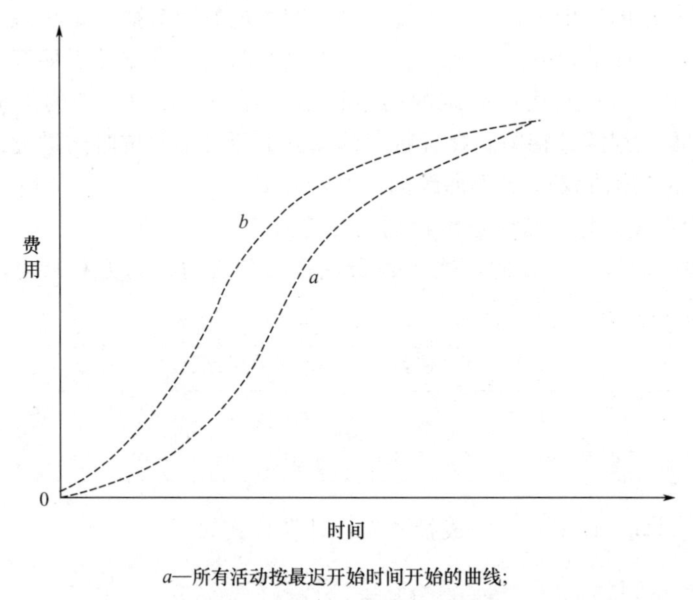

a—所有活动按最迟开始时间开始的曲线；
b—所有活动按最早开始时间开始的曲线

图7-11　投资计划值的香蕉图

通常若所有活动都按最迟时间开始，可以节约建设资金贷款利息，但同时也降低了项目按期竣工的保证率。因此，编制资金计划时必须合理地确定投资支出预算，这样既可以节约投资又能控制项目的工期。

编制资金使用计划的过程中，还要注意采用现代管理科学方法，例如ABC控制法。所谓ABC控制法是指将影响资金使用的因素按照影响程度的大小分成ABC三类，A类因素为重点因素，B类因素为次要因素，C类因素为一般因素。其中A类占因素总数的5%～20%，其对应的资金耗用值占计划资金总额的70%～90%；B类占因素总数的25%～40%，其对应的资金耗用值占计划资金总额的10%～30%；C类占因素总数的50%～70%，其对应的资金耗用值占计划资金总额的5%～15%。以因素所占百分比为横坐标，因素对应累计资金使用值为纵坐标就可以绘制成ABC曲线，作为编制资金使用计划的参考依据，它也是控制工程造价的依据之一。

确定施工阶段资金使用计划时，还应考虑施工阶段出现的各种风险因素对于资金使用计划的影响。如：设计变更与工程量调整、建筑材料价格变化、施工条件变化、不可抗力自然灾害、有关施工政策规定的变化、多方面因素造成实际工期变化等。因此，在制订资金使用计划时要考虑计划工期与实际工期，计划投资与实际投资，资金供给与资金调度等多方面的关系。

以上三种编制资金使用计划的方法并不是相互独立的。在实践中，往往是将这几种方法结合起来使用，从而达到扬长避短的效果。

7.4.2 投资偏差分析

在确定了投资控制目标之后，为了有效地进行投资控制，监理工程师必须定期进行投资计划值和实际值的比较。当实际值偏离计划值时，要分析产生偏差的原因，采取适当的纠偏措施，使投资超支额尽可能小。施工阶段投资偏差的形成，是由于施工过程中随机因素与风险因素的影响，而形成了实际投资与计划投资、实际工程进度与计划工程进度的差异，这些差异被称为投资偏差、进度偏差。

1. 基本概念

投资偏差指投资计划值与实际值之间存在的差异，即

投资偏差＝已完工程实际投资－已完工程计划投资　　(7-12)

投资偏差为正表示投资增加，为负表示投资节约。与投资偏差密切相关的是进度偏差，只有考虑进度偏差后才能正确反映投资偏差的实际情况。所以，有必要引入进度偏差的概念。

进度偏差＝已完工程实际时间－已完工程计划时间　　(7-13)

为了与投资偏差联系起来，进度偏差也可表示为

进度偏差＝拟完工程计划投资－已完工程计划投资　　(7-14)

“拟完”可以理解为“原计划中规定”的，“已完”可以理解为“实际过程中发生”的。拟完工程计划投资与已完工程计划投资中的计划投资均指原计划中规定的单项工程计划投资值（可以假设其不改变)。

所谓拟完工程计划投资是指根据进度计划安排在某一确定时间内所应完成的工程内容的计划投资。进度偏差为正值时，表示工期拖延；进度偏差为负值时，表示工期提前。

【例7-7】 某建筑安装工程2018年8月份拟完工程计划投资10万元，已完工程计划投资8万元，已完工程实际投资11万元，则：

投资偏差＝已完工程实际投资－已完工程计划投资＝11－8＝3（万元)

表明该建筑安装工程8月份投资超支3万元。

进度偏差＝拟完工程计划投资－已完工程计划投资＝10－8＝2（万元)

表明该建筑安装工程8月份进度拖后2万元。

2. 投资偏差的分类

在进行分析时，投资偏差又可以分为以下几种。

(1) 绝对偏差和相对偏差

绝对偏差，是指投资计划值与实际值比较所得的差额。相对偏差，是指投资偏差的相对数或比例数，通常是用绝对偏差与投资计划值的比值来表示。绝对偏差和相对偏差的符号相同，正值表示投资增加，负值表示投资减少。

绝对偏差＝投资实际值－投资计划值　　(7-15)

相对偏差＝绝对偏差/投资计划值　　(7-16)

例7-7中，绝对偏差＝11－8＝3（万元)，相对偏差＝3/8＝0.375。

(2) 局部偏差和累计偏差

局部偏差，一般有两层含义：一是相对于总项目的投资而言，指各单项工程、单位工程和分部分项工程的偏差；二是相对于项目实施的时间而言，指每一控制周期所发生的投资偏差。累计偏差是在项目已实施的时间内累计发生的偏差，是一个动态概念。在偏差的工程内容及其原因都比较明确时，局部偏差的分析结果也就比较可靠，而累计偏差所涉及的工程内容较多、范围较大，且原因也较复杂，所以累计偏差分析应以局部偏差分析为基础，需要进行综合分析，才能对投资控制工作在较大范围内具有指导作用。

3. 投资偏差的分析方法

常用的偏差分析方法有横道图法、时标网络图法、表格法和曲线法。

(1) 横道图法

用横道图进行投资偏差分析，是用不同的横道标识已完工程计划投资、实际投资和拟完工程计划投资，横道的长度与其金额成正比。投资偏差和进度偏差金额可以用数字或横道表示，而产生投资偏差的原因则应经过认真分析后填入，见表 7-6。

表 7-6 投资偏差分析表(横道图法)

项目编码	项目名称	投资参数数额/万元	投资偏差/万元	进度偏差/万元	原因
011	土方工程	70 50 60	10	-10	
012	打桩工程	80 66 100	-20	-34	
013	基础工程	80 80 60 20 40 60 80 100 120 140	20	20	
	合计	230 196 220 100 200 300 400 500 600 700	10	-24	

已完成工程实际投资　　拟完工程计划投资

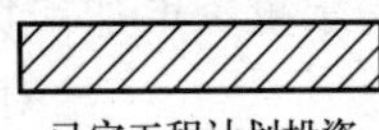

已完工程计划投资

横道图法的优点是形象、直观、一目了然。但是，这种方法反映的信息量少，一般用于项目管理的较高层次。

在实际工作中有时需要根据拟完工程计划投资和已完工程实际投资确定已完工程计划投资后，再确定投资偏差与进度偏差。

【例7-8】 某工程投资偏差分析（见表7-7）

表7-7 某工程计划进度与实际进度表 单位：万元

分项工程	1	2	3	4	5	6	7	8	9	10	11	12
A	6	6	6									
	6	6	6									
	6	6	6									
B		4	4	4	4	4						
			4	4	4	3	4					
			4	4	4	5	3					
C				9	9	8	8					
						9	9	9	9			
						9	8	8	7			
D						5	5	5	4			
							4	4	4	4	4	
							4	4	4	5	5	
E								2	2	5		
										2	2	2
										2	2	2

注：———— 表示拟完工程计划投资；

—·— 表示已完工程实际投资；

………… 表示已完工程计划投资。

如果拟完工程计划投资与已完工程实际投资已经给出，确定已完工程计划投资时，应注意已完工程计划投资表示线与已完工程实际投资表示线的位置相同。已完工程计划投资单项工程的总值与拟完工程计划投资的单位工程总值相同。例如：D工程原定计划4周内完成，计划投资20万元，每周完成5万元。由于实际进度为5周内完成，则平均每周应完成计划投资4万元。根据表7-7中数据，按照每周各项单项工程拟完工程计划投资、已完工程计划投资、已完工程实际投资的累计值进行统计，可以得到表 7-8 的数据。

表 7-8　投资数据表　　　　单位：万元

项　目	投　资　数　据											
	1	2	3	4	5	6	7	8	9	10	11	12
每周拟完工程计划投资	6	10	10	13	13	17	13	7	6	5		
拟完工程计划投资累计	6	16	26	39	52	69	82	89	95	100		
每周已完工程实际投资	6	6	10	4	4	12	17	13	13	6	6	2
已完工程实际投资累计	6	12	22	26	30	42	59	72	85	91	97	99
每周已完工程计划投资	6	6	10	4	4	14	15	12	11	7	7	2
已完工程计划投资累计	6	12	22	26	30	44	59	71	82	89	96	98

根据表 7-8 中数据可以确定该工程的投资偏差与进度偏差。如：第 7 周末投资偏差与进度偏差：

投资偏差＝已完工程实际投资－已完工程计划投资
＝59－59＝0（万元），即：投资无偏差。

进度偏差＝拟完工程计划投资－已完工程计划投资
＝82－59＝23（万元），即：进度拖后 23 万元。

（2）时标网络图法

时标网络图是在确定施工计划网络图的基础上，将施工的实施进度与日历工期相结合而形成的网络图，它可以分为早时标网络图与迟时标网络图，图 7-12 为早时标网络图。早时标网络图中的结点位置与以该结点为起点的工序的最早开工时间相对应；图中的实线长度为工序的工作时间；虚节线表示对应施工检查日（用▼标示）施工的实际进度；图中箭线上标入的数字可以表示箭线对应工序单位时间的计划投资值。例如图 7-12 中：①$\xrightarrow{5}$②，即表示该工序每日计划投资 5 万元；图中，对应 4 月份有②$\xrightarrow{3}$③、②$\xrightarrow{4}$⑤、②$\xrightarrow{3}$④三项工作列入计划，由上述数字可确定 4 月份拟完工程计划投资为 10 万元。表 7-9中的第 1 行数字为拟完工程计划投资的逐月累计值，例如 4 月份为 5＋5＋10＋10＝30 万元；第 2 行数字为已完工程实际投资逐月累计值，是表示工程进度实际变化所对应的实际投资值。

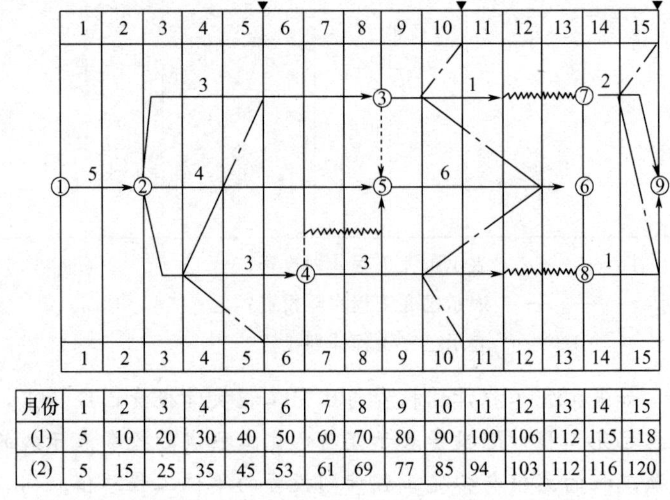

月份	1	2	3	4	5	6	7	8	9	10	11	12	13	14	15
(1)	5	10	20	30	40	50	60	70	80	90	100	106	112	115	118
(2)	5	15	25	35	45	53	61	69	77	85	94	103	112	116	120

图 7-12　某工程时标网络计划（单位：万元）

注：图中每根箭线上方数值为该工作每月计划投资。

表 7-9 拟完工程计划投资、已完工程实际投资逐月累计值 单位：万元

月份	1	2	3	4	5	6	7	8	9	10	11	12	13	14	15
(1)	5	10	20	30	40	50	60	70	80	90	100	106	112	115	118
(2)	5	15	25	35	45	53	61	69	77	85	94	103	112	116	120

在图 7-12 中如果不考虑实际进度前锋线，可以得到每个月份的拟完工程计划投资。例如，4 月份有 3 项工作，投资分别为 3 万元、4 万元、3 万元，则 4 月份拟完工程计划投资值为 10 万元。将各月中数据累计计算即可产生拟完工程计划投资累计值，即上表中"(1)"栏的数据。"(2)"栏中的数据为已完工程实际投资，其数据为单独给出。在上图中如果考虑实际进度前锋线，可以得到对应月份的已完工程计划投资。

第 5 个月底，已完工程计划投资＝20＋6＋4＝30（万元）

第 10 个月底，已完工程计划投资＝80＋6×3＝98（万元）

根据投资偏差与进度偏差的定义可以得到下列结论：

第 5 个月底　投资偏差＝已完工程实际投资－已完工程计划投资

＝45－30＝15（万元）　即：投资增加 15 万元。

第 5 个月底　进度偏差＝拟完工程计划投资－已完工程计划投资

＝40－30＝10（万元）　即：进度拖延 10 万元。

第 10 个月底　投资偏差＝85－98＝－13（万元）　即：投资节约 13 万元。

第 10 个月底　进度偏差＝90－98＝－8（万元）　即：进度提前 8 万元。

(3) 表格法

表格法是一种偏差分析常用的方法。通常可以根据工程项目的具体情况、数据来源、投资控制工作的要求等条件来设计绘制表格，因而适用性较强；设计的表格信息量大，可以反映各种偏差变量和指标，对深入地了解项目投资的实际情况非常有益；同时，表格法还便于使用计算机辅助工程管理，提高投资控制工作的效率。

(4) 曲线法

曲线法是用投资时间曲线进行偏差分析的一种方法。在用曲线法进行偏差分析时，一般有三条投资曲线，即已完成工程实际投资曲线 a，已完工程计划投资曲线 b 和拟完工程计划投资曲线 p。如图 7-13 所示，曲线 a 和 b 的竖向距离表示投资偏差，曲线 p 的水平距离表示进度偏差。图中反映的是累计偏差，而且主要是绝对偏差。曲线法分析投资偏差形象、直观，但不能直接用于定量分析，如果能与表格法结合起来，则会取得较好的效果。

7.4.3 投资偏差的控制与纠正

1. 投资偏差形成的原因

工程管理实践中，引起投资偏差的原因主要有四个方面：业主原因、设计原因、施工原因、客观原因，如图 7-14 所示。

为了对偏差原因进行综合分析，通常采用图表工具。在用表格法分析时，程序首先将每期所完成的全部分部分项工程的投资情况进行汇总，分析引起分部分项工程投资偏差产

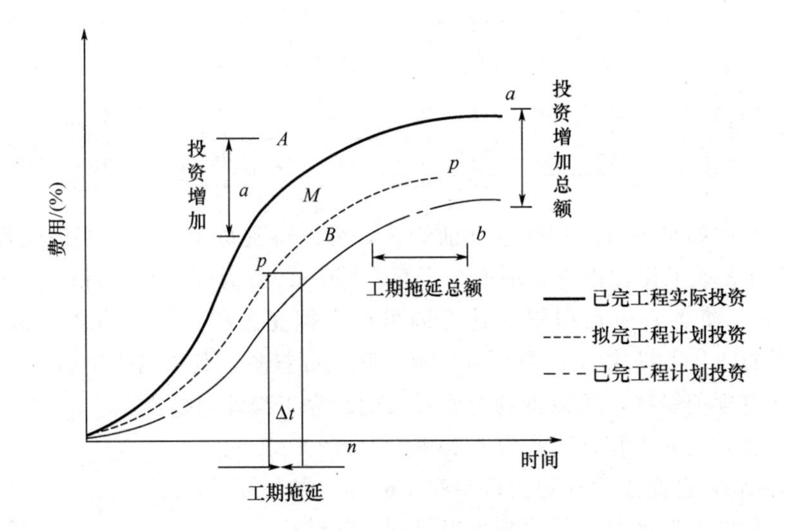

图 7－13　三种投资参数曲线

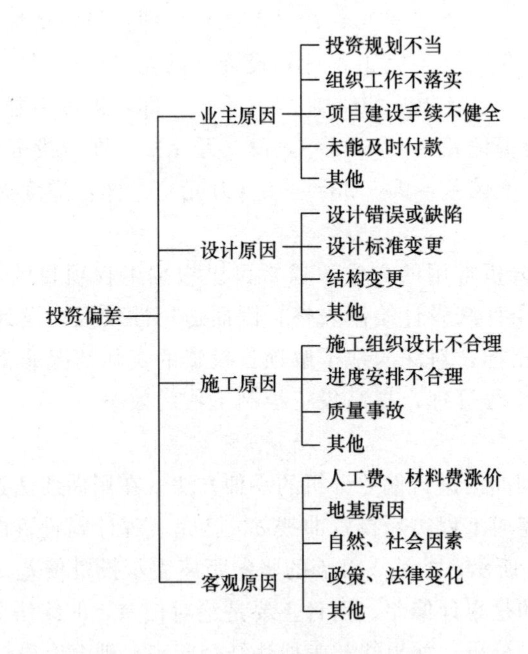

图 7－14　引起投资偏差的原因

生的原因；然后通过适当的数据处理，再分析每种原因发生的频率（概率）及其影响程度(平均绝对偏差或相对偏差)；最后按照偏差原因的分类重新排列，就可以得到投资偏差原因综合分析表，利用虚拟数字可以编制投资偏差原因综合分析表。表中已完工程计划投资是各期“投资偏差原因综合分析表”（表 7－10）中，各偏差原因所对应的已完分部分项工程计划投资累计的结果。需要指出的是，某一分部分项工程的投资偏差可能同时由两个以上的原因引起，为了避免重复计算，在计算“已完工程计划投资”时，只按其中最主要的原因考虑，次要原因计划投资的重复部分在表中以括号标出，不计入“已完工程计划投资”的合计值。

表 7-10 投资偏差原因综合分析表

偏差原因	次数	频率	已完工程计划投资/万元	绝对偏差/万元	平均绝对偏差/万元	相对偏差/(%)
1-1	3	0.12	400	24	8	4.8
1-2	1	0.04	(100)	3.5	2.5	3.5
……						
1-9	3	0.12	40	3	1	6.0
2-1	1	0.03	20	1	1	10.0
2-2	1	0.05	30	1	1	5.0
……						
2-9	4	0.16	30	4	1	13.3
3-1	5	0.20	150	20	4	13.3
3-2	2	0.08	(150)	4	2	2.7
……						
3-9	1	0.04	50	1	1	2.0
4-1	1	0.04	20	1	1	5.0
4-2	2	0.08	30	4	2	13.3
……						
4-9	1	0.04	(30)	0.5	1.5	1.7
合　计	25	1.00	770	67		

通常对投资偏差原因的发生频率和影响程度进行综合分析，还可以采用图的形式。图 7-15把偏差原因的发生频率和影响程度各分为 3 个阶段、9 个区域，将表 7-10 中的投资偏差特征值分别填入对应的区域内即可，其中影响程度可用相对偏差和平均绝对偏差两种形式表达。

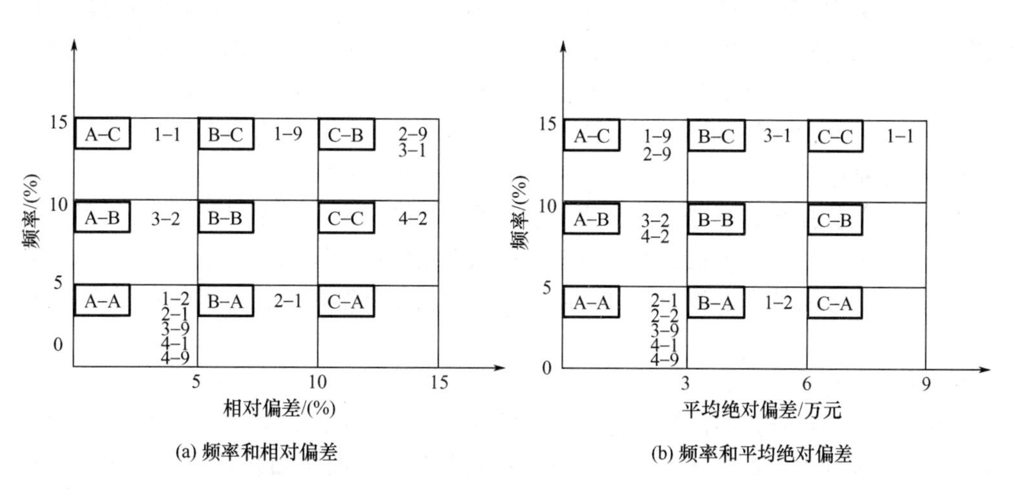

图 7-15 投资偏差原因的发生频率和影响程度

2. 投资偏差类型

在分析的基础上，可以将投资偏差分为四种基本类型。

① 投资增加且工期拖延。这种类型是工作中纠正偏差的主要对象，必须引起高度的重视。

② 投资增加但工期提前。这种情况下需要适当考虑工期提前带来的效益。从资金合理使用的角度看，如果增加的资金额超过增加的效益额时，要采取措施纠偏。

③ 工期拖延但投资节约。这种情况下是否需要采取纠偏措施要根据实际情况确定。

④ 工期提前且投资节约。这是最理想的情况，不需要采取纠偏措施。

从偏差形成原因分析，由施工原因造成的损失应由施工单位自己负责，而客观原因是无法避免的。所以，纠偏的主要对象是由业主原因和设计原因造成的投资偏差。

从偏差原因发生频率和影响程度确定纠偏的主要对象，在图 7-15 中要把 C-C、B-C、C-B 三个区域内的偏差原因作为纠偏的主要对象，尤其对同时出现在（a）和（b）中的 C-C、B-C、C-B 三个区域内的偏差原因予以特别重视，因为它们发生的频率大，相对偏差大，平均绝对偏差也大，必须采取必要的措施，减少或避免其发生后造成的经济损失。

3. 纠偏措施

纠偏就是对系统实际运行状态偏离标准状态的纠正，以便使运行状态恢复或保持标准状态。施工阶段工程造价偏差的纠正与控制，要采用现代控制方法，利用动态控制、系统控制、信息反馈控制、弹性控制、循环控制和网络技术控制的原理，应用目标管理分析方法。目标管理分析方法就是要结合施工的实际情况，依靠有丰富实践经验的技术人员和管理人员，通过各方面的共同努力实现纠偏。从管理学的角度看，纠偏是一个制订计划、实施计划、检查进度与效果、纠正与处理偏差的动态的循环过程。

合同管理、施工成本管理、施工质量管理、施工进度管理是施工管理的几个重要环节。在纠正施工阶段资金使用偏差的过程中，要遵循全面性与全过程原则、经济性原则、责权利相结合原则、政策性原则，在项目经理的负责带领下，在费用控制预测的基础上，通过各类人员共同配合，采取科学、合理、可行的措施，实现由分项工程、分部工程、单位工程、整体项目整体纠正资金使用偏差。实现工程造价有效控制的目标。

通常可以采取的纠偏措施主要有技术措施、组织措施、经济措施和合同措施。

（1）技术措施

按照工程造价控制的要求分析，技术措施并不都是因为施工中发生了技术问题才加以考虑的，也可能因为出现了较大的投资偏差而加以运用。不同的技术措施往往会有不同的经济效果，因此采用技术措施纠偏时，需对不同的技术方案要进行技术经济综合分析评价后再加以选择。

（2）组织措施

组织措施指从投资控制的组织管理方面采取的主要措施。如要落实投资控制的组织机构和人员，明确各级投资控制人员的任务、职责与权利，改善项目投资控制工作流程等。组织措施常常容易被人们忽视，实际工作中它是其他措施的前提和保障，而且一般不需增加什么费用，运用得当即可收到良好的效果。

(3) 经济措施

运用经济措施时要特别注意，不能把经济措施片面地理解为审核工程量及相应的支付工程价款。考虑问题要从全局出发，例如要检查投资目标是否分解得合理，资金使用计划是否有保障，施工进度计划的协调如何等。另外，还可以通过偏差分析和未完工程预测发现潜在的问题，及时采取预防措施，从而取得造价控制的主动权。

(4) 合同措施

合同措施在纠偏方面主要指索赔管理。在施工过程中，索赔事件的发生是难免的，在发生索赔事件后，造价工程师应认真审查有关索赔依据是否符合合同规定，索赔计算是否合理等。从主动控制的角度出发，加强对合同的日常管理，认真落实合同规定的责任。

本章小结

本章概述了在工程施工阶段工程变更产生的原因、处理程序及工程变更价款的计算，在FIDIC合同条件下的工程变更的范围、估价、结算方法等。继而提出了工程索赔的概念、产生原因以及相应的处理程序，索赔费用的组成与计算等。介绍了工程变更价款的调整与结算，设备、工器具和材料价款的结算方法，投资偏差的概念、分类，如何编制资金使用计划书及投资偏差分析的方法，投资控制纠正等内容。

习 题

一、单项选择题

1. 某工程项目合同价为2000万元，合同工期为20个月，后因增建该项目的附属配套工程需增加工程费用160万元，则承包商可提出的工期索赔为(　　)。

A. 0.8个月　　B. 1.2个月　　C. 1.6个月　　D. 1.8个月

2. 在工程设计变更确定后(　　)天内，设计变更涉及工程价款调整的，由承包人向发包人提出，经发包人审核同意后调整合同价款。

A. 3　　B. 12　　C. 14　　D. 24

3. 下列关于索赔和反索赔的说法，正确的是(　　)。

A. 索赔实际上是一种经济惩罚行为

B. 索赔和反索赔具有同时性

C. 只有发包人可以针对承包人的索赔提出反索赔

D. 索赔单指承包人向发包人的索赔

4. 工程变更确认的一般过程是(　　)。

A. 提出工程变更→分析合同条款→分析影响→确定所需的费用、时间→确认工程变更

B. 提出工程变更→确定所需的费用、时间→分析合同条款→分析影响→确认工程变更

C. 提出工程变更→分析影响→分析合同条款→确定所需的费用、时间→确认工程变更

D. 分析影响→提出工程变更→分析合同条款→确定所需的费用、时间→确认工程变更

5. 承包方提出设计变更申请，工程师进行审查后，交原设计单位审查并提供（　　）。

A. 变更的相应图纸与说明　　B. 工程量清单

C. 变更价款　　D. 概算造价

6. 工程师无正当理由不确认承包商提出的变更工程价款报告时，则变更工程价款报告自行生效的时间是自变更价款报告送达之日起（　　）天后。

A. 7　　B. 10　　C. 14　　D. 28

7. 施工期内，当材料价格发生波动并超过合同约定的涨幅时，承包人采购材料前，应由（　　）。

A. 工程师确认数量和价格且发包人签字同意

B. 发包人确认数量和价格且工程师签证

C. 工程师确认数量和价格并签字同意

D. 发包人确认数量和价格并签字同意

8. 变更合同价款不能按照下列（　　）进行。

A. 合同中已有适用于变更工程的价格，按合同已有的价格计算变更合同价款

B. 合同中只有类似于变更工程的价格，可以参照类似价格变更合同价款

C. 合同中没有适用于变更工程的价格，由承包人提出适当的变更价格，经工程师确认后执行

D. 合同中没有类似于变更工程的价格，由发包人提出适当的变更价格，经工程师确认后执行

二、多项选择题

1. 索赔费用中主要包括以下（　　）项目。

A. 人工费　　B. 材料费　　C. 延迟付款利息

D. 利润　　E. 保函手续费

2. 索赔按目的划分包括（　　）。

A. 综合索赔　　B. 单项索赔　　C. 工期索赔

D. 合同内索赔　　E. 费用索赔

3. 投资分析中的纠偏措施包括（　　）。

A. 技术措施　　B. 组织措施　　C. 经济措施

D. 合同措施　　E. 材料措施

4. 工程变更是建筑施工生产的特点之一，其变更形式包括（　　）。

A. 设计变更　　B. 施工条件变更　　C. 进度计划变更

D. 材料单价变更　　E. 合同条款变更

5. 按照有关当事人分类，索赔可分为（　　）。

A. 工程承包商同业主之间的索赔

B. 总承包商同分包商之间的索赔

C. 分包商同业主之间的索赔

D. 承包商同供货商之间的索赔

E. 供货商同业主之间的索赔

三、简答题

1. 工程变更的范围包括哪些？

2. 试阐述变更与索赔的关系。

3. 简述《建设工程施工合同（示范文本）》及FIDIC合同条件下工程索赔的程序。

4. 我国目前工程价款的结算方式有哪几种？

5. 工程价款价差调整的主要方法有哪几种？国际上常用的是哪种？

6.《建设工程施工合同（示范文本）》及FIDIC合同条件下保留金的扣留与退还有何不同？

7. 投资偏差的分析方法主要有哪些？各种方法的优缺点是什么？

四、计算题

1. 某承包商与某项目业主签订了施工总承包合同，合同中保函手续费为30万元，合同工期为320天。合同履行过程中，因不可抗力事件发生致使开工日期推迟41天，因异常恶劣气候停工7天，因季节性大雨停工5天，因设计分包单位延期交图停工7天，上述事件均未发生在同一时间，则该承包商可索赔的保函手续费是多少？

2. 某承包商与某项目业主签订了可调价格合同。合同中约定：主导施工机械一台为施工单位自有设备，台班单价为800元/台班，折旧费为100元/台班，人工日工资单价为50元/工日，窝工费为15元/工日。合同履行中，因场外停电全场停工5天，造成人员窝工60个工日；因业主指令增加一项新工作，完成该工作需要5天时间，机械5台班，人工40个工日，材料费为5000元，则该承包商可向业主提出直接费补偿额多少元？

3. 某承包商与某项目业主签订了土方施工合同，合同约定的土方工程量为10000m^3，合同工期为20天，合同约定：工程量增加15%（包括15%）以内为承包商应承担的工期风险。在施工过程中，因出现了较深的软弱下卧层，致使土方量增加了8400m^3，则承包可索赔的工期是多少天？

4. 某工程网络计划有三条独立的线路A—D、B—E、C—F，其中B—E为关键线路，TFA=TFD=4天，TFC=TFF=6天，在施工合同履行过程中，因业主原因使B工作延误5天，因承包商原因使D工作延误10天，因不可抗力使D、E、F工作均延误7天，则承包商可索赔的工期是多少天？

5. 某工程合同价为1120万元，合同约定：采用调值公式进行动态结算，其中固定要素比重为0.2，调价要素分为A、B、C三类，分别占合同价的比重为0.18、0.32、0.3，结算时价格指数分别增长了15%、5%、19%，则该工程实际结算款额为多少？

【在线答题】

第8章 建设项目竣工与交付阶段造价管理

教学提示

建设项目竣工决算是竣工验收交付使用阶段，建设单位按照国家有关规定对新建、改建和扩建工程建设项目，从筹建到竣工投产或使用全过程编制的全部实际支出费用的报告。它以实物数量和货币指标为计量单位，综合反映了竣工项目的建设成果和财务情况，是竣工验收报告的重要组成部分。因此，本章主要介绍了建设项目竣工决算的主要内容和编制方法，工程的保修范围、期限及保修费用的处理。

教学要求

通过本章的学习，学生应重点了解竣工决算的特点、作用；并且能够结合工程实际，熟练地进行竣工决算的编制和保修费用的处理。

工程建设项目的竣工与交付是施工全过程的最后一道程序，也是全面考核工程建设成果，检查工程设计和工程质量的重要环节。工程造价就是在交易活动中所形成的建筑安装工程的价格和建设工程总价格。建设项目竣工与交付阶段的造价管理即编制竣工决算，它是正确核定项目资产价值、反映竣工项目建设成果的文件，也是办理资产移交和产权登记的依据。

8.1 建设项目竣工决算

8.1.1 建设项目竣工决算的概念与作用

1. 建设项目竣工决算的概念

建设项目竣工决算是竣工验收交付使用阶段，建设单位按照国家有关规定对新建、改建和扩建工程建设项目，从筹建到竣工投产或使用全过程编制的全部实际支出费用的报告。项目竣工财务决算是正确核定项目资产价值、反映竣工项目建设成果的文件，是办理资产移交和产权登记的依据，包括竣工财务决算报表、竣工财务决算说明书以及相关材料。

国家规定，所有新建、扩建、改建和恢复项目竣工后均要编制竣工决算。根据建设项目规模的大小，可分大、中型建设项目竣工决算和小型建设项目竣工决算两类。

施工企业在竣工后，也要编制单位工程（或单项工程）竣工成本决算，用作预算和实际成本的核算比较，但与建设项目竣工决算在概念和内容上有着很大的差异。

2. 建设项目竣工决算的作用

建设项目竣工决算的作用主要表现在以下三个方面。

① 建设项目竣工决算采用实物数量、货币指标、建设工期和各种技术经济指标综合、全面地反映建设项目自筹建到竣工为止的全部建设成果和财物状况。它是综合、全面地反映竣工项目建设成果及财务情况的总结性文件。

② 建设项目竣工决算是竣工验收报告的重要组成部分，也是办理交付使用资产的依据。建设单位与使用单位在办理交付资产的验收交接手续时，通过竣工决算反映交付使用资产的全部价值，包括固定资产、流动资产、无形资产和递延资产的价值。同时，它还详细提供了交付使用资产的名称、规格、型号、价值和数量等资料，是使用单位确定各项新增资产价值并登记入账的依据。

③ 建设项目竣工决算是分析和检查设计概算的执行情况，考核投资效果的依据。竣工决算反映了竣工项目计划、实际的建设规模、建设工期以及设计和实际的生产能力，反映了概算总投资和实际的建设成本，同时还反映了建设项目所达到的主要技术经济指标。通过对这些指标计划数、概算数与实际数进行对比分析，不仅可以全面掌握建设项目计划和概算执行情况，而且可以考核建设项目投资效果，为今后制订基建计划，降低建设成本，提高投资收益提供必要的资料。

3. 建设项目竣工决算的编制依据

建设项目竣工财务决算的编制依据主要包括：国家有关法律法规；经批准的可行性研究报告、初步设计、概算及概算调整文件；招标文件及招标投标书，施工、代建、勘察设计、监理及设备采购等合同，政府采购审批文件、采购合同；历年下达的项目年度财政资金投资计划、预算；工程结算资料；有关的会计及财务管理资料；其他相关资料。

8.1.2 竣工决算的内容

大、中型和小型建设项目的竣工决算包括建设项目从筹建开始到项目竣工交付生产使用为止的全部建设费用。建设项目竣工财务决算的内容主要包括竣工财务决算说明书、竣工财务决算报表、竣工财务决（结）算审核情况及相关资料。

1. 竣工财务决算说明书

竣工财务决算说明书概括了竣工工程建设成果和经验，是对竣工决算报表进行分析和补充说明的文件，是全面考核分析工程投资与造价的书面总结，也是竣工决算报告的重要组成部分，其主要内容如下。

① 基本建设项目概况。

一般从质量、进度、安全、造价和施工等方面进行分析评价。质量方面依据竣工验收委员会或相当于一级质量监督部门的验收评定等级、合格率和优良品率；进度方面主要说明开工和竣工时间，与合理工期和要求工期对比分析是提前还是延期；安全方面是根据劳动工资和施工部门的记录，对有无设备和人身事故进行说明；造价方面主要对照工程项目的概算造价，说明是节约还是超支，用金额和百分率进行说明。

② 会计财务的处理、财产物资情况及债权债务清偿情况。

该部分主要包括工程价款结算、会计账务的处理、财产物资情况及债权债务的清偿情况。

③ 基建结余资金等分配情况。

通过对基本建设投资包干情况的分析，说明投资包干数、实际使用数和节约额、投资包干节余的有机构成和包干节余的分配情况。

④ 主要经济技术指标的分析、计算情况。

概算执行情况分析，主要根据实际投资完成额与概算进行对比分析；新增生产能力的效益分析，说明支付使用财产占总投资额的比例、占支付使用财产的比例，不增加固定资产的造价占投资总额的比例，分析有机构成和成果。

⑤ 基本建设项目管理及决算中存在的问题及建议。

⑥ 决算与概算的差异和原因分析。

⑦ 需要说明的其他事项。

2. 竣工财务决算报表

【《基本建设财务规则》(财政部令第81号)】

根据财政部颁发的关于《基本建设财务规则》(财政部令第81号)的通知，建设项目竣工决算报表包括基本建设项目概况表、基本建设项目竣工财务决算表、基本建设项目交付使用资产总表、基本建设项目交付使用资产明细表、待摊投资明细表、待核销基建支出明细表、转出投资明细表。有关表格形式分别见表8-1～表8-4。

已具备竣工验收条件的项目，3个月内不办理竣工验收和固定资产移交手续的，视同项目已正式投产，其费用不得从基建投资中支付，所实现的收入作为生产经营收入，不再作为基建收入管理。

(1) 基本建设项目概况表(表8-1)

该表综合反映建设项目的概况，内容包括该项目总投资、建设起止时间、新增生产能力、完成主要工程量及基本建设支出情况，为全面考核和分析投资效果提供依据。

表 8-1 基本建设项目概况表

<table>
<tr><td>建设项目（单项工程）名称</td><td colspan="2"></td><td>建设地址</td><td colspan="2"></td><td rowspan="9">基建支出</td><td>项 目</td><td>概算批准金额</td><td>实际完成金额</td><td>备 注</td></tr>
<tr><td>主要设计单位</td><td colspan="2"></td><td>主要施工企业</td><td colspan="2"></td><td>建筑安装工程</td><td></td><td></td><td rowspan="8"></td></tr>
<tr><td rowspan="2">占地面积/m^2</td><td>设 计</td><td>实 际</td><td rowspan="2">总投资/万元</td><td>设 计</td><td>实 际</td><td>设备、工具、器具</td><td></td><td></td></tr>
<tr><td></td><td></td><td></td><td></td><td>待摊投资</td><td></td><td></td></tr>
<tr><td rowspan="2">新增生产能力</td><td colspan="3">能力（效益）名称</td><td>设计</td><td>实 际</td><td>其中：项目建设管理费</td><td></td><td></td></tr>
<tr><td colspan="3"></td><td></td><td></td><td>其他投资</td><td></td><td></td></tr>
<tr><td rowspan="2">建设起止时间</td><td>设计</td><td colspan="4">自 年 月 日至
年 月 日</td><td>待核销基建支出</td><td></td><td></td></tr>
<tr><td>实际</td><td colspan="4">自 年 月 日至
年 月 日</td><td>转出投资</td><td></td><td></td></tr>
<tr><td>概算批准部门及文号</td><td colspan="5"></td><td>合计</td><td></td><td></td></tr>
</table>

<table>
<tr><td rowspan="4">完成主要工程量</td><td colspan="2">建 设 规 模</td><td colspan="3">设备（台、套、吨）</td></tr>
<tr><td>设 计</td><td>实 际</td><td colspan="2">设 计</td><td>实 际</td></tr>
<tr><td></td><td></td><td colspan="2"></td><td></td></tr>
<tr><td></td><td></td><td colspan="2"></td><td></td></tr>
<tr><td rowspan="4">尾工工程</td><td>单项工程项目、内容</td><td>批准概算</td><td>预计未完部分投资额</td><td>已完成投资额</td><td>预计完成时间</td></tr>
<tr><td></td><td></td><td></td><td></td><td></td></tr>
<tr><td></td><td></td><td></td><td></td><td></td></tr>
<tr><td>小 计</td><td></td><td></td><td></td><td></td></tr>
</table>

表 8-1 可按下列要求填写。

① 建设项目（单项工程）名称、建设地址、主要设计单位和主要施工企业，要按全称填列。

② 表中各项目的设计指标，根据批准的设计文件的数字填列。

③ 表中所列新增生产能力、完成主要工程量的实际数据，根据建设单位统计资料和施工单位提供的相关资料填列。

④ 表中基建支出是指建设项目从开工起至竣工为止发生的全部基本建设支出，包括形成资产价值的交付使用资产，如固定资产、流动资产、无形资产的支出，还包括不形成资产价值按照规定应核销的非经营项目的待核销基建支出和转出投资。上述支出，应根据

国家财政部门历年批准的“基建投资表”中的有关数据填列。按照财政部关于《基本建设财务规则》的通知，需要注意以下几点。

A. 建设成本包括建筑安装工程投资支出、设备投资支出、待摊投资支出和其他投资支出。

B. 建筑安装工程投资支出是指项目建设单位按照批准的建设内容发生的建筑工程和安装工程的实际成本，其中不包括被安装设备本身的价值以及按照合同规定支付给施工企业的预付备料款和预付工程款。

C. 设备投资支出是指项目建设单位按照批准的建设内容发生的各种设备的实际成本，包括需要安装设备、不需要安装设备和为生产准备的不够固定资产标准的工具、器具的实际成本。

需要安装设备是指必须将其整体或几个部位装配起来，安装在基础上或建筑物支架上才能使用的设备；不需要安装设备是指不必固定在一定位置或支架上就可以使用的设备。

D. 待摊投资支出是指项目建设单位按照批准的建设内容发生的，应当分摊计入相关资产价值的各项费用和税金支出，包括建设单位管理费、土地征用及迁移补偿费、土地复垦及补偿费、勘察设计费、研究试验费、可行性研究费、临时设施费、设备检验费、负荷联合试车费、合同公证及工程质量监理费、(贷款) 项目评估费、国外借款手续费及承诺费、社会中介机构审计 (查) 费、招投标费、经济合同仲裁费、诉讼费、律师代理费、土地使用税、耕地占用税、车船使用税、汇兑损益、报废工程损失、坏账损失、借款利息、固定资产损失、器材处理亏损、设备盘亏及毁损、调整器材调拨价格折价、企业债券发行费用、航道维护费、航标设施费、航测费、其他待摊投资等。

建设单位要严格按照规定的内容和标准控制待摊投资支出，不得将非法的收费、摊派等计入待摊投资支出。

E. 其他投资支出是指项目建设单位按照批准的建设内容发生的房屋购置支出，基本畜禽、林木等的购置、饲养、培育支出，办公生活用家具器具购置支出，软件研发和不能计入设备投资的软件购置等支出。

F. 建设单位管理费是指项目建设单位从项目筹建之日起至办理竣工财务决算之日止发生的管理性质的开支，包括工作人员薪酬及相关费用、办公费、办公场地租用费、差旅交通费、劳动保护费、工具用具使用费、固定资产使用费、招募生产工人费、技术图书资料费 (含软件)、业务招待费、竣工验收费和其他管理性质开支。

业务招待费支出不得超过建设单位管理费总额的 10%。

施工现场津贴标准比照当地财政部门制定的差旅费标准执行。

⑤ 表中概算批准部门及文号，按最后经批准的部门和文件号填列。

⑥ 表中尾工工程是指全部工程项目验收后尚遗留的少量尚未完工而需继续完成的工程，在表中应明确填写尾工工程内容、预计完成时间，这部分工程的实际成本可根据实际情况进行估算并加以说明，完工后不再编制竣工决算。

(2) 基本建设项目竣工财务决算表 (表 8-2)

该表反映竣工的大中型建设项目从开工到竣工为止全部资金来源和资金运用的情况，它是考核和分析投资效果，落实结余资金，并作为报告上级核销基本建设支出和基本建设拨款的依据。在编制该表前，应先编制出项目竣工年度财务决算，根据编制出的竣工年度财务决算和历年财务决算编制项目的竣工财务决算。此表采用平衡表形式，即资金来源合计等于资金支出合计。具体编制方法如下。

表 8-2　基本建设项目竣工财务决算表

资金来源	金额	资金占用	金额
一、基建拨款		一、基本建设支出	
1. 中央财政资金		（一）交付使用资产	
其中：一般公共预算资金		1. 固定资产	
中央基建投资		2. 流动资产	
财政专项资金		3. 无形资产	
政府性基金		（二）在建工程	
国有资本经营预算安排的基建项目资金		1. 建筑安装工程投资	
2. 地方财政资金		2. 设备投资	
其中：一般公共预算资金		3. 待摊投资	
地方基建投资		4. 其他投资	
财政专项资金		（三）待核销基建支出	
政府性基金		（四）转出投资	
国有资本经营预算安排的基建项目资金		二、货币资金合计	
二、部门自筹资金（非负债性资金）		其中：银行存款	
三、项目资本		财政应返还额度	
1. 国家资本		其中：直接支付	
2. 法人资本		授权支付	
3. 个人资本		现金	
4. 外商资本		有价证券	
四、项目资本公积		三、预付及应收款合计	
五、基建借款		1. 预付备料款	
其中：企业债券资金		2. 预付工程款	
六、待冲基建支出		3. 预付设备款	
七、应付款合计		4. 应收票据	
1. 应付工程款		5. 其他应收款	
2. 应付设备款		四、固定资产合计	
3. 应付票据		固定资产原价	
4. 应付工资及福利费		减：累计折旧	
5. 其他应付款		固定资产净值	

续表

资金来源	金额	资金占用	金额
八、未交款合计		固定资产清理	
1. 未交税金		待处理固定资产损失	
2. 未交结余财政资金			
3. 未交基建收入			
4. 其他未交款			
合　计		合　计	

注：如果需要，可在表中增加一列“补充资料”，其内容包括基建投资借款期末余额、基建结余资金。

① 资金来源包括基建拨款、部门自筹资金、项目资本、项目资本公积、基建借款、待冲基建支出以及应付款合计和未交款合计。

A. 项目资本指经营性项目投资者按国家有关项目资本的规定，筹集并投入项目的非负债资金，在项目竣工后，相应转为生产经营企业的国家资本金、法人资本金、个人资本金和外商资本金。

B. 项目资本公积是指经营性项目对投资者实际缴付的出资额超过其资金的差额（包括发行股票的溢价净收入）、接受捐赠的财产、外币资本折算差额等，在项目建设期间作为资本公积金、项目建成交付使用并办理竣工决算后，相应转为生产经营企业的资本公积金。

C. 基建收入是指在基本建设过程中形成的各项工程建设副产品变价收入、负荷试车和试运行收入以及其他收入。在表中，基建收入以实际销售收入扣除销售过程中所发生的费用和税后的实际纯收入填写。

② 表中“交付使用资产”“预算拨款”“自筹资金拨款”“其他拨款”“项目资本金”“基建投资借款”等项目，是指自工程项目开工建设至竣工止的累计数，上述有关指标应根据历年批复的年度基本建设财务决算和竣工年度的基本建设财务决算中资金平衡表相应项目的数字进行汇总填写。

③ 表中其余项目费用办理竣工验收时的结余数，根据竣工年度财务决算中资金平衡表的有关项目期末数填写。

④ 资金支出反映建设项目从开工准备到竣工全过程资金支出的情况，内容包括基建支出、应收生产单位投资借款、库存器材、货币资金、有价证券和预付及应收款以及拨付所属投资借款和库存固定资产等，表中资金支出总额应等于资金来源总额。

⑤ 补充资料的“基建投资借款期末余额”反映竣工时尚未偿还的基本投资借款额，应根据竣工年度资金平衡表内的“基建投资借款”项目期末数填写；“基建结余资金”反映竣工的结余资金，根据竣工决算表中有关项目计算填写。

⑥ 基建结余资金可以按下列公式计算。

基建结余资金＝基建拨款＋项目资本＋项目资本公积＋基建投资借款＋企业债券基金＋待冲基建支出－基本建设支出－应收生产单位投资借款　　(8－1)

(3) 基本建设项目交付使用资产总表(表8-3)

它反映建设项目建成后新增固定资产、流动资产、无形资产的情况和价值，作为财产交接、检查投资计划完成情况和分析投资效果的依据。

表8-3 基本建设项目交付使用资产总表

单位：元

序号	单项工程项目名称	总计	固定资产				流动资产	无形资产
			合计	建筑及构筑物	设备	其他		

支付单位：　　　　负责人：　　　　接收单位：　　　　负责人：

盖章：　　　　年　月　日　　　　盖章：　　　　年　月　日

注：表中各栏目数据根据“交付使用明资产明细表(表8-4)”的固定资产、流动资产、无形资产的各相应项目的汇总数分别填写，表中总计栏的总计数应与竣工财务决算表中的交付使用资产的金额一致。

(4) 基本建设项目交付使用资产明细表(表8-4)

该表用来反映交付使用资产的详细内容，即交付使用的固定资产、流动资产、无形资产及其价值的明细情况，是办理资产交接的依据和接收单位登记资产账目的依据，是使用单位建立资产明细账和登记新增资产价值的依据。编制时要做到齐全完整，数字准确，各栏目价值应与会计账目中相应科目的数据保持一致。建设项目交付使用资产明细表具体编制方法如下。

① 表中“建筑工程”项目应按单项工程名称填列其结构、面积和价值。其中“结构”是指项目按钢结构、钢筋混凝土结构、混合结构等结构形式填写；面积按各项目实际完成面积填列；价值按交付使用资产的实际价值填写。

② 编制时，固定资产部分要逐项盘点填列；设备、工具、器具和家具等低值易耗品，可分类填列。

③ 表中“固定资产”“流动资产”“无形资产”项目应根据建设单位实际交付的名称和价值分别填列。

表 8-4　基本建设项目交付使用资产明细表

序号	单项工程名称	固定资产										流动资产		无形资产	
		建筑工程				设备、工具、器具、家具									
		结构	面积/m²	金额/元	其中：分摊待摊投资	名称	规格型号	数量	金额/元	其中：设备安装费	其中：分摊待摊投资	名称	金额/元	名称	金额/元

支付单位：　　　　负责人：　　　　接收单位：　　　　负责人：

盖章：　　　　年　月　日　　　　盖章：　　　　年　月　日

3. 建设工程竣工图

建设工程竣工图是真实地记录各种地上、地下建筑物、构筑物等情况的技术文件，是工程进行交工验收、运行维护、改建和扩建的依据，是国家的重要技术档案。按照国家规定：各项新建、扩建、改建的基本建设工程，特别是基础、地下建筑、结构、管线、井巷、桥梁、隧道、港口、水坝以及设备安装等隐蔽部位，都要编制竣工图。为了确保竣工图质量，必须在施工过程中（不能在竣工后）及时做好隐蔽工程检查记录，整理好设计变更文件。其具体要求如下。

① 根据原施工图未变动的，由施工单位（包括总包和分包施工单位，下同）在原施工图上加盖"竣工图"标志后，作为竣工图。

② 在施工过程中，尽管发生了一些设计变更，但能将原施工图加以修改补充作为竣工图的，可以不重新绘制，由施工单位负责在原施工图（必须是新蓝图）上注明修改的部分，并附以设计变更通知单和施工说明，加盖"竣工图"标志后作为竣工图。

③ 凡结构形式改变、工艺改变、平面布置改变、项目改变以及有其他重大改变时，不宜再在原施工图上修改、补充，应重新绘制改变后的竣工图。属于原设计原因造成的，由设计单位负责重新绘制；属于施工原因造成的，由施工单位负责重新绘图；属于其他原因造成的，由建设单位自行绘制或委托设计单位绘制。施工单位负责在新图上加盖"竣工图"标志，并附以有关记录和说明，作为竣工图。

④ 为了满足竣工验收和竣工决算需要，还应绘制反映竣工工程全部内容的工程设计平面示意图。

4. 工程造价分析比较

对施工中控制工程造价所采取的措施、效果及其动态的变化应进行认真的比较对比，总结经验教训。批准的概算是考核建设工程造价的依据。分析时，可先对比整个项目的总概算，然后将建筑安装工程费、设备工器具费和其他工程费用逐一与竣工决算表中所提供的实际数据和相关资料及批准的概算、预算指标、实际的工程造价进行对比分析，以确定竣工项目总造价是节约还是超支，并在分析比较的基础上，总结先进经验，找出节约或超支的原因，提出改进措施。一般应主要分析以下内容。

① 主要实物工程量的变化。

对于实物工程量出入比较大的情况，必须查明原因。

② 主要材料的消耗量。

考核主要材料消耗量，要按照竣工决算表中所列明的三大材料实际超概算的消耗量，查明在工程的哪个环节超出量最大，再进一步查明超耗的原因。

③ 建设单位管理费、规费要按照国家和各地的有关规定的标准及所列的项目进行取费。根据竣工决算报表中所列的建设单位管理费与概预算所列的建设单位管理费数额进行比较，依据规定查明是否存在多列或少列的费用项目，确定其节约或超支的数额，并查明原因。

8.1.3 竣工决算的编制

1. 竣工决算的编制要求

为了严格执行建设项目竣工验收制度，正确核定新增固定资产价值，考核分析投资效果，建立健全经济责任制，所有新建、扩建和改建等建设项目竣工后，都应及时、完整、正确地编制好竣工决算。建设单位要做好以下工作。

(1) 按照有关规定组织竣工验收并及时编制竣工决算

及时组织竣工验收，是对建设工程的全面考核。所有的建设项目（或单项工程）按照批准的设计文件所规定的内容建成后，具备投产和使用条件的，均需及时组织验收。对于竣工验收中发现的问题，应及时查明原因，采取措施加以解决，以保证建设项目按时交付使用和及时编制竣工决算。

(2) 积累、整理竣工项目资料，保证竣工决算的完整性

积累、整理竣工项目资料是编制竣工决算的基础工作，它关系到竣工决算的完整性和质量的高低。因此，在建设过程中，建设单位必须随时收集项目建设的各种资料，并在竣工验收前，对各种资料进行系统整理，分类立卷，为编制竣工决算提供完整的数据资料，为投产后加强固定资产管理提供依据。在工程竣工时，建设单位应将各种基础资料与竣工决算一起移交给生产单位或使用单位。

(3) 认真清理、核对各项账目，保证竣工决算的正确性

工程竣工后，建设单位要认真核实各项交付使用资产的建设成本；做好各项账务、物资以及债权的清理结余工作，应偿还的及时偿还，该收回的应及时收回，对各种结余的材料、设备、施工机械工具等，要逐项清点核实，妥善保管，按照国家有关规定进行处理，

不得任意侵占；对竣工后的结余资金，要按规定上缴财政部门或上级主管部门。完成上述工作，在核实各项数字的基础上，正确编制从年初起到竣工月份止的竣工年度财务决算，以便根据历年的财务决算和竣工年度财务决算进行整理汇总，编制建设项目决算。

按照规定竣工决算应在竣工项目办理验收交付手续后一个月内编好，并上报主管部门，有关财务成本部分，还应送经办行审查签证。主管部门和财政部门对报送的竣工决算审批后，建设单位即可办理决算调整和结束有关工作。

2. 竣工决算的编制步骤

① 收集、整理和分析工程资料。

收集和整理出一套较为完整的资料，是编制竣工决算的前提条件。在工程进行过程中，就应注意保存和搜集、整理资料，在竣工验收阶段则要系统地整理出所有工料结算的技术资料、经济文件、施工图纸和各种变更与签证资料，并分析它们的准确性。

② 清理各项财务、债务和结余物资。

在收集、整理和分析工程相关资料中，应特别注意建设工程从筹建到竣工投产（或使用）的全部费用的各项账务，债权和债务的清理，做到工程完毕账目清晰，既要核对账目，又要查点库有实物的数量，做到账与物相等、相符，对结余的各种材料、工器具和设备要逐项清点核实、妥善管理，并按规定及时处理、收回资金。对各种往来款项要及时进行全面清理，为编制竣工决算提供准确的数据和结果。

③ 填写竣工决算报表。

按照建设项目竣工决算报表的内容，根据编制依据中相关资料进行统计或计算各个项目的数量，并将其结果填入相应表格栏目中，完成所有报表的填写，这是编制工程竣工决算的主要工作。

④ 编制建设工程竣工决算说明书。

按照建设工程竣工决算说明的内容要求，根据编制依据材料填写在报表中的结果，编写文字说明。

⑤ 进行工程造价对比分析。

⑥ 清理、装订竣工图。

⑦ 上报主管部门审查。

以上编写的文字说明和填写的表格经核对无误，可装订成册，即作为建设工程竣工决算文件，并上报主管部门审查，同时把其中财务成本部分送交开户银行签证。竣工决算在上报主管部门的同时，抄送有关设计单位。大、中型建设项目的竣工决算还应抄送财政部、建设银行总行和省、市、自治区的财政局和建设银行分行各一份。建设工程竣工决算的文件，由建设单位负责组织人员编写，在竣工建设项目办理验收使用一个月之内完成。

上述程序可用图 8 - 1 表示。

3. 新增资产价值的确定

竣工决算作为办理交付使用财产的依据，正确核定新增资产的价值，不但有利于建设项目交付使用后的财务管理，而且还可以作为建设项目经济后评估的依据。

(1) 新增资产的分类

按照新的财务制度和企业会计准则，新增资产按资产性质可分为固定资产、流动资

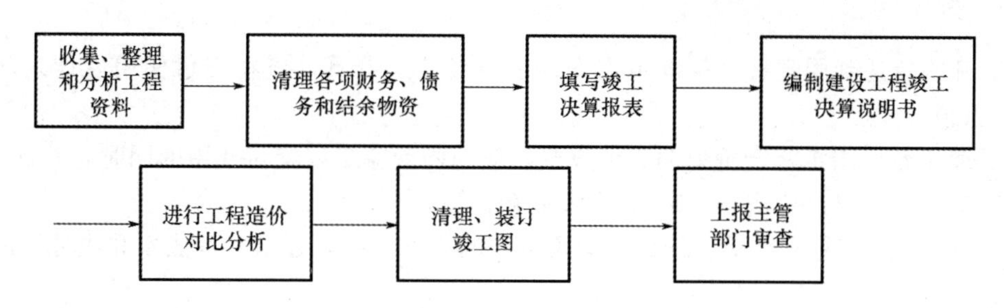

图 8－1　建设项目竣工决算编制程序图

产、无形资产、递延资产和其他资产等五大类。

① 固定资产是指使用期限超过一年，单位价值在规定标准以上，并且在使用过程中保持原有实物形态的资产，包括房屋、建筑物、机电设备、运输设备、工器具等。不同时具备以上两个条件的资产为低值易耗品，应列入流动资产范围内，如企业自身使用的工具、器具、家具等。

② 流动资产是指可以在一年内或者超过一年的营业周期内变现或者耗用的资产。它是企业资产的重要组成部分。流动资产按资产的占用形态可分为现金、存货（指企业的库存材料、在产品、产成品、商品等）、银行存款、短期投资、应收账款及预付账款。

③ 无形资产是指为企业所控制的，不具有实物形态，对生产经营长期发挥作用且能带来经济利益的资产。其主要包括专利权、著作权、非专利技术、商标权、商誉、土地使用权等。

④ 递延资产是指不能全部计入当年损益，应在以后年度内较长时期摊销的其他费用支出，包括开办费、经营租赁租入固定资产改良支出、固定资产大修理支出等。

⑤ 其他资产是指具有专门用途，但不参加生产经营的经国家批准的特种物资，银行冻结存款和冻结物资、涉及诉讼的财产等。

（2）新增资产价值的确定

① 新增固定资产价值的确定方法。新增固定资产亦称交付使用的固定资产，是投资项目竣工投产后所增加的固定资产，是以价值形态表示的固定资产投资的最终成果的综合性指标。其内容主要包括：已经投入生产或交付使用的建筑安装工程造价；达到固定资产标准的设备、工器具的购置费用；增加固定资产价值的其他费用，有土地征用及迁移补偿费、联合试运转费、勘察设计费、项目可行性研究费、施工机构迁移费、报废工程损失、建设单位管理费等。

新增固定资产价值是以独立发挥生产能力的单项工程为对象的。单项工程建成后，经有关部门验收鉴定合格，正式移交生产或使用，即应计算新增固定资产价值。一次性交付生产或使用的工程一次性计算新增固定资产价值，分期分批交付生产或使用的工程，应分期分批计算新增固定资产价值。在计算时应注意以下几种情况。

A. 对于为了提高产品质量、改善劳动条件、节约材料消耗、保护环境而建设的附属辅助工程，只要全部建成，并正式验收交付使用后就要计入新增固定资产价值。

B. 对于单项工程中不构成生产系统，但能独立发挥效益的非生产性工程，如住宅、食堂、医务所、托儿所、生活服务网点等，在建成并交付使用后，也要计算新增固定资产价值。

C. 凡购置达到固定资产标准不需安装的设备、工器具，应在交付使用后计入新增固定资产价值。

D. 属于新增固定资产价值的其他投资，应随同受益工程交付使用的同时一并计入。

E. 交付使用财产的成本，应按下列内容计算。

a. 房屋、建筑物、管道、线路等固定资产的成本包括：建筑工程成本和应分摊的待摊投资。

b. 动力设备和生产设备等固定资产的成本包括：需要安装设备的采购成本、安装工程成本、设备基础支柱等建筑工程成本或砌筑锅炉及各种特殊炉的建筑工程成本、应分摊的待摊投资。

c. 运输设备及其他不需要安装的设备、工器具、家具等固定资产一般仅计算采购成本，不计分摊的“待摊投资”。

新增固定资产的其他费用，如果是属于整个建设项目或两个以上单项工程的，在计算新增固定资产价值时，应在各单项工程中按比例分摊。在分摊时，什么费用应由什么工程负担应按具体规定执行。一般情况下，建设单位管理费按建筑工程、安装工程、需安装设备价值总额按比例分摊；而土地征用费、勘察设计费等费用则按建筑工程造价分摊。

【例 8－1】 某工业建设项目及其装配车间的建筑工程费、安装工程费、需安装设备费以及应分摊费用见表 8－5。计算装配车间新增固定资产价值。

表 8－5　应分摊费用计算表　　单位：万元

项目名称	建筑工程费	安装工程费	需安装设备费	建设单位管理费	土地征用费	勘察设计费
建设单位竣工决算	2000	800	1200	60	120	40
装配车间竣工决算	400	200	400	—	—	—

解：计算过程如下：

① 应分摊的建设单位管理费＝（400＋200＋400）/(2000＋800＋1200)×60＝15（万元）

② 应分摊的土地征用费＝400/2000×120＝24（万元）

③ 应分摊的勘察设计费＝400/2000×40＝8（万元）

则装配车间新增固定资产价值＝（400＋200＋400)＋(15＋24＋8)＝1047（万元）

② 新增流动资产价值的确定方法。

A. 货币资金。货币资金是指现金、各种银行存款及其他货币资金，其中现金是指企业的库存现金，包括企业内部各部门用于周转使用的备用金；各种存款是指企业的各种不同类型的银行存款；其他货币资金是指除现金和银行存款以外的其他货币资金，根据实际入账价值核定。

B. 应收及预付款项。应收款项是指企业因销售商品、提供劳务等应向购货单位或受益单位收取的款项；预付款项是指企业按照购货合同预付给供货单位的购货定金或部分货款。应收及预付款包括应收票据、应收款项、其他应收款、预付货款和待摊费用。一般情况下，应收及预付款项按企业销售商品、产品或提供劳务时的成交金额入账核算。

C. 短期投资包括股票、债券、基金。股票和债券根据是否可以上市流通分别采用市场法和收益法确定其价值。

D. 存货是指企业的库存材料、在产品、产成品等。各种存货应当按照取得时的实际成本计价。存货的形成，主要有外购和自制两个途径。外购的存货，按照买价加运输费、装卸费、保险费、途中合理损耗、入库前加工、整理及挑选费用以及应缴纳的税金等计价；自制的存货，按照制造过程中的各项实际支出计价。

③ 新增无形资产价值的确定方法。根据我国2017年颁布的《资产评估执业准则——无形资产》规定，无形资产是指特定主体拥有或者控制的，不具有实物形态，能持续发挥作用并且能带来经济利益的资源。

A. 投资者按无形资产作为资本金或者合作条件投入时，按评估确认或合同协议约定的金额计价。遵循以下计价原则。

a. 购入的无形资产，按照实际支付的价款计价。

b. 企业自创并依法申请取得的，按开发过程中的实际支出计价。

c. 企业接受捐赠的无形资产，按照发票账单所持金额或者同类无形资产市价作价。

d. 无形资产计价入账后，应在其有效使用期内分期摊销。

B. 无形资产按照以下方法计价。

a. 专利权的计价。专利权分为自创和外购两类。自创专利权的价值为开发过程中的实际支出，主要包括专利的研制成本和交易成本。研制成本包括直接成本和间接成本：直接成本是指研制过程中直接投入发生的费用（主要包括材料费用、工资费用、专用设备费、资料费、咨询鉴定费、协作费、培训费和差旅费等）；间接成本是指与研制开发有关的费用（主要包括管理费、非专用设备折旧费、应分摊的公共费用及能源费用）。交易成本是指在交易过程中的费用支出（主要包括技术服务费、交易过程中的差旅费及管理费、手续费、税金）。由于专利权是具有独占性并能带来超额利润的生产要素，因此，专利权转让价格不按成本估价，而是按照其所能带来的超额收益计价。

b. 非专利技术的计价。非专利技术具有使用价值和价值，使用价值是非专利技术本身应具有的，价值在于非专利技术的使用所能产生的超额获利能力，应在研究分析其直接和间接的获利能力的基础上，准确计算出其价值。对于外购非专利技术，应由法定评估机构确认后再进行估价，其方法往往通过采用收益法进行估价。如果非专利技术是自创的，一般不作为无形资产入账，自创过程中发生的费用，按当期费用处理。

c. 商标权的计价。如果商标权是自创的，尽管商标设计、制作、注册、广告宣传等都发生一定的费用，但其一般不作为无形资产入账，而是直接作为销售费用计入当期损益。只有当企业购入或转让商标时，才需要对商标权计价。商标权的计价一般根据被许可方新增的收益确定。

d. 土地使用权的计价。根据取得土地使用权的方式不同，计价有以下两种方式：一种是当建设单位向土地管理部门申请土地使用权并为之支付一笔出让金时，土地使用权作为无形资产核算；另一种是当建设单位获得土地使用权是通过行政划拨时，土地使用权就不能作为无形资产核算，只有在将土地使用权有偿转让、出租、抵押、作价入股和投资，按规定补交土地出让价款时，才作为无形资产核算。

④ 新增递延资产价值的确定方法。

A. 开办费是指在企业筹建期间发生的费用，主要包括筹建期间人员工资、办公费、员工培训费、差旅费、印刷费、注册登记费以及不计入固定资产和无形资产购建成本的汇兑损益、利息支出等。根据现行财务制度规定，企业筹建期间发生的费用，不能计入固定资产或无形资产价值的费用，应先在长期待摊费用中归集，并于开始生产经营起当月起一次计入开始生产经营当期的损益。企业筹建期间开办费的价值可按其账面价值确定。

B. 以经营租赁方式租入的固定资产改良支出，是指企业已经支出，但摊销期限在一年以上的以经营、租赁方式租入的固定资产改良，按照有效租赁期限和耐用年限孰短的原则分期摊销。

C. 固定资产大修理支出的计价，是指企业已经支出，但摊销期限在一年以上的固定资产大修理支出，应当将发生的大修理费用在下一次大修理前平均摊销。

⑤ 新增其他资产价值的确定方法。其他资产包括特准储备物资、银行冻结存款等，按实际入账价值核算。

8.2 保修费用的处理

8.2.1 保修的范围及期限

工程项目在竣工验收交付使用后，建立工程质量保修制度，是施工企业对工程负责的具体体现，通过工程保修可以听取和了解使用单位对工程施工质量的评价和改进意见，便于施工单位提高管理水平。

1. 建设项目保修概述

(1) 工程保修的含义

《中华人民共和国建筑法》第六十二条规定："建筑工程实行质量保修制度。"建设工程质量保修制度是指建设工程在办理交工验收手续后，在规定的保修期限内（按合同有关保修期的规定），因勘察设计、施工、材料等原因造成的质量缺陷，应由责任单位负责维修。项目保修是项目竣工验收交付使用后，在一定期限内由施工单位到建设单位或用户进行回访，对于工程发生的确实是由于施工单位施工责任造成的建筑物使用功能不良或无法使用的问题，由施工单位负责修理，直到达到正常使用的标准。保修回访制度属于建筑工程竣工后管理范畴。

(2) 工程保修的意义

建设工程质量保修制度是国家所确定的重要法律制度，它对于完善建设工程保修制度、促进承包方加强质量管理、保护用户及消费者的合法权益能够起到重要的作用。

2. 工程保修的范围、期限和工作程序

(1) 工程保修的范围

建筑工程的保修范围应包括地基基础工程、主体结构工程、屋面防水工程和其他土建工程，以及电气管线、上下水管线的安装工程，供热、供冷系统工程等项目。

(2) 工程保修的期限

工程保修的期限应当按照保证建筑物合理寿命内正常使用，维护使用者合法权益的原则确定。按照国务院《建设工程质量管理条例》第四十条规定，在正常使用条件下，建设工程的最低保修期限如下。

① 基础设施工程、房屋建筑的地基基础工程和主体结构工程，为设计文件规定的该工程的合理使用年限。

② 屋面防水工程、有防水要求的卫生间、房间和外墙面的防渗漏，为5年。

③ 供热与供冷系统为2个采暖期和供冷期。

④ 电气管线、给排水管道、设备安装和装修工程，为2年。

其他项目的保修期限由发包方与承包方约定。

建设工程的保修期，自竣工验收合格之日起计算。

(3) 工程保修的工作程序

① 发送保修证书（房屋保修卡）。

在工程竣工验收的同时（最迟不应超过3天到一周），由施工单位向建设单位发送《建筑安装工程保修证书》。保修证书目前在国内没有统一的格式或规定，应由施工单位拟定并统一印刷。保修证书的主要内容如下。

A. 工程简况、房屋使用管理要求。

B. 保修范围和内容。

C. 保修时间。

D. 保修说明。

E. 保修情况记录。

F. 保修单位（即施工单位）的名称、详细地址等。

② 要求检查和保修。

房屋建筑工程在保修期间出现质量缺陷，建设单位或房屋建筑所有人应当向施工单位发出保修通知，施工单位接到保修通知后，应到现场检查情况，在保修书约定的时间内予以保修，发生涉及结构安全或者严重影响使用功能的紧急抢修事故，施工单位接到保修通知后，应当立即到达现场抢修。发生涉及结构安全的质量缺陷，建设单位或者房屋建筑产权人应当立即向当地建设主管部门报告，采取安全防范措施；由原设计单位或者具有相应资质等级的设计单位提出保修方案，施工单位实施保修，原工程质量监督机构负责监督。

③ 验收。

在发生问题的部位或项目修理完毕后，要在保修证书的“保修记录”栏内做好记录，并经建设单位验收签认，此时修理工作完毕。

8.2.2 保修费用的处理办法

根据住建部、财政部关于印发《建设工程质量保证金管理办法》的通知，保修费用即建设工程质量保证金（以下简称保证金）是指发包人与承包人在建设工程承包合同中约定，从应付的工程款中预留，用以保证承包人在缺陷责任期内对建设工程出现的缺陷进行维修的资金。保修费用应按合同和有关规定合理确定和控制。保修费用一般可参照建筑安装工程造价的确定程序和方法计算，也可以按照建筑安装工程造价或承包工程合同价的一定比例计算（目前取5%）。

根据《中华人民共和国建筑法》的规定，在保修费用的处理问题上，必须根据修理项目的性质、内容以及检查修理等多种因素的实际情况，区别保修责任的承担问题，对于保修的经济责任的确定，应当由有关责任方承担。由建设单位和施工单位共同商定经济处理办法。具体处理办法如下。

① 因承包单位未按国家有关规范、标准和设计要求施工而造成的质量缺陷，由承包单位负责返修并承担经济责任。

② 因设计方面的原因造成的质量缺陷，由设计单位承担经济责任，设计单位提出修改方案，可由施工单位负责维修，其费用按有关规定通过建设单位向设计单位索赔，不足部分由建设单位负责协同有关方解决。

③ 因建筑材料、建筑构配件和设备质量不合格而造成的质量缺陷，属于工程质量检测单位提供虚假或错误检测报告的，由工程质量检测单位承担质量责任并负责维修费用；属于承包单位采购的或经其验收同意的，由承包单位承担质量责任和经济责任；属于建设单位采购的，由建设单位承担经济责任。

④ 因使用单位使用不当造成的损坏问题，由使用单位自行负责。

⑤ 因地震、洪水、台风等自然灾害造成的质量问题，施工单位、设计单位不承担经济责任，由建设单位负责处理。

⑥ 根据《中华人民共和国建筑法》第七十五条的规定，建筑施工企业违反本法规定，不履行保修义务的，责令改正，可以处以罚款，并对在保修期内因屋顶、墙面渗漏、开裂等质量缺陷造成的损失，承担赔偿责任。质量缺陷因勘察设计原因、监理原因或者建筑材料、建筑构配件和设备等原因造成的，根据民法规定，施工企业可以在保修和赔偿损失之后，向有关责任者追偿。因建设工程质量不合格而造成损害的，受损害人有权向责任者要求赔偿。因建设单位或者勘察设计的原因、施工的原因、监理的原因产生的建设质量问题，造成他人损失的，以上单位应当承担相应的赔偿责任。受损害人可以向任何一方要求赔偿，也可以向以上各方提出共同赔偿要求。有关各方之间在赔偿后，可以在查明原因后向真正责任人追偿。

涉外工程的保修问题，除参照上述办法进行处理外，还应依照原合同条款的有关规定执行。

本章小结

本章简述了建设项目工程竣工决算的概念与作用，通过基本建设项目概况表、基本建设项目竣工财务决算表、基本建设项目交付使用资产明细表等图表形式全面反映了竣工工程建设的成果和决算的具体内容；概述了竣工决算编制的要求和步骤，新增资产的分类以及价值的确定方法，工程保修的范围、期限、工作程序及其具体处理办法等。

习　　题

一、单项选择题

1. 根据《建设工程价款结算暂行办法》的规定，在竣工结算编审过程中，单位工程竣工结算的编制人是（　　）。

A. 业主　　B. 承包商

C. 总承包商　　D. 监理咨询机构

2. 若从接到竣工结算报告和完整的竣工结算资料之日起审查时限为45天，则单项工程竣工结算报告的金额应该为（　　）。

A. 500万元以下　　B. 500万～2000万元

C. 2000万～5000万元　　D. 5000万以上

3. 当某单项工程竣工结算报告金额为1500万元时，审查时限应从接到竣工结算报告和完整的竣工结算资料之日起（　　）天。

A. 20　　B. 30　　C. 45　　D. 60

4. 合同双方应该在合同专用条款第二十六条中选定两种结算方式中的一种，作为进度款的结算方式。两种结算方式是按月结算与支付和（　　）。

A. 按季结算与支付　　B. 按年结算与支付

C. 分段结算与支付　　D. 目标结算与支付

5. 根据监理（业主）确认的工程量计量结果，承包商向监理（业主）提出支付工程进度款申请，监理（业主）应在（　　）天内向承包商支付工程进度款。

A. 7　　B. 10　　C. 14　　D. 28

二、多项选择题

1. 竣工决算由（　　）等部分组成。

A. 竣工财务决算说明书

B. 竣工财务决算报表

C. 工程竣工图

D. 工程竣工造价对比分析

E. 竣工验收报告

2. 竣工决算的费用组成应包括（　　）。

A. 建筑安装工程费

B. 设备、工具及器具购置费

C. 工程建设其他费用

D. 铺地流动资金

E. 项目营运费用

3. 大、中型建设项目竣工决算报表包括（　　）。

A. 建设项目竣工财务决算审批表

B. 建设项目概况表

C. 建设项目竣工财务决算表

D. 建设项目交付使用资产总表

E. 建设项目竣工财务决算总表

4. 关于竣工图，以下说法正确的是（　　）。

A. 原设计施工图竣工没有变动的，由施工单位加盖“竣工图”标志后即作为竣工图

B. 原图虽有一般设计变更，但能将原施工图加以修改作为竣工图的，可不重新绘制竣工图

C. 原图有结构形式的重大变更，应由原设计单位在其上修改、补充后作为竣工图

D. 为了满足竣工验收和竣工决算需要，应绘制反映竣工工程全部内容的工程设计平面示意图

E. 竣工图是工程进行竣工验收、维护改建和扩建的依据，是工程的重要技术档案

5. 在工程竣工决算的实际工作中，工程造价比较分析应分析以下（　　）内容。

A. 主要实物工程量

B. 采取的施工方案和措施

C. 考核建筑及安装工程费等执行情况

D. 主要设备材料的价格

E. 主要人工消耗量

三、简答题

1. 建设项目竣工决算的作用主要有哪些?

2. 建设项目竣工结算的组成。

3. 简述竣工决算编制的程序。

4. 简述新增资产的概念及内容。

四、计算题

1. 某建设项目及第一车间的建筑工程费、安装工程费、需安装设备费以及应分摊费用见表8-6。

表8-6　某建设项目竣工结算费用表　　单位：万元

项目名称	建筑工程费	安装工程费	需安装设备费	建设单位管理费	勘察设计费
建设项目竣工结算	240	50	100	7.8	4.8
第一车间竣工结算	60	20	40		

完成该表，并求出第一车间新增固定资产价值。

【在线答题】

参考文献

中华人民共和国住房和城乡建设部，中华人民共和国质量监督检验检疫总局，2018. 建设工程造价鉴定规范：GB/T 51262—2017 [S]. 北京：中国建筑工业出版社.

中国建设工程造价管理协会，2018. 建设工程造价管理理论与实务 [M]. 6版. 北京：中国计划出版社.

胡新萍，王芳，2018. 工程造价控制与管理 [M]. 2版. 北京：北京大学出版社.

中国建设教育协会继续教育委员会，2016. 工程造价新清单规范实务 [M]. 北京：中国建筑工业出版社.

李冬，毕明，2016. 建设工程造价控制与管理 [M]. 长沙：中南大学出版社.

程志辉，邵晓双，2016. 工程造价与管理 [M]. 武汉：武汉大学出版社.

中华人民共和国住房和城乡建设部，中华人民共和国质量监督检验检疫总局，2015. 建设工程造价咨询规范：GB/T 51095—2015 [S]. 北京：中国建筑工业出版社.

中国建设工程造价管理协会，2015.《建筑工程建筑面积计算规范》图解 [M]. 2版. 北京：中国计划出版社.

王燕平，党晓旭，2015. 公路工程造价管理标准化与信息化指南 [M]. 北京：人民交通出版社.

付晓灵，2015. 工程造价与管理 [M]. 2版. 北京：中国电力出版社.

王俊安，李硕，2015. 工程造价计价与管理 [M]. 北京：机械工业出版社.

刘薇，叶良，孙平平，2014. 工程造价与管理 [M]. 北京：电子工业出版社.

刘燕，涂忠仁，2014. 公路工程造价编制与管理 [M]. 北京：人民交通出版社.

王忠诚，鹿雁慧，邱凤美，2014. 工程造价控制与管理 [M]. 北京：北京理工大学出版社.

胡芳珍，孙淑芬，2014. 建设工程造价控制与管理 [M]. 2版. 北京：北京大学出版社.

丁云飞，2014. 建筑安装工程造价与施工管理 [M]. 北京：机械工业出版社.